机器人及人工智能类创新教材

机器人
建模与仿真

主　编　孙承峰　田思庆　魏成峰
副主编　范冬明　迟文政　黄珍祥

哈爾濱工業大學出版社

内 容 提 要

本书以移动机器人、机械臂机器人、仿人形机器人为对象，简明扼要地介绍了机器人的基本定义、工作原理、组成及应用，深入浅出地描述了机器人的数学模型特性，机器人开发所需要的编程环境（ROS系统）及控制语言（Lua、Python 语言），利用常见的机器人建模和仿真软件 Gazebo 和 CoppeliaSim（Vrep）对机器人进行运动学和动力学的智能仿真交互与实践。本书面向的是初学者，对机器人学的相关理论介绍相对简单，主要注重实践操作与案例仿真。

本书可以作为高等职业技术院校机器人技术、机电一体化、智能制造、人工智能等相关专业的教材，也可以作为其他类型院校相关专业的师生或从事相关工作的工程技术人员的参考用书。

图书在版编目（CIP）数据

机器人建模与仿真/孙承峰，田思庆，魏成峰主编
. —哈尔滨：哈尔滨工业大学出版社，2023. 2
高等院校机器人及人工智能类创新教材
ISBN 978 - 7 - 5767 - 0340 - 5

Ⅰ. ①机… Ⅱ. ①孙… ②田…③魏… Ⅲ. ①机器人
- 系统建模 - 高等学校 - 教材②机器人 - 系统仿真 -
学校 - 教材Ⅳ. ①TP242

中国版本图书馆 CIP 数据核字（2022）第 147445 号

JIQIREN JIANMO YU FANGZHEN

HITPYWGZS@163.COM
艳|文|工|作|室 13936171227

策划编辑　李艳文　范业婷
责任编辑　范业婷　李佳莹
出版发行　哈尔滨工业大学出版社
社　　址　哈尔滨市南岗区复华四道街 10 号　邮编 150006
传　　真　0451 - 86414749
网　　址　http://hitpress. hit. edu. cn
印　　刷　哈尔滨市石桥印务有限公司
开　　本　787 毫米 ×1 092 毫米　1/16　印张 15.5　字数 339 千字
版　　次　2023 年 2 月第 1 版　2023 年 2 月第 1 次印刷
书　　号　ISBN 978 - 7 - 5767 - 0340 - 5
定　　价　68.00 元

主编简介

丛书主编/总主编：

冷晓琨，中共党员，山东省高密市人，哈尔滨工业大学博士、教授，乐聚机器人创始人。其主要研究领域为双足人形机器人与人工智能，研发制造的机器人助阵平昌冬奥会“北京8分钟”、2022年北京冬奥会，先后参与和主持科技部“科技冬奥”国家重点专项课题、深圳科技创新委技术攻关等项目，科创成果获中国青少年科技创新奖、全国优秀共青团员、中国青年创业奖等荣誉。

本书主编：

孙承峰，中共党员，浙江桐庐人，苏州大学机电工程学院高级实验师。苏州大学优秀共产党员，周氏教育科研奖、建行教学奖获得者。曾获江苏省教学成果一等奖，指导学生参加各类全国大赛近百项，并多次获得优秀指导教师奖。

田思庆，黑龙江省佳木斯市人，佳木斯大学自动化教研室主任，三级教授，硕士研究生导师，黑龙江省人工智能学会理事，黑龙江省光学学会理事，佳木斯大学自动化专业省级一流专业负责人，佳木斯大学自动控制原理黑龙江省一流线上课程负责人。

魏成峰，中共党员，高级工程师，山东省高密人，乐聚（深圳）机器人技术有限公司高级副总裁，开创政校企共建人工智能学院新模式，牵头开发职业院校系列专业教材。

前　　言

随着科学技术的不断发展,智能制造、人工智能的程度不断加深,机器人的应用范围也在不断扩大。在日常生活、智慧交通、科研实验、工业生产、空间探索、军事活动、医疗救助等各个领域,我们看到了越来越多的机器人身影,它们协助人类进行各项工作,提高工作效率、提高产品质量、探索世界。虽然机器人有各种形态,但基本由机械结构与电气设备构成,其系统主要分为控制系统、感知系统和执行系统三部分。因为机器人属于一个复杂的机电一体化系统,往往价格比较昂贵,调试比较繁杂,因此开发周期比较长,而有时在制造过程中会因为各种问题出现很多的废品。如何节约成本,缩短开发周期,拓展机器人应用范围,这些是研究者和企业急需解决的问题。好在随着计算机硬件的不断飞速发展,机器人的建模和仿真软件也得到了快速发展。目前在机器人领域应用的仿真软件也比较多,如 Gazebo、CoppeliaSim(原 Vrep)、Webots、Matlab、Pybullet 和 ADAMS 等。研究者们通过计算机对实际的机器人系统进行模型创建、仿真模拟,有效地解决了机器人系统造价昂贵、实验危险性大、开发调试时间长等问题。机器人建模仿真作为一种特别有效的研究手段,目前已经广泛应用于电气、机械、化工、水力、热力、经济、生态和管理等领域。

本书主要介绍机器人建模和仿真相关的基础知识和相关软件的实践操作。全书共分为 7 章,内容如下。

第 1 章绪论,简单介绍了机器人的产生与发展、机器人定义、工作原理和组成、分类与应用、目前广泛应用的几款机器人建模与仿真软件。

第 2 章基础知识,介绍了机器人系统开发所用的 ROS 系统架构、ROS 版本、ROS 系统安装、ROS 编程方法、小乌龟例程,以及 CoppeliaSim 仿真软件所使用的 Lua 语言的基本语法和编程基础。

第 3 章机器人数学模型,介绍了机器人的自由度、机器人数学模型中所涉及的符号、位形空间、状态空间、工作空间及运动学中位姿数学变换,最后简单介绍了机器人的正向运动学和逆向运动学的含义。

第 4 章 Gazebo 仿真,介绍了 Gazebo 的安装和使用、模型导入、地图绘制、Gazebo 组件、机械臂仿真,以及移动机器人仿真。

第 5 章 CoppeliaSim 仿真,介绍了 CoppeliaSim 下载安装和启动、CoppeliaSim 的简单使用、BubbleRob 机器人初探、BubbleRob 机器人巡线仿真,以及 7 自由度机械臂逆运动学仿真。

第 6 章 Roban 机器人仿真,介绍了 CoppeliaSim 中 Roban 机器人仿真环境的搭建和启动、Roban 机器人关节运动控制、Roban 机器人步态仿真、CoppeliaSim 传感器使用,以及仿真视觉图像处理。

第 7 章仿真实践,介绍了模拟现实家庭环境场景仿真布置,ROBAN 作为家庭机器人进行开灯仿真、放置茶杯仿真、茶几上物品分类仿真,以及关闭煤气阀门仿真。

本书在编写过程中得到有关院校专家和企业技术人员的大力支持,在此一并表示感谢。

由于编者水平和经验有限,书中难免有不足之处,恳请各位读者批评和指正。

编　者
2023 年 1 月

目　　录

第1章　绪　　论

1.1　机器人简介

“机器人”这个名词对我们来说已经非常熟悉。机器人在影视剧作、科幻小说、现实生活和生产实践中都有精彩表现。现实世界中的机器人就如同当年计算机一样已然悄悄进入人们的视野,人们正用机器人来改造世界,让世界变得更加美好。

1.1.1　机器人的产生与发展

“机器人”的名称来源于意译“Robot”一词,而“Robot”一词由捷克文“robota”转变而来。在1920年,捷克剧作家卡莱尔·恰佩克(Karel Capek)在他的科幻剧本《罗萨姆的万能机器人》中描述了一个能够制造类人机器的公司,该公司制造的类人机器能够听命于人,并且像奴隶一样不停地劳作,后来的研究使这些机器有了人的感情,进而导致它们发动了反对人类的暴乱。剧中“Robota”就是人造机器人,英语单词Robot由此衍生而来,在我国则被译为“机器人”。

虽然“机器人”这个专有名词产生于100多年前,然而机器人的概念在人类的想象中却已存在3 000多年了。据《列子·汤问》记载,西周时代(公元前1046—前771年),巧匠偃师献给周穆王一个能歌善舞的机器人“伶人”。在古书《墨经》中记载,春秋时代(公元前770—前476年)后期,木匠祖师爷鲁班制造出了能在空中飞行的木鸢(图1.1)。东汉时期的张衡发明了指南车(图1.2),它是世界上最早的机器人雏形。三国时期的诸葛亮创造了木牛流马。马钧发明一种由低处向高地引水的龙骨水车,做出了“水转百戏”,改进了诸葛连弩、攻城用的发石车等。南北朝时期的祖冲之设计制造了水碓磨、铜质机件传动的指南车、千里船、定时器等。古人发明了许多令人叹为观止的自动机械装置。

在国外,也有一些国家较早进行机器人的研制。公元前2世纪,古希腊人发明了一个机器人,它用水、空气和蒸汽压力作为动力,能够做动作,会自己开门,可以借助蒸汽唱歌。1495年,莱昂纳多·达·芬奇设计了一种发条骑士,它能够坐直身子、挥动手臂以及移动头部和下巴,如图1.3所示。1737年,法国发明家雅克·沃康松制造了一只发条鸭子,如图1.4所示,它可以扇动翅膀,发出嘎嘎叫声,会喝水和啄谷子吃。

图 1.1　木鸢

图 1.2　指南车

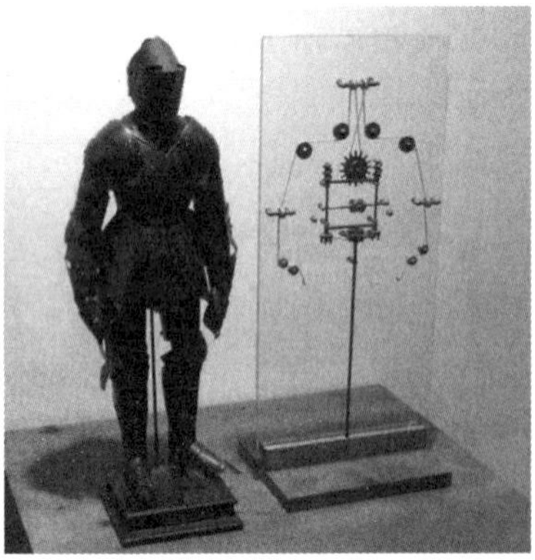

图 1.3　发条骑士

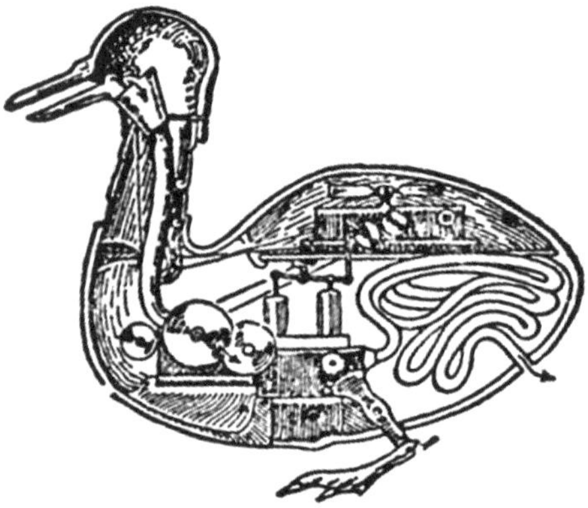

图 1.4　发条鸭子

人类历史进入近代之后，出现了第一次工业革命。随着各种自动机器、动力机和动力系统的问世，机器人开始进入自动机械时期，由此许多精巧的机器人玩具和工艺品应运而生。

1768—1774 年间，瑞士钟表匠德罗斯父子三人，利用凸轮控制和弹簧驱动设计制造出三个像真人一样大小的机器人：写字机器人、绘图机器人和弹风琴机器人。同时，还有法国丝绸织工兼发明家约瑟夫·雅卡尔发明了一种可以通过穿孔卡片控制的自动织机，德国梅林制造的巨型泥塑偶人“巨龙戈雷姆”，日本物理学家细川半藏设计的各种自动机械装置等。1893 年，加拿大人摩尔以蒸汽为动力设计出能行走的机器人“安德罗丁”。

进入 20 世纪，随着科学技术的迅速发展，有更多科学家投入机器人的研究和开发工作中，一些适用化的机器人相继问世，1927 年，美国西屋公司工程师温兹利制造了第一个机器人“电报箱”，它是一个电动机器人，装有无线电发报机，可以回答一些问题，但该机器人不能走动。1947 年，美国橡树岭国家实验室成功研制出第一台主从遥控机器人，用于核原料的处理。1952 年，美国麻省理工学院成功研制出第一台数控铣床，从而首次实现了机械与电子的结合，是机器人机电一体化技术的先驱。1959 年，第一台工业机器人

(可编程、圆坐标)在美国诞生,开创了机器人发展的新纪元。1962 年,美国成功研制出 PUMA 通用示教再现型机器人(图 1.5),标志着机器人领域走向成熟阶段。至 1970 年,美国用在自动生产线上的工业机器人已超过 200 台。1967 年,日本丰田和川崎重工公司分别引进美国的机器人技术,进行消化、仿制、改进和创新,并在 1980 年取得了极大的成功和普及,日本把 1980 年称为“日本的机器人元年”。20 世纪 70 年代后期至 80 年代初,欧洲一些国家也都大力发展机器人技术,并且都取得了极大的进展,先后出现了瑞典 ABB 机器人公司、德国 KUKA 机器人公司等。

我国机器人研究工作起步于 20 世纪 70 年代,在国家大力关注和支持下,经过近 50 年的拼搏,紧跟世界机器人技术的发展,取得了一批举世瞩目的成果,如工业用机器人(图 1.6)——焊接、喷漆、装配、切割、搬运、包装码垛等工业机器人,都已先后研制成功,并用于实际生产。其他一些特种机器人,如服务机器人、娱乐机器人、医用机器人、空间机器人等智能机器人也相继研制成功,有的已经投入使用。

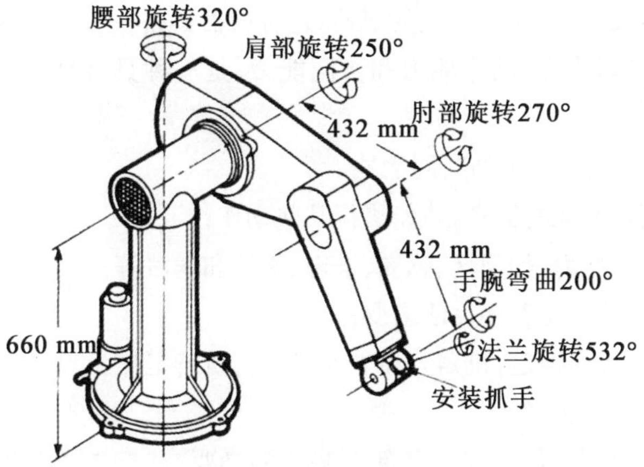

图 1.5 PUMA 机器人

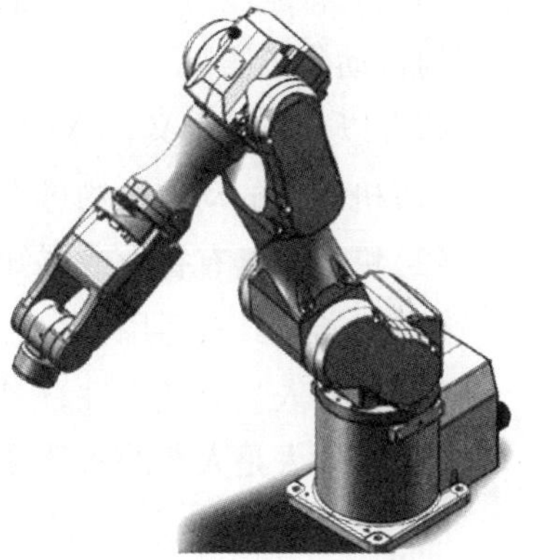

图 1.6 工业机器人模型

展望未来,人类对机器人的需求是多样性的,并且是智能化的。我们需要智能机器人,希望有的机器人能够模拟人类用两条腿走路,可在凹凸不平的地面上行走、奔跑、跳跃;有的机器人具有视觉和触觉功能,能够进行独立操作、自动装配和产品检验;有的机器人具有自主控制和决策能力。这些智能机器人不仅要有各种反馈传感器,而且还能运用人工智能进行学习、推理和决策。智能机器人应配有各种智能技术,如临场感技术、虚拟现实技术、多真体技术、人工神经网络技术、遗传算法和遗传编程技术、仿生技术、多传感器集成和融合技术,以及纳米技术等。

1.1.2 机器人的定义

机器人问世已有几十年的时间,但没有一个统一的定义。原因之一是机器人还在发展,另一原因是机器人涉及人,使其成为一个难以回答的哲学问题。

国际上机器人定义有如下几种：

（1）美国机器人协会（RIA）的定义——机器人是“一种用于移动各种材料、零件、工具或专用装置的，通过程序动作来执行各种任务，并具有编程能力的多功能操作机”；

（2）美国国家标准局（NBS）的定义——机器人是“一种能够进行编程并在自动控制下完成某些操作和移动作业任务或动作的机械装置”；

（3）国际标准化组织（ISO）的定义——机器人是“一种自动的、位置可控的、具有编程能力的多功能机械手，这种机械手具有几个轴，能够借助可编程序操作来处理各种材料、零件、工具和专用装置，以执行各种任务”；

（4）日本工业标准局（JIRA）的定义——机器人是“一种机械装置，在自动控制下，能够完成某些操作或者动作功能”；

（5）英国简明牛津字典的定义——机器人是“貌似人的自动机，具有智力且顺从于人类，但不具有人格的机器”；

（6）我国机器人的定义——机器人是“一种自动化的机器，这种机器具备一些与人或生物相似的智能能力，如感知能力、规划能力、动作能力和协同能力，是一种具有高度灵活性的自动化机器”。

综合以上各种定义，不难看出机器人有以下的共同之处：

（1）机器人的动作机构像人或生物的某些器官，并能执行某些动作；

（2）机器人具有智力或感知与识别能力，如记忆、感知、推理、决策和学习等；

（3）机器人具有通用性，工作种类和工作程序灵活多变；

（4）机器人具有独立性，一旦工作程序设定，机器人在工作时自行执行工作；

（5）机器人是人造的机器或机械电子装置。

随着机器人的进化和机器人智能的发展，这些定义都有修改的必要，甚至需要对机器人进行重新定义。

1.1.3 机器人的工作原理和组成

人类开发机器人，主要是希望机器人能代替人工作，希望它既可以接受人类指挥，又可以运行预先编排的程序，自动执行工作，也可以根据人工智能技术制定的原则纲领行动。简单来说，机器人的原理就是模仿人的各种肢体动作、思维方式和控制决策能力。它的任务就是服务协助人类探索世界、提高工作效率、提高产品质量、减轻人的体力劳动。因此机器人的应用优势主要体现在以下三个方面：

（1）机器人干人类不愿意干的活，如从事有毒、有害、高温、危险等环境中的作业；

（2）机器人干人类干不好的活，如长时间重复性的工作，上下料搬运、分拣、医疗手术等；

（3）机器人干人类干不了的活，如进行太空、深海、人体探索等。

机器人的类型看似纷繁复杂，但其组成却大同小异。从设备组成上来说，机器人主要是由机械结构与电器设备两部分组成的机电一体化设备。从系统组成上来说，机器人大体由三部分组成，分别是“大脑”控制系统.“感觉器官”感知系统和“行动器官”执行系统，其系统组成及工作原理如图 1.7 所示。

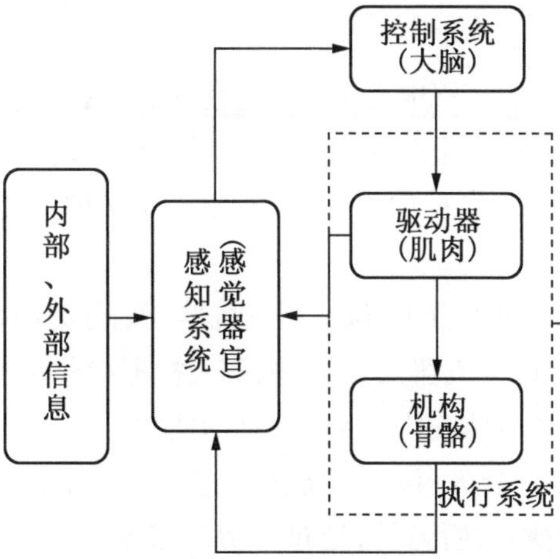

图 1.7 机器人系统组成及工作原理图

控制系统是整个机器人基本组成的核心，相较于其他两部分，它的工作最为复杂，首先它需要收集整理感知系统获取到的外界信息，其次它需要对信息进行分析加工形成决策，最后将决策指令下发给控制系统完成指定的动作或行为。若要实现上述工作，控制系统就需要软件和硬件两方面支撑。硬件方面，计算机、嵌入式系统、单片机等都可以成为机器人控制系统的硬件载体；软件方面主要是形成机器人“思维”的软件算法等，与人类一样，“思维”越灵敏，解决问题的能力就越强，在机器人领域软件算法越先进，其智能越高级，可以执行的任务就越复杂。

感知系统的工作主要是负责收集感知信息并上报给控制系统，人类的“感觉器官”可以感受外部环境的变化，也可以感受自身内部环境的变化，同样机器人的感知系统也可以分为内部感知系统和外部感知系统两部分。机器人外部感知系统主要负责感知机器人外部环境信息，如工作环境、操作对象及其他机器人等，主要由摄像头、激光测距仪、温度计、湿度计以及红外、超声、压力、气味、烟雾传感器等组成；内部感知系统主要负责感知机器人内部系统的变化，如机器人自身的姿态、位置、速度、加速度、电量等，主要由陀螺仪、加速度计、温度计、湿度计、电源监控系统等组成。

执行系统的工作主要是执行各种动作和运动，它也可以分为两部分：一部分是针对自身执行动作或运动的系统；另一部分是针对操作对象执行动作或运动的系统。举例来说，针对自身的执行系统就像人的腿一样，执行机器人驱动自身做移动、转动等动作。而针对操作对象的执行系统就像人的手一样，是执行机器人对目标物体做的一系列动作。传统的执行系统设备有电机（马达）、液压驱动、气压驱动等。近年来出现了许多新型的材料，比如人工肌肉、形状记忆合金驱动器等，也有研究用各种各样的化学反应来产生动力的执行系统设备。

1.1.4 机器人的分类与应用

1. 机器人的分类

从想象到理论再到实践,从完成规定动作到自主思考,随着机器人的不断发展完善,机器人的家族也不断壮大,有了许多分类方法。目前对于机器人分类,世界上并没有统一的标准,从不同的角度出发就产生了不同的分类。下面来了解几类被广泛使用的机器人分类法则。

(1)以机器人技术发展序列进行分类,该法则将机器人划分为四代。

第一代机器人——示教再现型机器人:该类机器人根据操作员所编的程序,完成一些简单的重复性指令,其自身并不具备独立控制运动的能力。

第二代机器人——感觉型机器人:该类机器人通过对传感器的应用,使机器人拥有类似人的感觉,如力觉、触觉、视觉、听觉等,通过外界环境对象的有关信息进行实时加工、处理、识别分析,从而做出正确判断,选择并形成一定自适应操作能力。

第三代机器人——智能型机器人:该类机器人可以进行复杂的逻辑推理、判断及决策,在变化的内部状态与外部环境中,自主决定自身的行为。

第四代机器人——共融机器人:该类机器人是指能与作业环境、人、其他机器人自然交互,自主适应复杂动态环境并协同作业的机器人。

(2)以机器人控制方式进行分类,该法则将机器人划分为八个大类。

第一类,操作型机器人:主要在自动化系统中应用,能依据外部操作进行控制,具有多自由度,多功能的一类机器人。

第二类,程控型机器人:通过预先输入程序的顺序、条件及事件顺序,依次控制产生机械动作的一类机器人。

第三类,示教再现型机器人:通过模仿等方式,输入机器人动作,则自动重复进行作业的一类机器人。

第四类,数控型机器人:不必使机器人学习模仿人类动作,通过程序语言等对机器人动作输入,根据上述信息进行作业的一类机器人。

第五类,感觉控制型机器人:利用传感器获取的信息控制动作的一类机器人。

第六类,适应控制型机器人:依据环境变化不断调整并能适应变化,控制其自身行动的一类机器人。

第七类,学习控制型机器人:具有一定的学习能力,并依据所学不断调整自身行动的一类机器人。

第八类,智能机器人:以人工智能决定其行动的机器人。

(3)以应用场景(用途)进行分类,该法则将机器人划分为两个大类、六个小类及十八个分支。

国际机器人联合会(IFR)的分类方法,就是按照应用场景(用途)将机器人分为如图1.8所示的类型。

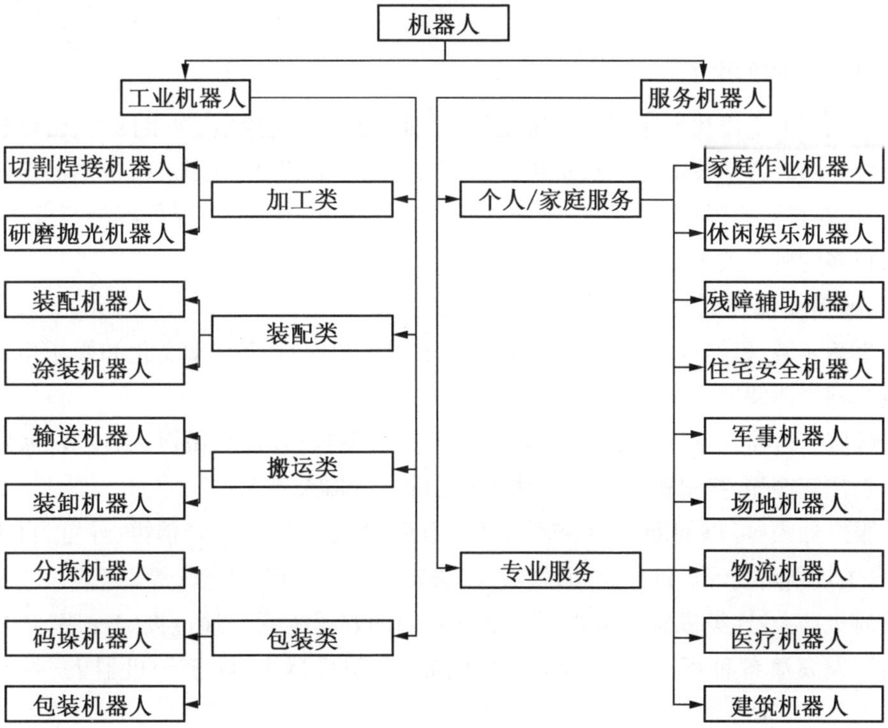

图1.8 国际机器人联合会 IFR 机器人分类方法

(4)以机器人的运动方式分类,该法则将机器人划分为四类。

第一类,直角坐标型机器人:外形轮廓与三坐标测量仪相似,有三个移动关节且关节轴线相互垂直相当于笛卡儿坐标系的 x、y 和 z 轴的一类机器人。

第二类,圆柱坐标型机器人:以圆柱坐标系为参数构成,操作臂的运动轨迹将形成一个圆柱表面的一类机器人。

第三类,球(极)坐标型机器人:以球坐标系为参数构成,腕部参考点运动所形成的最大轨迹表面为半径的一类机器人。

第四类,关节型机器人:该类机器人类似人类手臂(图1.9),拥有多个可选装的关节进行定位,是当今工业领域中最常见的机器人形态之一。

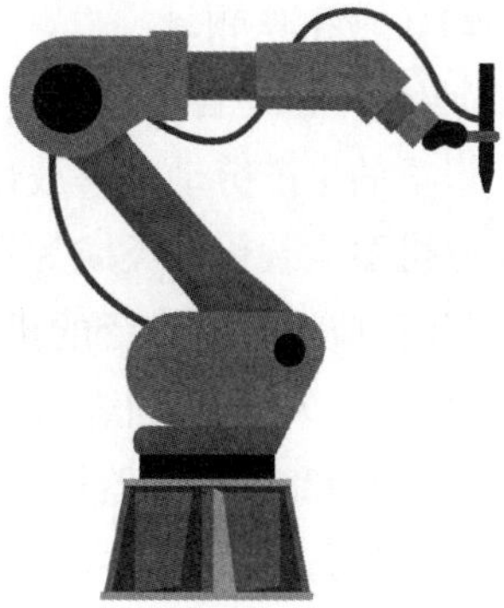

图1.9 关节型机器人

当然,机器人的分类方法很多,上述只是常见的几种。分类的目的是为了便于区分,不同的分类方法是从不同的角度进行区分,为的是让人能够更加清楚其特点。关于机器人的分类还有许多其他的划分方式,如按照机器人的移动性分类、按照机器人的移动方式分类、按照机器人的作业空间分类等,这些分类多以机器人结构特性或者某一特点进行划分,简单明了,故此处不再赘述。

2. 机器人的应用

机器人目前正广泛地应用于日常生活、工业生产、空间探索、军事活动、医疗救助等各个领域。随着科学技术的不断发展,自动化、人工智能程度不断加深,应用的范围也在不断扩大,在科研实验、农林畜牧、冶金、纺织、食品加工、建筑、环保等各个行业,可以看到越来越多的机器人身影。

(1)日常生活领域。

在生活领域,机器人主要用来提高人们的生活水平,丰富日常文化和娱乐生活。这里介绍几种生活领域中常见的机器人。

家政服务机器人:可以辅助甚至是代替人类从事打扫房间、做饭、倒垃圾、家庭看护等家务工作。例如,扫地机器人、做饭机器人、除草机器人等。

导服机器人:可以辅助旅游景区、商场、银行、餐厅等进行语音播报、导览,自主识别障碍,自主规划路径等。例如,导游机器人、送餐机器人、聊天机器人等。

表演机器人:这类机器人主要用于丰富人们的娱乐生活。通过设定程序,让各式各样的机器人表演各种可看性强的动作。例如,舞蹈机器人、吹笛子机器人、弹琴机器人等。

教学机器人:可以在教学领域中使用,通过对一系列的动作指令的学习,让学生自主编程,控制机器人实现某些预定的动作或者创意动作,巩固所学知识,在实践中体会对机器人的控制。例如,超声波避障机器人、巡线机器人、飞行机器人等。

宠物机器人:可以模仿动物的各种动作形态的机器人,很适合那些喜欢玩宠物却又不懂得如何养宠物的人。例如,仿生猫机器人、仿生狗机器人等。

仿人形机器人:可以模仿人的动作、表情等的机器人。例如,法国的 Nao 机器人、Walker 机器人、Roban 机器人等。

(2)工业生产领域。

工业生产也是目前最广泛使用机器人的领域,因为机器人的出现,将人类从枯燥重复的、繁重的生产劳动中解放出来。工业上甚至有些生产环境是有害健康的、危及性命的,工业机器人替代人类成为这种工作环境中的主要劳动力,也是将来的发展趋势。下面介绍几种应用比较广泛的机器人。

装配机器人:这类机器人主要应用于大规模电子产品制造过程中,如装配流水线上用于装配芯片和各种元器件的机械手,动作精准、效率高,是加工电路板的主力军。

加工机器人:主要是指从事切割、磨削、铣削、抛光、去毛刺、喷丸等工作的工业机器人。相比传统的加工用的机器,加工机器人的优势体现在柔性高、灵活度高且成本低,因此更适用于加工需求多样化且营收规模更小的中小企业。

分拣机器人:根据物件在大小、质量、厚度或颜色等方面的不同,将它们区分开来,分类放置到合适位置。使用该机器人可以大大减少工人的工作量,并提高分拣效率和分拣精度。

搬运机器人:主要负责运输、搬运、码垛、机床上下料等作业。其中还分为不可移动搬运机器人和自主移动搬运机器人。

喷涂机器人:已经广泛用于汽车、航空航天、铝合金型材、板材、家电和各种塑料制品外表的喷涂作业。由于喷涂过程中的雾状漆料对人体有害,喷涂环境不易改进,大量使用机器人可以更好地改善劳动条件、降低劳动成本。

焊接机器人:包括弧焊接机器人和点焊接机器人,在汽车、通用机械等很多行业都有应用,可保质保量地完成生产加工任务。

(3)空间探索领域。

机器人用于空间探索,也是人们进行机器人研究的主要目的之一。这里的空间探索不仅是狭义上的对宇宙的开发,还包括其他任何对人类有危险的环境或者是人类无法到达的地方,只要是人类想了解的,都是探索的目标。无疑机器人将成为辅助人们了解空间的有力工具。

星球探测车:可以探测太空中星球的气候及地质方面的数据,例如,各国开发的火星探测车和登月探测车等。整个宇宙空间一直是人们想要探索的地方,但是这些地方的环境条件却不适合人类生存,要想在恶劣的环境下进行各种研究,机器人是最适合的。这种机器人不仅在体积、质量和能耗等方面有限制,还需要考虑是否适应高温、射线、失重等各种未知环境。

水下机器人:可在水下移动能代替或辅助人完成各种水下作业的装置。主要用于水下搜索、拍摄、测量未知海域等工作。为了完成水下的任务,对于水下机器人的能源供给、耐压性、耐腐蚀等技术都有很高的要求。

管道机器人:可以在管道内行走,用来检查或维修管道。大部分管道或者是孔径太小,或者是里面的环境不适合人类生存,这时便需要由机器人来辅助完成各种作业。相似的还有隧道机器人等。

(4)军事应用领域。

军事保卫对国家的稳定发展至关重要,可以看到很多先进的特种机器人在军事上的应用。下面将介绍几种军事领域应用的机器人。

反恐防暴机器人:通常为遥控的移动机器人,有可旋转的或多个自由度的机械手,根据人的指令,进行相应的抓捕犯人、排除爆炸物等工作。

侦察机器人:可执行各种任务,如自主跟踪其他车辆越过各种障碍,深入敌方防线,收集声音、影像等有用的战斗情报,接收或破解敌方的通信并对其造成干扰和破坏等。

扫雷机器人:为了减少人员的伤亡,扫雷机器人用来代替士兵完成扫雷的任务。这种机器人通常要能适应各种复杂的地形,能到达任何步兵可到达的地方。

自主式车辆:地面军用机器人的一种,要求有很高的灵活性,对各种意外的情况都要能尽快地适应,并且做出适当的反应。由于不需要与控制台进行频繁的指令交换,行动中就不容易被敌人干扰和破解。

机器人军团:将不同功能的机器人进行分工,组成军团。如后勤、侦察,甚至是在各种险恶环境中进行活动。

(5)医疗应用领域。

机器人是医疗卫生人员的重要补充。无论是在诊断任务还是在治疗,康复或帮助人们方面,有些机器人在利用物联网和传感器技术进行诊断时非常快,因为它们在识别模式、收集数据和关联所有信息方面非常出色。

手术机器人:它可以帮助医生完成一台复杂的手术,既便于医生进行复杂的操作,又提高了操作的成功率和准确率,还可以有效隔绝感染源,确保手术时医生的安全。

内窥镜胶囊机器人:它是一种微型机器人,能够从口腔进入人体胃肠道。对患者来说,他吞下一个胶囊,就完成了一次胃镜。机器人内部有光源,在它的照明下,机器人可以拍摄胃肠内部结构,方便医生根据胃部影像进行诊断。由于内窥镜胶囊机器人体积小,患者的检查过程就是吃一颗胶囊,方便又不痛苦。

外骨骼康复机器人:它是一种可穿戴的机械装置,融合了机械设计、传感器技术、信息融合技术、智能控制技术等机器人领域的相关技术,可以把人和机器统一起来,对人体进行支撑,并能增强人体的运动能力。

消毒机器人:它可以实现自主规划路径,规避障碍,对各种场所进行消毒液的喷洒,从而完成消毒工作。它实现了人机分离,从而降低了医护人员感染病毒的可能性。

送药机器人:主要承担送药、送餐、回收被服和医疗垃圾等工作的机器人。

核酸采样机器人:主要利用机器人完成身份识别、棉签自动抓取、口腔识别、核酸采样、棉签自动放入试管等一次性无人操作核酸采样工作。

1.2　机器人建模与仿真简介

机器人建模与仿真是指通过计算机对实际的机器人系统进行模型创建仿真模拟的技术。仿真/模拟(Simulation)泛指基于实验或训练的目的,以及原本的系统、事务或流程,建立一个模型以表征其关键特性或者行为、功能,予以系统化与公式化,以便对关键特征进行模拟。当所研究的系统造价昂贵、实验的危险性大或需要很长时间才能了解系统参数变化所引起的后果时,仿真是一种特别有效的研究手段,目前已经广泛应用于电气、机械、化工、水力、热力、经济、生态、管理等领域。机器人仿真可以通过单机或多台机器人组成的工作站或生产线实现。在使用的软件中,工作站级的仿真软件功能较全,实时性高且真实性强,可以产生近似真实的仿真画面;而计算机级仿真软件虽实时性和真实性不高，但具有通用性强、使用方便等优点。目前机器人系统仿真所存在的主要问题是仿真造型与实际产品之间存在误差，需要进一步研究解决。本节将介绍几种常用的机器人仿真系统。

1.2.1 Gazebo 仿真软件

Gazebo 是一个功能强大的三维物理仿真平台，具备强大的物理引擎、高质量的图形渲染技术、方便的编程与图形接口技术，最重要的还有其具备开源免费的特性。虽然 Gazebo 中的机器人模型与 Rviz 使用的模型相同，但是需要在模型中加入机器人和周围环境的物理属性，如质量、摩擦系数、弹性系数等。机器人的传感器信息也可以通过插件的形式加入仿真环境，以可视化的方式进行显示。

Gazebo 是优秀的开源物理仿真环境，它具备如下特点：

①动力学仿真，支持多种高性能的物理引擎，如 ODE、Bullet、SimBody、DART 等；

②三维可视化环境，支持显示逼真的三维环境，包括光线、纹理、影子；

③传感器仿真，支持传感器数据的仿真，同时可以仿真传感器噪声；

④可扩展插件，用户可以定制化开发插件以扩展 Gazebo 的功能，满足个性化的需求；

⑤多种机器人模型，官方提供 PR2、Pioneer2 DX、TurtleBot 等机器人模型，当然也可以使用自己创建的机器人模型；

⑥TCP/IP 传输，Gazebo 的后台仿真处理和前台图形显示可以通过网络通信实现远程仿真；

⑦云仿真，Gazebo 仿真可以在 Amazon、Softlayer 等云端运行，也可以在自己搭建的云服务器上运行；

⑧终端工具，用户可以使用 Gazebo 提供的命令行工具在终端实现仿真控制。

Gazebo 的社区维护非常积极，自 2013 年以来几乎每年都会有较大的版本变化。如图 1.10 所示为 Gazebo 的版本迭代过程示意，以及近几个 ROS 版本对应的 Gazebo 版本。Gazebo 的版本变化虽然较大，但是兼容性保持得比较好，Indigo 2.2 版本的机器人仿真模型在 Kinetic 的 7.0 版本中运行依然不会有问题。如果安装了桌面完整版的 ROS，那么就已经安装好了 Gazebo。

访问网站：http:// gazebosim. org/。

图 1.10　Gazebo 的版本迭代过程

1.2.2　CoppeliaSim 仿真软件

CoppeliaSim(Virtual Robot Experimentation Platform,又称 CoppeliaSim)是一款由瑞士 Coppelia Robotics 公司开发的支持多平台的机器人仿真器,支持 Windows、Mac OS 和 Linux 系统。它主要定位于机器人仿真建模领域,可以利用内嵌脚本、插件、ROS 节点、远程 API(Application Programming Interface,应用程序接口)客户端或者自定义解决方案等实现分布式的控制结构,是非常理想的机器人仿真建模工具。CoppeliaSim 提供了多种机器人模型,大大便捷了机器人仿真,特别是针对常见的工业机器人和移动机器人,CoppeliaSim 提供了许多可直接使用的仿真模型,通过专用的 API,各种不同功能可以非常容易地集成并组合在一起。控制器可以采用 C/C++、Python、Java、Lua、MATLAB、Octave 或 Urbi 等语言实现。另外,CoppeliaSim 可以通过通信接口与 ROS 一起运行。该接口让用户可以通过话题和服务来控制仿真场景和机器人,完成自动化系统模拟、远程监控、硬件控制、安全性检查和控制算法开发等。如图 1.11 所示为官方提供的一些机器人模型。

访问网站:https://www.coppeliarobotics.com/。

图 1.11 官方提供的机器人模型

1.2.3 Webots 仿真软件

Webots 是开源的多平台桌面应用程序,用于模拟机器人。它提供了一个完整的开发环境来建模、编程和模拟机器人。它是专为专业用途而设计的,广泛应用于工业、教育和研究。Cyberbotics 公司自 1998 年以来一直将“Webots”作为主要产品。

Webots 具有以下特点。

(1)快速原型:Webots 资产库包含大量的机器人、传感器、执行器、对象和材料,它可以帮助用户快速完成机器人搭建与仿真,为用户的机器人项目的开发节省时间。

(2)应用程序:Webots 可以创建各种各样的模型,包括两轮平台机器人、工业手臂、两足/多腿机器人、模块化机器人、汽车、无人机、自主水下车辆、履带式机器人、航空航天车辆等,它还可以设置室内或室外的互动环境。使用 Webots 来创建机器人原型,开发、测试和验证用户的人工智能和控制算法,发展机器人学,等等。

(3)特性:Webots 的核心是基于现代 GUI (Qt)、物理引擎(ODE fork)和 opengl 3.3 渲染引擎(wren)的结合。它可以在 Windows、Linux 和 Mac Os 上运行。Webots 模拟可以输出为电影、交互式 HTML 场景或动画,甚至可以使用 Webgl 和 Websockets 流媒体到任何网络浏览器(图 1.12)。机器人可以用 C 语言编程。C + +、Python、Java、MATLAB 和 ROS 编程其提供的 API 涵盖了机器人的所有基本需求。

(4)质量:Webots 是健壮的、确定性的、有良好文档记录的。为了确保代码质量,每个代码修改都要经过同行评审,并提交给一个自动测试套件来测试所有 API。主要版本之间的向后兼容性有很好的保证,并且有很好的文档记录。每个版本都通过由同行进行的质量保证测试进行评估。

访问网站:http:// www.cyberbotics.com/。

图 1.12 Webots 模拟

1.2.4 MATLAB 仿真

MATLAB 是美国 MathWorks 公司出品的商业数学软件，用于数据分析、无线通信、深度学习、图像处理与计算机视觉、信号处理、量化金融与风险管理、机器人，以及控制系统等领域。

MATLAB 是 matrix laboratory 两个词的组合，意为矩阵工厂（矩阵实验室），软件主要面对科学计算、可视化以及交互式程序设计的高科技计算环境。它将数值分析、矩阵计算、科学数据可视化以及非线性动态系统的建模和仿真等诸多强大功能集成在一个易于使用的视窗环境中，为科学研究、工程设计以及必须进行有效数值计算的众多科学领域提供了一种全面的解决方案，并在很大程度上摆脱了传统非交互式程序设计语言（如 C、Fortran）的编辑模式。

MATLAB 和 Mathematica、Maple 并称为三大数学软件。它在数学类科技应用软件中的数值计算方面首屈一指，可以进行矩阵运算、绘制函数和数据、实现算法、创建用户界面、连接其他编程语言的程序设计等。MATLAB 的基本数据单位是矩阵，它的指令表达式与数学、工程中常用的形式十分相似，故用 MATLAB 来解问题要比用 C、Fortran 等语言完成相同的事情简捷得多，并且 MATLAB 也吸收了像 Maple 等软件的优点，使其成为一个强大的数学软件。在新的版本中也加入了对 C、Fortran、C + + 、Java 语言的支持。

MATLAB 对许多专门的领域都开发了功能强大的模块集和工具箱。一般来说，它们都是由特定领域的专家开发的，用户可以直接使用工具箱学习、应用和评估不同的方法而不需要自己编写代码。诸如数据采集、数据库接口、概率统计、样条拟合、优化算法、偏微分方程求解、神经网络、小波分析、信号处理、图像处理、系统辨识、控制系统设计、LMI 控制、鲁棒控制、模型预测、模糊逻辑、金融分析、地图工具、非线性控制设计、实时快速原型及半物理仿真、嵌入式系统开发、定点仿真、DSP 与通信、电力系统仿真等领域，都在工具箱（Toolbox）家族中有了自己的一席之地。

MATLAB 是全世界范围内广泛使用的仿真软件，一般理工科学生、研究生、工程技术人员都会使用它。掌握有关机器人的基础理论后,可以使用 MATLAB 对机器人各种运动进行模拟仿真(图 1.13),测试通过后,在基于 Windows 或 Linux OS 的操作系统上进行测试、应用。

访问网站:https:// www. mathworks. com/products. html? s_tid = gn_ps。

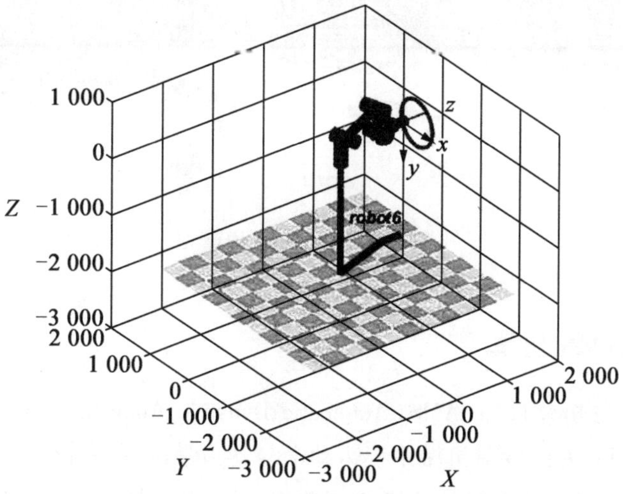

图 1.13 在 MATLAB 中模拟机械臂画圆

1.2.5 Pybullet 仿真软件

Pybullet 是 Python 的一个模块(图 1.14),使用免费的 Bullet 引擎,可用于机器人、游戏、视觉效果和机器学习的物理仿真。

使用 Pybullet 用户可以加载 URDF、SDF、MJCF 和其他文件格式的机器人描述文件。

Pybullet 提供正向动力学仿真、逆向动力学计算、正向和逆向运动学、碰撞检测和射线相交查询。Bullet Physics SDK 提供了许多 Pybullet 机器人示例,如模拟的四足机器人 Minitaur,使用 tensorflow 进行决策模拟人类跑步,以及模拟 KUKA 机器人抓取物体。

除了物理模拟之外,还具有渲染绑定功能,包括 CPU 渲染器(TinyRenderer)和 OpenGL 可视化,并支持 HTC Vive 和 Oculus Rift 等虚拟现实。Pybullet 还具有执行碰撞检测查询(最近的点、重叠对、射线相交测试等)并添加调试渲染(调试行和文本)的功能。Pybullet 具有跨平台的内置客户端服务器,支持共享内存、UDP 和 TCP 网络。因此,用户可以在连接到 Windows VR 服务器的 Linux 上运行 Pybullet。

访问网站:https:// www. pybullet. org/。

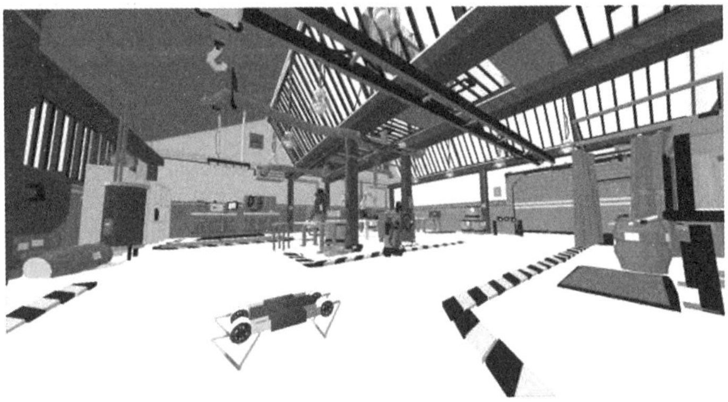

图 1.14 Pybullet 仿真

1.2.6 ADAMS 仿真

虚拟样机仿真分析软件 ADAMS(Automatic Dynamic Analysis of Mechanical Systems)是由美国 MDI 公司开发的针对机械系统运动学与动力学进行仿真分析的商用软件。

ADAMS 软件使用交互式图形环境和零件库、约束库、力库,创建完全参数化的机械系统几何模型,其求解器采用多刚体系统动力学理论中的拉格朗日方程方法,建立系统动力学方程,对虚拟机械系统进行静力学、运动学和动力学分析,输出位移、速度、加速度和反作用力曲线。ADAMS 软件的仿真(图 1.15)可用于预测机械系统的性能、运动范围、碰撞检测、峰值载荷以及计算有限元的输入载荷等。

ADAMS 软件由基本模块、扩展模块、接口模块、专业领域模块及工具箱 5 类模块组成。用户不仅可以采用通用模块对一般的机械系统进行仿真,而且可以采用专用模块针对特定工业应用领域的问题进行快速有效的建模与仿真分析。

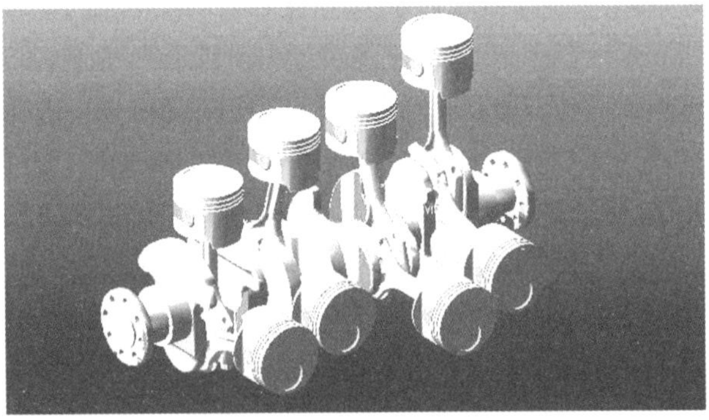

图 1.15 ADAMS 仿真

访问网站:https:// www.mscsoftware.com/zh-hans/product/adams。

第 2 章　基础知识

2.1　ROS 简介

2.1.1　ROS 的定义

机器人是一个系统工程，它涉及机械、电子、控制等诸多学科。以前，开发一个机器人需要花很大的功夫，需要设计机械、画电路板、写驱动程序、设计通信架构、组装集成、调试，以及编写各种感知决策和控制算法，每个任务都需要花费大量的时间。然而随着技术进步，机器人产业分工开始走向细致化、多层次化，如今的电机、底盘、激光雷达、摄像头、机械臂等元器件都由不同厂家专门生产。社会分工加速了机器人行业的发展。而各个部件的集成就需要一个统一的软件平台，在机器人领域，这个平台就是机器人操作系统 ROS。

ROS 是一个适用于机器人的开源的元操作系统，它提供了用户在操作系统上所期望的服务，包括硬件抽象、底层设备控制、常用功能的实现、进程之间的消息传递以及包管理。它还提供了在多台计算机上获取、生成、编写以及运行代码的工具和库。

ROS 的主要目标是支持机器人研究和开发中的代码复用。ROS 是一个分布式的进程（也称节点）框架，它能使可执行的文件单独设计以及在运行时松散耦合。这些进程可以打包成易于共享和分发的包。ROS 还支持一个代码库的联合系统，能够同时分发协作。从文件系统级到社区级的设计实现了开发和部署的独立决策，但所有这些都可以与 ROS 的基础底层工具一起使用。

2.1.2　ROS 架构

立足不同的角度，对 ROS 架构的描述也是不同的，一般可以从设计者、维护者、系统结构和自身结构 4 个角度来描述 ROS 结构。

1. 设计者

ROS 设计者将 ROS 表述为“ROS = Plumbing + Tools + Capabilities + Ecosystem”。

（1）Plumbing：通信机制（实现 ROS 不同节点之间的交互）。

（2）Tools：工具软件包（ROS 中的开发和调试工具）。

（3）Capabilities：应用功能（ROS 中某些功能的集合，如导航）。

(4)Ecosystem:生态系统(跨地域、跨软件与硬件的 ROS 联盟)。

2. 维护者

立足维护者的角度,ROS 架构可以划分为两大部分。

(1)main:核心部分,主要由 Willow Garage 和一些开发者设计、提供以及维护。它提供了一些分布式计算的基本工具,以及整个 ROS 的核心部分的程序编写。

(2)universe:全球范围的代码,由不同国家的 ROS 社区组织开发和维护。一种是库的代码,如 OpenCV、PCL 等;库的上一层是从功能角度提供的代码,如人脸识别,它们调用下层的库;最上层的代码是应用级的代码,让机器人完成某一确定的功能。

3. 系统架构

立足系统架构,ROS 可以划分为三层:OS 层、中间层和应用层,如图 2.1 所示。

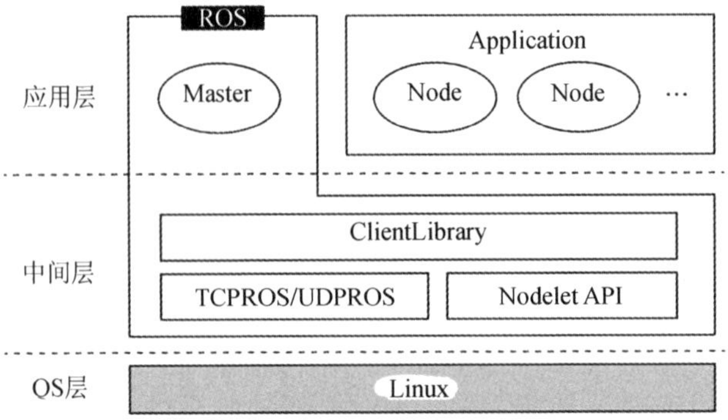

图 2.1 ROS 架构

(1)OS 层,即经典意义上的操作系统,ROS 只是元操作系统,需要依托真正意义上的操作系统,目前兼容性最好的是 Linux 的 Ubuntu 系统,Mac Os、Windows 也支持 ROS 的较新版本。

(2)中间层,是 ROS 封装的关于机器人开发的中间件。它主要提供 ROS 通信机制和数学运算库。例如,基于 TCP/UDP 继续封装的 TCPROS/UDPROS 通信系统,用于进程间的通信 Nodelet,为数据的实时性传输提供支持。另外,还提供了大量的机器人开发实现库,如数据类型定义、坐标变换和运动控制等。

(3)应用层,是以 Master 为中心的节点管理、编译、执行系统,如 Master、turtlesim 的控制与运动节点等。

用户需要编写的只是 Node,Node 和 Master 通信,构成 C－S 结构。

4. 自身结构

就 ROS 自身实现而言,划分成了三个层级(图 2.2):文件系统级(Filesystem level)、计算图级(Computation Graph level)和开源社区级(Community level)。

(1)文件系统级,指的是在硬盘上面查看的 ROS 源代码的组织形式,其结构图如图

2.3 所示。

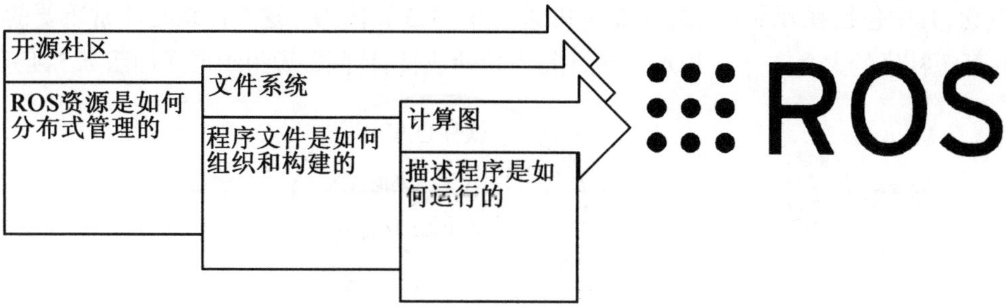

图 2.2　ROS 自身结构三个层级

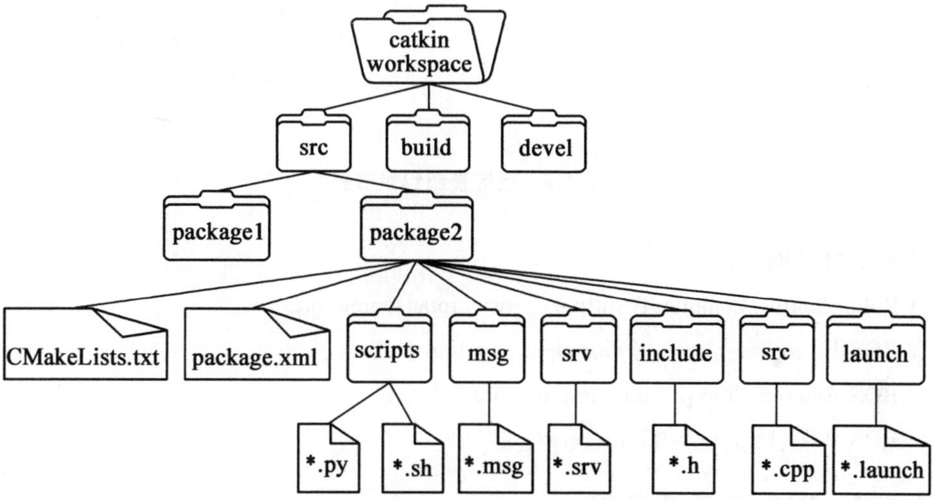

图 2.3　ROS 文件系统级结构图

(2)计算图级,体现的是进程和系统之间的通信。ROS 分布式系统中不同进程需要进行数据交互,计算图可以用点对点的网络形式表现数据交互过程,计算图中的重要概念包括:节点(Node)、消息(message)、通信机制主题(topic)和通信机制服务(service)。ROS 的一个计算图结构如图 2.4 所示。

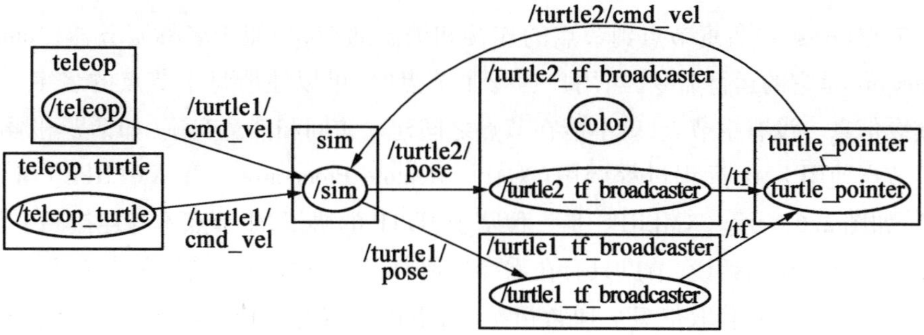

图 2.4　ROS 的一个计算图结构

(3)开源社区级,ROS 网络上进行代码发布的一种表现形式。将解释一系列的工具和概念,其中包括在开发人员之间如何共享知识、算法和代码。这个层级是非常重要的,因为在开源社区的大力支持下 ROS 系统才得以快速成长,社区资源组织形式如图 2.5 所示。

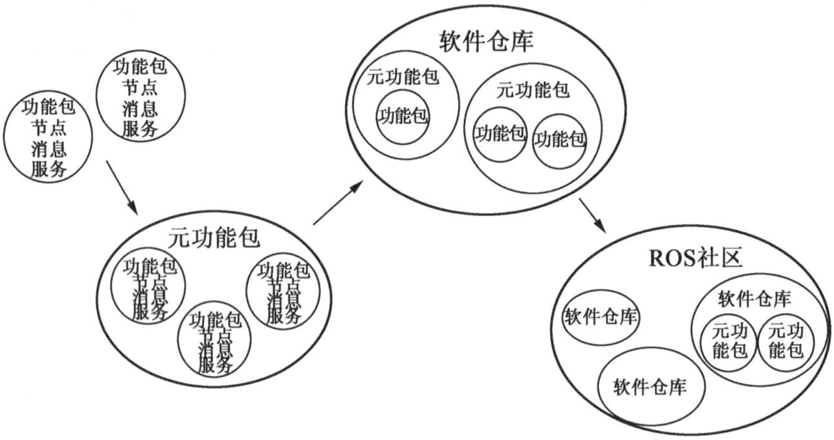

图 2.5　社区资源组织形式

常见的社区网站:

①Robot Source Community:http:// www. robotsource. org/。

②ROS Discourse:https:// discourse. ros. org/。

③ROS Answers:http:// answers. ros. org/。

④ROS Wiki:http:// wiki. ros. org/。

2.1.3　ROS 的重要概念

为了开发与 ROS 有关的机器人程序,有必要了解 ROS 的一些术语和重要概念。ROS 在运行时,所有进程以及它们所进行的数据处理,将会通过一种点对点的网络形式表现出来。因此我们要掌握几个重要概念:主节点(master)、节点(node)、消息(message)、话题(topic)和服务(service)等。

1. 主节点

主节点(master)负责节点到节点的连接和消息通信,类似于名称服务器(NameServer)。roscore 是它的运行命令,当用户运行主节点时,可以注册每个节点的名字,并根据需要获取信息。没有主节点,就不能在节点之间建立访问和消息交流(如话题和服务)。

主节点使用 XML 远程过程调用(XML - Remote Procedure Call,XMLRPC)与节点进行通信,如图 2.6 所示。XMLRPC 是一种基于 HTTP 的协议,主节点不与连接到主节点的节点保持连接。换句话说,节点只有在需要注册自己的信息或向其他节点发送请求信息时才能访问主节点并获取信息。通常情况下,不检查彼此的连接状态。由于这些特点,ROS 可用于非常大而复杂的环境。同时,XMLRPC 也非常轻便,支持多种编程语言,使其非常适合支持各种硬件和语言的 ROS。

当启动 ROS 时,主节点将获取用户设置的 ROS_MASTER_URI 变量中列出的 URI 地址和端口。除非另外设置,默认情况下,URI 地址使用当前的本地 IP,端口使用 11311。

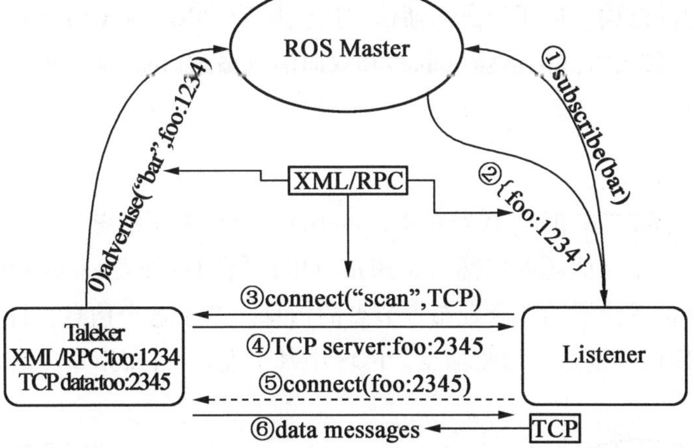

图 2.6　主节点

2. 节点

节点(node)是指在 ROS 中运行的最小处理器单元,如图 2.7 所示。可以把它看作一个可执行程序。在 ROS 中,建议为一个目的创建一个节点,建议设计时注重可重用性。例如,在移动机器人的情况下,为了驱动机器人,将每个程序细分化。也就是说,使用传感器驱动、传感器数据转换、障碍物判断、电机驱动、编码器输入和导航等多个细分节点。

节点在运行的同时,向主节点注册节点的名称,并且还注册发布者(publisher)、订阅者(subscriber)、服务服务器(service server)、服务客户端(service client)的名称,且注册消息形式、URI 地址和端口。基于这些信息,每个节点可以使用话题和服务与其他节点交换消息。节点使用 XMLRPC 与主站进行通信,并使用 TCP/IP 通信系列的 XMLRPC 或 TCPROS 进行节点之间的通信。节点之间的连接请求和响应使用 XMLRPC,而消息通信使用 TCPROS,因为它是节点和节点之间的直接通信,与主节点无关。URI 地址和端口则使用存储于运行当前节点的计算机上名为 ROS_HOSTNAME 的环境变量作为 URI 地址,并将端口设置为任意的固有值。

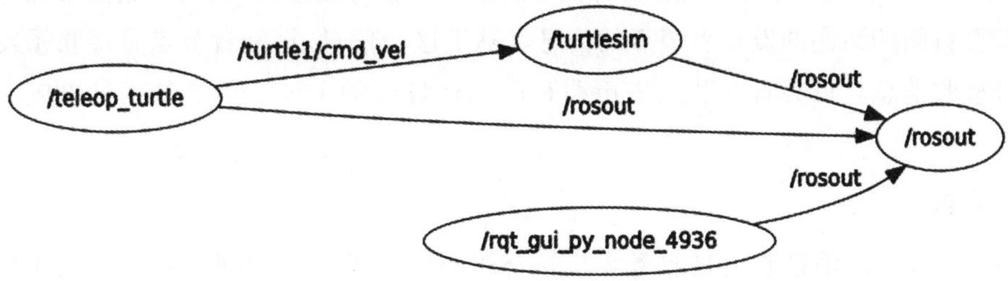

图 2.7　ROS 节点图关系

3. 消息

节点之间通过消息(message)来发送和接收数据。消息是诸如 integer、floating point 和 boolean 等类型的变量。用户还可以使用诸如消息里包括消息的简单数据结构或列举消息的消息数组的结构。使用消息的通信方法包括 TCPROS 和 UDPROS 等,根据情况使用单向消息发送/接收方式的话题(topic)和双向消息请求(request)/响应(response)方式的服务(service)。

4. 话题

话题(topic)就是"故事"。在发布者(publisher)节点关于话题向主节点注册之后,它以消息形式发布关于该话题的广播。希望接收该话题的订阅者(subscriber)节点获得在主节点中以这个话题注册的那个发布者节点的信息。基于这个信息,订阅者节点直接连接发布者节点,用话题发送和接收消息。ROS 中基于发布/订阅模型的话题通信如图 2.8 所示。

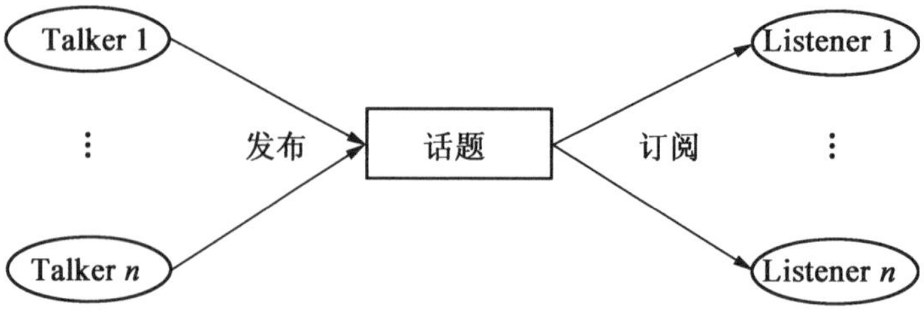

图 2.8 ROS 中基于发布/订阅模型的话题通信

5. 发布与发布者

发布(publish)是指以与话题的内容对应的消息的形式发送数据。为了执行发布,发布者(publisher)节点在主节点上注册自己的话题等多种信息,并向希望订阅的订阅者节点发送消息。发布者在节点中声明自己是执行发布的个体。单个节点可以成为多个发布者。

6. 订阅与订阅者

订阅(subscribe)是指以与话题内容对应的消息的形式接收数据。为了执行订阅,订阅者(subscriber)节点在主节点上注册自己的话题等多种信息,并从主节点接收那些发布此节点要订阅的话题的发布者节点的信息。基于这个信息,订阅者节点直接联系发布者节点来接收消息。订阅者在节点中声明自己执行订阅的个体。单个节点可以成为多个订阅者。

7. 服务

服务(service)消息通信是服务客户端与服务服务器之间的同步双向消息通信。其中服务客户端请求对应于特定目的任务的服务,而服务服务器则负责服务响应。

8. 服务服务器

服务服务器是以请求作为输入,以响应作为输出的服务消息通信的服务器。请求和响应都是消息,服务器收到服务请求后,执行指定的服务,并将结果下发给服务客户端。服务服务器用于执行指定命令的节点。

9. 服务客户端

服务客户端是以请求作为输出并以响应作为输入的服务消息通信的客户端。请求和响应都是消息,并发送服务请求到服务服务器后接收其结果。服务客户端用于传达给定命令并接收结果值的节点。

10. 功能包

ROS 系统与操作系统相类似,在计算机硬盘上,ROS 的文件也是以一种特定的形式组织。功能包(package)是构成 ROS 的基本单元。ROS 应用程序是以功能包为单位开发的。功能包包括至少一个以上的节点或拥有用于运行其他功能包的节点的配置文件。它还包含功能包所需的所有文件,如用于运行各种进程的 ROS 依赖库、数据集和配置文件等。

11. roscore

roscore 是运行 ROS 主节点的命令。也可以在另一台位于同一个网络内的计算机上运行它。但是,除了支持多 roscore 的某些特殊情况,roscore 在一个网络中只能运行一个。运行 ROS 时,将使用用户在 ROS_MASTER_URI 变量中列出的 URI 地址和端口。如果用户没有设置,会使用当前本地 IP 作为 URI 地址,并使用端口 11311。

12. rosrun

rosrun 是 ROS 的基本运行命令。它用于在功能包中运行一个节点。节点使用的 URI 地址将存储在当前运行节点计算机上的 ROS_HOSTNAME 环境变量作为 URI 地址,端口被设置为任意的固有值。

13. roslaunch

如果 rosrun 是执行一个节点的命令,那么 roslaunch 是运行多个节点的概念。该命令允许运行多个确定的节点。其他功能还包括一些专为执行具有诸多选项的节点的 ROS 命令,比如包括更改功能包参数或节点名称、配置节点命名空间、设置 ROS_ROOT 和 ROS_PACKAGE_PATH 以及更改环境变量等。

14. 工作空间

ROS 工作空间简单来说相当于工程或者项目,编写 ROS 程序之前,首先需要创建 ROS 工作空间。例如,如图 2.9 所示的工作空间。

ROS 工作空间的内容分为以下 4 类。

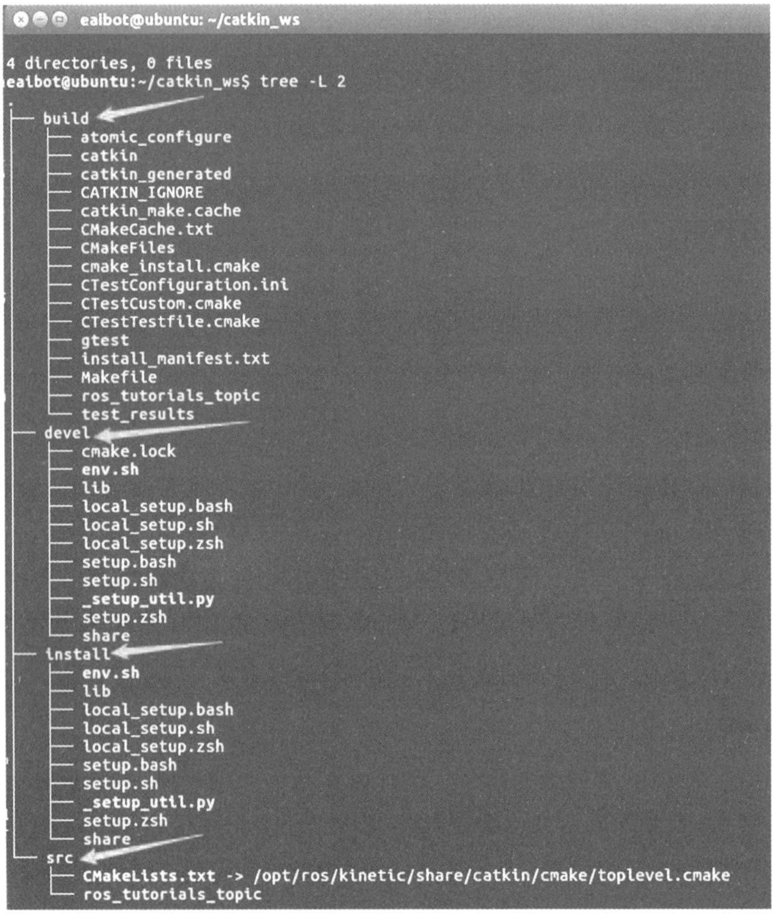

图 2.9　catkin_ws 工作空间目录

build：由 catkin_make 命令自动生成文件夹，用于存放编译过程中产生的中间临时文件，除非编译时有奇怪 bug，一般不用管。

devel：由 catkin_make 命令自动生成文件夹，用于存放比较重要的配置文件和最终生成的可执行程序。

install：可对外发布时，程序保存的目录，由 catkin_make install 命令自动创建。

src：自己创建的文件夹，使用最多的文件夹，保存所有的用户后续创建的源代码，每个子文件夹是一个功能包（pakage）。

2.1.4　ROS 版本

ROS 的发行版本（ROS distribution）指 ROS 软件包的版本，其与 Linux 的发行版本（如 Ubuntu）的概念类似。推出 ROS 发行版本的目的在于使开发人员可以使用相对稳定的代码库，直到其准备好将所有内容进行版本升级为止。因此，每个发行版本推出后，ROS 开发者通常仅对这一版本的 bug 进行修复，同时提供少量针对核心软件包的改进。ROS 的主要发行版本的版本名称、发布时间与版本生命周期见表 2.1 所列。

表 2.1 ROS 发行版本

版本名称	发布日期	停止更新时间	操作系统平台
ROS Noetic Ninjemys	2020 年 5 月	2025 年 5 月	Ubuntu 20.04
ROS Melodic Morenia	2018 年 5 月 23 日	2023 年 5 月	Ubuntu 17.10、Ubuntu 18.04、Debian 9、Windows 10
ROS Lunar Loggerhead	2017 年 5 月 23 日	2019 年 5 月	Ubuntu 16.04、Ubuntu 16.10、Ubuntu 17.04、Debian 9
ROS Kinetic Kame	2016 年 5 月 23 日	2021 年 4 月	Ubuntu15.10、Ubuntu 16.04、Debian 8
ROS Jade Turtle	2015 年 5 月 23 日	2017 年 5 月	Ubuntu14.04、Ubuntu 14.10、Ubuntu 15.04
ROS Indigo Igloo	2014 年 7 月 22 日	2019 年 4 月	Ubuntu 13.04、Ubuntu 14.04
ROS Hydro Medusa	2013 年 9 月 4 日	2015 年 5 月	Ubuntu 12.04、Ubuntu 12.10、Ubuntu 13.04
ROS Groovy Galapagos	2012 年 12 月 31 日	2014 年 7 月	Ubuntu 11.10、Ubuntu12.04、Ubuntu 12.10
ROS FuerteTurtle	2012 年 4 月 23 日	—	Ubuntu 10.04、Ubuntu 11.10、Ubuntu 12.04
ROS Electric Emys	2011 年 8 月 30 日	—	Ubuntu 10.04、Ubuntu 10.10、Ubuntu 11.04、Ubuntu 11.10
ROS Diamondback	2011 年 3 月 2 日	—	Ubuntu 10.04、Ubuntu 10.10、Ubuntu 11.04
ROS C Turtle	2010 年 8 月 2 日	—	Ubuntu 9.04、Ubuntu 9.10、Ubuntu 10.04、Ubuntu 10.10
ROS Box Turtle	2010 年 3 月 2 日	—	Ubuntu 8.04、Ubuntu 9.04、Ubuntu 9.10、Ubuntu 10.04

现在常用的组合如下：

(1)操作系统版本为 Ubuntu 16.04，对应 ROS 版本为 Kinetic；

(2)操作系统版本为 Ubuntu 18.04，对应 ROS 版本为 Melodic；

(3)操作系统版本为 Ubuntu 20.04，对应 ROS 版本为 Noetic。

因此在安装完 Ubuntu 系统后，一定要安装对应的 ROS 版本。

2.1.5 ROS 系统安装

Ubuntu 16.04、Ubuntu 18.04、Ubuntu 20.04 系统的 ROS 安装步骤如下。

1. 添加 ROS 软件源

运行终端(可以按住 Ctrl + Alt + t 键打开终端)，然后输入命令：sudo sh -c′echo "deb

http://packages. ros. org/ros/ubuntu $(lsb_release -sc) main" > /etc/apt/sources. list. d/ros-latest. list'

或者输入命令:

sudo sh -c'./etc/lsb-release &&echo " deb http://mirrors. ustc. edu. cn/ros/ubuntu/ $DISTRIB CODENAME main" > /etc/apt/sources. list. d/ros-latest. list'

2. 添加密钥

输入命令:

sudo apt-key adv --keyserver'hkp://keyserver. ubuntu. com:80' --recv-key C1CF6E31E6BADE8868B172B4F42ED6FBAB17C654

3. 安装 ROS

系统最好更改下载源,选择国内的服务器下载,如阿里云、清华、中科大等地址。

输入命令:

sudo apt-get update && sudo apt-get upgrade

上述命令执行完后,不同版本的 ROS 再执行命令。

16.04 版本:sudo apt install ros-kinetic-desktop-full

18.04 版本:sudo apt install ros-melodic-desktop-full

20.04 版本:sudo apt install ros-noetic-desktop-full

由于网络的问题,建议多运行几次。若失败,可尝试连接手机热点。

4. 初始化 rosdep

输入命令:

sudo rosdep init

若找不到命令,或执行错误时,建议不同版本的 ROS 执行如下命令。

16.04 18.04 版本:sudo apt install python-rosdep

20.04 版本:sudo apt install python3-rosdep

上述指令执行完后,再输入如下命令:

sudo rosdep init

如果提示的是"ERROR: unable to process source https:// raw. githubusercontent. com/ros/rosdistro/master/ rosdep/×××××"之类的错误,同时计算机已连接网络,此时可能是因为 raw. githubusercontent. com 网站被屏蔽。有时也可能是网络问题,可以尝试多运行几次。

也可以在 Ubuntu 系统设置"软件与更新"里面,第二页选框添加如下两个安装源地址:

deb http:// packages. ros. org/ros/ubuntu xenial main;

deb http:// packages. ros. org/ros-shadow-fixed/ubuntu xenial main。

如果上面运行不成功,建议运行下面的命令,更新 rosdep 相关文件,增加代理地址。

输入命令:

rm rosdep_update. sh ; wget https://gitee. com/ncnynl/rosdep/raw/master/rosdep_update. sh; sudo chmod +x. / rosdep_update. sh; sudo. /rosdep_update. sh

执行完上述命令后,再别输入下面两条命令:

rosdep update

sudo apt upgrade

如果不想采用代理,恢复 rosdep 相关文件,ROS 执行下面命令去掉代理地址,然后再执行 rosdep update 即可。

rm rosdep_recover. sh ; wgethttps://gitee. com/ncnynl/rosdep/raw/master/rosdep_recover. sh;sudo chmod +x. /rosdep_recover. sh; sudo. /rosdep_recover. sh

5. 设置环境变量

不同版本的 ROS,环境变量的设置命令如下所示。

16.04 版本:echo "source /opt/ ros/kinetic/setup. bash" > > ~/. bashrc

18.04 版本:echo "source /opt/ ros/melodic/setup. bash" > > ~/. bashrc

20.04 版本:echo "source /opt/ ros/noetic/setup. bash" > > ~/. bashrc

执行完上述命令后,再输入如下命令,刷新工作空间的环境。

source ~/. bashrc

6. 安装 rosinstall

输入命令:

sudo apt install python – rosinstall python – rosinstall – generator python – wstool build – essential

执行完上述命令后,如果终端出现错误,请输入如下命令:

sudo apt install python3 – rosinstall python3 – rosinstall – generator python3 – wstool build – essential

7. 测试 ROS

运行终端:输入命令 roscore,如图 2.10 所示,说明安装成功。

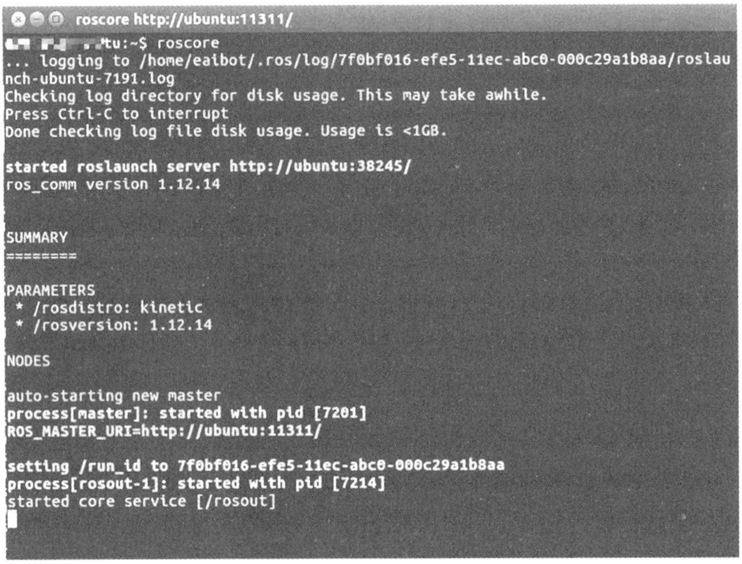

图 2.10　ROS 安装成功

ROS 安装完后不同版版本的 ROS 目录如下：

(1)16.04 版本：opt/ros/kinect

(2)18.04 版本：opt/ros/melodic

(3)20.04 版本：opt/ros/noetic

8. 检查环境变量配置

输入命令：

export | grep ROS

环境变量配置如图 2.11 所示。

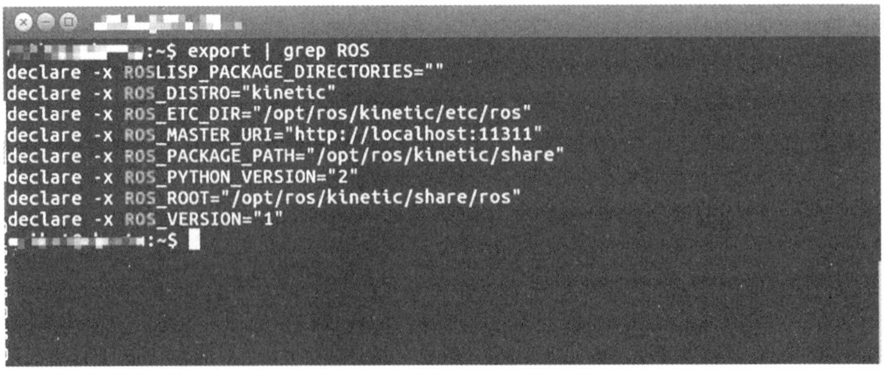

图 2.11　环境变量配置

2.1.6　ROS 编程方法

1. 创建功能包

输入命令：

```
mkdir -p ~/catkin_ws/src #创建文件夹
cd ~/catkin_ws/src#进入文件夹
catkin_create_pkg ros_tutorials_service message_generation std_msgs roscpp
# 创建包 ros_tutorials_service,依赖库为 message_generation std_msgs roscpp
```

上述命令是创建 ros_tutorials_service 功能包的命令。这个功能包依赖于 message_generation(创建新消息的功能包)、std_msgs(ROS 标准消息功能包)和 roscpp(在 ROS 中使用 C/C + + 的客户端程序库)功能包，因此将这些用作依赖选项，并且这些功能包必须在创建功能包之前安装。用户可以在创建功能包时指定这些相关的功能包设置，也可以在创建功能包之后直接在 package. xml 中修改。

创建功能包时，将在/catkin_ws/src 目录中创建 ros_tutorials_service 功能包目录，并在该功能包目录中创建 ROS 功能包的默认目录和 CMakeLists. txt 和 package. xml 文件。可以使用下面的 ls 命令检查它，并使用基于 GUI 的 Nautilus(类似 Windows 资源管理器)来检查功能包的内部。

输入命令：

```
cd ros_tutorials_service
ls
```

如图 2.12 所示为 ros_tutorials_service 目录中的文件及文件夹。

图 2.12　ros_tutorials_service 目录中的文件及文件夹

include 代表头文件夹；

src 代表源代码文件夹；

CMakeLists. txt 代表构建配置文件；

package. xml 代表功能包配置文件。

另外，如果新添加或移除 package，一定要执行如下命令：

```
catkin_make --force-cmake
```

如果这条命令无效，就删除 build 目录，然后重新执行。

注：catkin_cmake 是个复合命令，等价于以下命令：

```
mkdir build
cd build
cmake ../src
make
```

2. 修改功能包配置文件(package. xml)

ROS 所必需的配置文件之一 package. xml 是一个包含功能包信息的 XML 文件,它描述了功能包名称、作者、许可证和依赖包。在终端中使用以下命令(gedit、vim、emacs 等)打开文件,并修改它,以匹配当前节点。

```
gedit package.xml
```

以下代码为修改的 package. xml 文件以匹配用户正在创建的功能包。下面的代码包含其他人的个人信息,使用时请将其更改为用户自己的信息。

ros_tutorials_service/package.xml 文件内容如下:

```
<?xml version="1.0"?>
    <package>
    <name>ros_tutorials_service</name>
    <version>0.1.0</version>
    <description>ROS tutorial package to learn the service</description>
    <license>Apache License 2.0</license>
    <author email="pyo@ robotis.com">Yoonseok Pyo</author>
    <maintainer email="pyo@ robotis.com">Yoonseok Pyo</maintainer>
    <url type="bugtracker">https://github.com/ROBOTIS-GIT/ros_tutorials/issues</url>
    <url type="repository">https://github.com/ROBOTIS-GIT/ros_tutorials.git</url>
    <url type="website">http://www.robotis.com</url>
    <buildtool_depend>catkin</buildtool_depend>
    <build_depend>roscpp</build_depend>
    <build_depend>std_msgs</build_depend>
    <build_depend>message_generation</build_depend>
    <run_depend>roscpp</run_depend>
    <run_depend>std_msgs</run_depend>
    <run_depend>message_runtime</run_depend>
    <export></export>
    </package>
```

3. 修改构建配置文件(CMakeLists. txt)

ROS 的构建系统 catkin 以 CMake 为基础,它在功能包目录中的 CMakeLists. txt 文件里描述了构建环境。该文件设置可执行文件的创建、依赖包优先构建、链接生成等。在此因为要添加发布者节点、订阅者节点和 msg 文件,则 ros_tutorials_service 功能包将添加新的服务服务器节点、服务客户端节点和服务文件(*.srv)。

输入命令:

```
gedit CMakeLists.txt
```

ros_tutorials_service/CMakeLists.txt 文件内容如下：

```
cmakeminimum_required(VERSION2.8.3)
project(ros_tutorials_service)
## 这是进行 catkin 构建时所需的组件包。
## 依赖包是 message_generation、std_msgs 和 roscpp。如果这些包不存在,在构建过程中会发生错误。
find_package(catkin REQUIRED COMPONENTS message_generation std_msgs roscpp)
## 服务声明:SrvTutorial.srv
add_service_files(FILES SrvTutorial.srv)
## 这是一个设置依赖消息的选项。
## 如果未安装 std_msgs,则在构建过程中会发生错误。
generate_messages(DEPENDENCIES std_msgs)
## 这是 catkin 功能包选项,它描述了库、catkin 构建依赖和依赖系统的功能包。
catkin_package(
LIBRARIES ros_tutorials_service
CATKIN_DEPENDS std_msg sroscpp message_generation
)
## 设置包含目录。
include_directories(${catkin_INCLUDE_DIRS})
## 这是 service_server 节点的构建选项。
## 设置可执行文件、目标链接库和附加依赖项。
add_executable(service_server src/service_server.cpp)
add_dependencies(service_server ${${PROJECT_NAME}_EXPORTED_TARGETS} ${catkin_EXPORTED_TARGETS})
target_link_libraries(service_server ${catkin_LIBRARIES})
## 这是节点的构建选项。
add_executable(service_client src/service_client.cpp)
add_dependencies(service_client ${${PROJECT_NAME}_EXPORTED_TARGETS} ${catkin_EXPORTED_TARGETS})
target_link_libraries(service_client ${catkin_LIBRARIES})
```

4. 创建服务文件

在 CMakeLists.txt 文件中添加下面的选项。

```
add_service_files(FILES SrvTutorial.srv)
```

这是在构建本次的节点中使用 SrvTutorial.srv 时所包含的内容。现在用户还没有创建 SrvTutorial.srv,请按以下顺序创建它。

输入命令：

roscd ros_tutorials_service #代表移动到功能包目录。

mkdir srv #代表在功能包中创建一个名为 srv 的新服务目录。

cd srv#代表转到创建的 srv 目录。

gedit SrvTutorial. srv#代表新建和修改 SrvTutorial. srv 文件。

创建功能包的内容很简单。让我们以 int64 格式设计服务请求(request)a、b,和结果服务响应 (response)result,如下所示。“ - ”是分隔符,用于分隔请求和响应。除了请求和响应之间有一个分隔符之外,它与上述话题的消息相同。

ros_tutorials_service/srv/SrvTutorial.srv 文件内容如下:

```
int64 a
int64 b
- - -
int64 result
```

5. 创建服务服务器节点

在 CMakeLists. txt 文件中添加下面的选项来生成可执行文件。

```
add_executable(service_server src/service_server.cpp)
```

换句话说,是构建 service_server. cpp 文件来创建 service_server 可执行文件。下面按以下顺序编写一个具有服务服务器节点功能的程序。

输入命令:

```
roscd ros_tutorials_service/src #移动到功能包的源代码目录 src
gedit service_server.cpp #创建和修改源文件
ros_tutorials_service/src/service_server.cpp
```

文件内容如下:

```
#include "ros/ros.h" //ROS 的基本头文件
#include "ros_tutorials_service/SrvTutorial.h" //SrvTutorial 服务头文件(构建后自动生成)
//如果有服务请求,将执行以下处理
//将服务请求设置为 req,服务响应则设置为 res。
bool calculation(ros_tutorials_service::SrvTutorial::Request &req,
ros_tutorials_service::SrvTutorial::Response &res)
{
//在收到服务请求时,将 a 和 b 的和保存在服务响应值中
res.result = req.a + req.b;
//显示服务请求中用到的 a 和 b 的值以及服务响应 result 值
ROS_INFO("request: x = % ld, y = % ld", (long int)req.a, (long int)req.b);
ROS_INFO("sending back response: % ld", (long int)res.result);
return true;
}
int main(int argc, char * * argv) //节点主函数
{
```

```
ros::init(argc, argv, "service_server"); //初始化节点名称
ros::NodeHandle nh; //声明节点句柄
//声明服务服务器
//声明利用 ros_tutorials_service 功能包的 SrvTutorial 服务文件的
//服务服务器 ros_tutorials_service_server
//服务名称是 ros tutorial_srv,且当有服务请求时,执行 calculation 函数。
ros::ServiceServer ros_tutorials_service_server = nh.advertiseService("
ros_tutorial_srv", calculation);
ROS_INFO("ready srv server!");
ros::spin(); //等待服务请求
return 0;
}
```

6. 创建服务客户端节点

在 CMakeLists. txt 文件中添加下面的选项来生成可执行文件。

```
add_executable(service_client src/service_client.cpp)
```

换句话说,是通过构建 service_client. cpp 文件来创建 service_client 可执行文件。接下来按以下顺序编写一个执行服务客户端节点功能的程序。

输入命令:

```
roscd ros_tutorials_service/src #移动到功能包的源代码目录 src
gedit service_client.cpp #创建和修改源文件
ros_tutorials_service/src/service_client.cpp
```

文件内容如下:

```
#include "ros/ros.h" //ROS 的基本头文件
#include "ros_tutorials_service/SrvTutorial.h" //SrvTutorial 服务头文件(构建
后自动生成)
#include <cstdlib> //使用 atoll 函数所需的库
int main(int argc, char **argv) //节点主函数
{
ros::init(argc, argv, "service_client"); //初始化节点名称
if (argc != 3) //处理输入值错误
{
ROS_INFO("cmd : rosrun ros_tutorials_service service_client arg0 arg1");
ROS_INFO("arg0: double number, arg1: double number");
return 1;
}
ros::NodeHandle nh; //声明与 ROS 系统通信的节点句柄
//声明客户端,声明利用 ros_tutorials_service 功能包的 SrvTutorial 服务文件的
//服务客户端 ros_tutorials_service_client
```

```
//服务名称是"ros_tutorial_srv"
ros::ServiceClient ros_tutorials_service_client =
nh.serviceClient < ros_tutorials_service:: SrvTutorial > ( " ros_tutorial_
srv");
//声明一个使用 SrvTutorial 服务文件的叫作 srv 的服务
ros_tutorials_service::SrvTutorial srv;
//在执行服务客户端节点时用作输入的参数分别保存在 a 和 b 中
srv.request.a = atoll(argv[1]);
srv.request.b = atoll(argv[2]);
//请求服务,如果请求被接受,则显示响应值
if (ros_tutorials_service_client.call(srv))
{
ROS_INFO("send srv, srv.Request.a and b: % ld, % ld", (long int)srv.request.
a, (long int)srv.request.b);
ROS_INFO("receive srv, srv.Response.result: % ld", (long int)srv.response.
result);
}
else
{
ROS_ERROR("Failed to call service ros_tutorial_srv");
return 1;
}
return 0;
}
```

7. 构建节点

执开终端,输入如下命令:

```
cd ~/catkin_ws
catkin_make
```

命令执行完后,不报错,则构建生成两个文件夹 build 和 devel,它们位于 catkin_ws 目录中,build 文件夹中主要是一些配置文件,devel 文件夹中是一些可执行文件和一些重要的配置文文件。例如"/catkin_ws/devel/lib/ros_tutorials_service"包含可执行文件,"/catkin_ws/devel/include/ros_tutorials_service"保存从消息文件自动生成的服务头文件。如果用户想知道这些文件,需要进入各自的目录查看。

8. 运行服务服务器

在前一节中编写的服务服务器被设定为一直等待,不做任何处理,直到有服务请求。因此,执行以下命令时,服务服务器将等待服务请求。运行节点之前一定要运行 roscore。

输入命令:

```
roscore
source ~/catkin_ws/devel/setup.bash#刷新工作空间的环境
rosrun ros_tutorials_service service_server
```

输入上条命令执行后,显示如下:

```
[INFO] [1495726541.268629564]: ready srv server!
```

9. 运行服务客户端

如果已经运行了服务服务器,可以再开个终端,输入命令如下:

```
source ~/catkin_ws/devel/setup.bash
rosrun ros_tutorials_service service_client 2 3
```

上条命令执行完后,显示如下:

```
[INFO] [1495726543.277216401]: send srv, srv.Request.a and b: 2, 3
[INFO] [1495726543.277258018]: receive srv, srv.Response.result: 5
[INFO] [1495726541.268629564]: ready srv server!
```

从上面编写的代码可知,在运行服务客户端时输入的执行参数 2 和 3 会被作为服务请求值。在服务器端接收到 2 和 3 的服务请求后,进行求和运算,得出结果 5,并做响应值进行反馈输出。在这种情况下,它只是用作执行参数,但在实际使用中,可以用指令代替,可以将要计算的值和触发变量用作服务请求值。

请注意,服务与图 2.13 所示的话题发布者和订阅者不同,是一次性的,因此在 rqt_graph 中不可用。

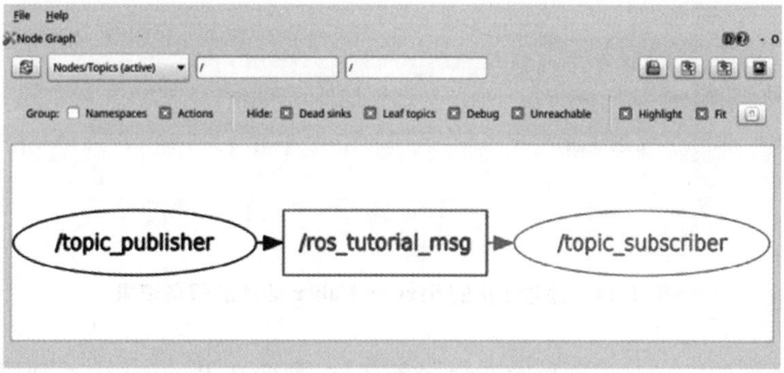

图 2.13 话题发布者(左)和订阅者(右)

10. rosservice call 命令的用法

服务请求可以由 service_client 等服务客户端节点来执行,可以使用“rosservice call”或者 rqt 的 serviceCaller 的方法。

在输入 rosservice call 命令之后,写入相应的服务名称,如/ros_tutorial_srv,然后写入服务请求所需的参数,如下所示。

```
rosservice call /ros_tutorial_srv 10 2
```

上条命令执行完后,显示如下:

```
result: 12
```

在上面的例子中,如下面的服务文件描述,将 int64 类型的 a 和 b 设置为请求,所以输入 10 和 2 作为参数。服务响应的结果是 int64 的 result 以 12 的值返回。

```
int64 a
int64 b
---
int64 result
```

11. GUI 工具 Service Caller 的用法

最后,介绍使用 rqt 的 Service Caller 的方法,它使用一个 GUI 形式的界面。首先,运行 ROS 的 GUI 工具 rqt,命令如下:

```
rqt
```

然后从 rqt 程序的菜单中选择[Plugins]→[Service]→[Service Caller],出现如图 2.14 所示屏幕。

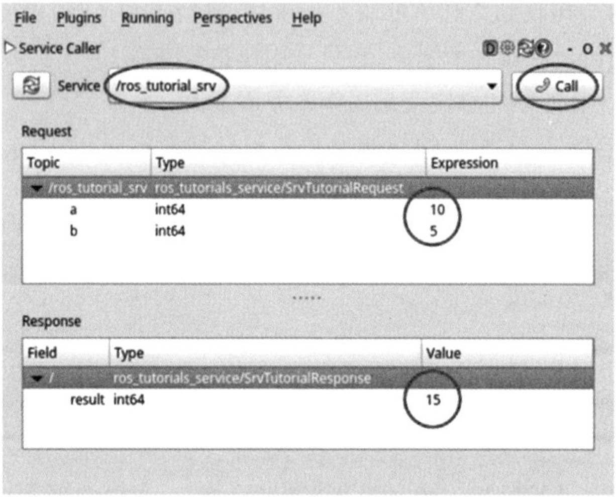

图 2.14　通过 rqt 的 Service Caller 插件的服务请求

如果在顶部的"Service"项目中选择服务名称,则会在 Request 中看到服务请求所需的信息。要请求服务,请在每个请求信息的 Expression 中输入信息。给 a 输入 10,给 b 输入 5。然后点击右上角绿色电话的 < Call > 图标,服务请求将被执行,屏幕下方的 Response 将显示服务响应的结果。

前面描述的 rosservice call 具有直接在终端上运行的优点,但对于不熟悉 Linux 或 ROS 命令的用户,推荐使用 rqt 的 Service Caller。

在本小节中,创建了一个服务服务器和一个客户端节点,还学习了如何在节点之间进行服务通信。相关资源可以在 github 地址:https:// github. com/ROBOTIS - GIT/ ros_tutorials/tree/master/ ros_tutorials_service 中找到。

如果用户想马上应用它，可以用 catkin_ws/src 目录中的以下命令来克隆源代码，并运行构建，然后运行 service_server 和 service_client 节点。

输入命令：

```
cd ~/catkin_ws/src
git clone https://github.com/ROBOTIS-GIT/ros_tutorials.git
cd ~/catkin_ws
catkin_make
source devel/setup.bash
rosrun ros_tutorials_service service_server
rosrun ros_tutorials_service service_client 2 3
```

2.1.7 小乌龟例程

在这个例程中，可以通过键盘控制一只小乌龟在界面中移动，而且会接触到第一个 ROS 功能包——turtlesim。该功能包的核心是 turtlesim_node 节点，提供一个可视化的乌龟仿真器，可以实现很多 ROS 基础功能的测试。

每个 ROS 功能包都是一个独立的功能，其中可能包含一个或者多个节点，这些功能对外使用话题、服务、参数等作为接口。其他开发者在使用这个功能包时，可以不用关注内部的代码实现，只需要知道这些接口的类型和作用，就可以集成到自己的系统中。下面介绍 turtlesim 功能包的接口。

1. 话题与服务

表 2.2 为 turtlesim 功能包中的话题和服务接口。

表 2.2 turtlesim 功能包的话题和服务

名称	命令	类型	描述
话题订阅	turtlex/cmd_vel	geometry_msgs/Twist	控制乌龟角速度与线速度的输入指令
话题发布	turtieX/pose	turtlesim/Pose	乌龟的姿态信息，包括 x 与 y 的坐标位置、角度、线速度和角速度
服务	clear	std_srvs/Empty	清除仿真器中的背景颜色
	reset	std_srvs/Empty	复位仿真器到初始配置
	kill	turtlesim/Kill	删除一只乌龟
	spawn	turtlesim/Spawn	新建一只乌龟
	turtleX/set_pen	turtlesim/SetPen	设置画笔的颜色和线宽
	turtleX/teleportabsolute	turtlesim/TeleportAbsolute	移动乌龟到指定姿态
	turtleX/teleportrelative	turtlesim/TeleportRelative	移动乌龟到指定的角度和距离

2. 参数

表 2.3 所列为 turtlesim 功能包中的参数，开发者可以通过命令、程序等方式来获取这些参数并进行修改。

表 2.3　turtlesim 功能包的参数

命令	类型	默认值	描述
~background_b	int	255	设置背景蓝色通道颜色值
~background_g	int	86	设置背景绿色通道颜色值
~background_r	int	69	设置背景红色通道颜色值

turtlesim 功能包通过速度控制指令，实现乌龟在仿真器中的移动，同时发布乌龟的实时位姿信息，更新仿真器中的乌龟状态。用户也可以通过服务调用实现删除、新建乌龟等功能。

在正式开始运行乌龟例程之前，需要使用如下命令安装 turtlesim 功能包：

```
sudo apt -get insall ros -kineic -urtlesim
```

kineic 是 ros 的版本号，其他的版本的安装，只要根据前文描述替换版本名称就可以。

3. 控制乌龟运动

在 Ubuntu 系统中打开一个终端，输入以下命令运行 ROS 的节点管理器——ROS Master，这是 ROS 必须运行的管理器节点。

```
roscore
```

可以在终端中看到如图 2.15 所示的输出信息。

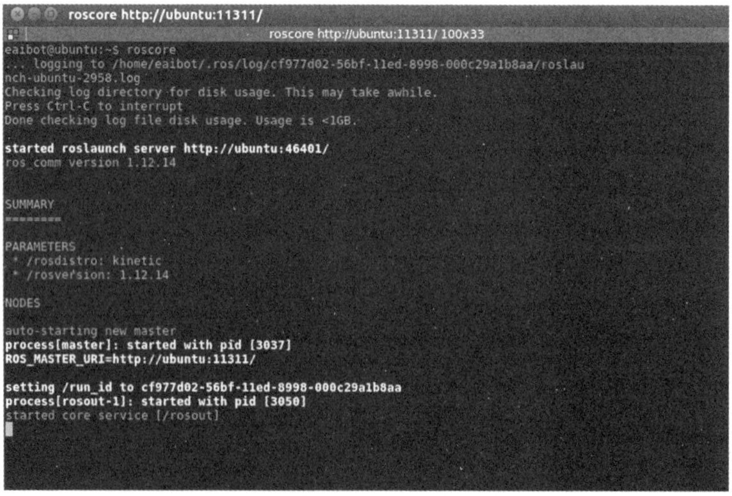

图 2.15　ROS Master 启动成功

然后打开一个新终端,使用 rosrun 命令启动 turtlesim 仿真器节点:

```
rosrun turtlesim turtlesim_node
```

命令运行后,出现如图 2.16 所示的可视化仿真器界面。

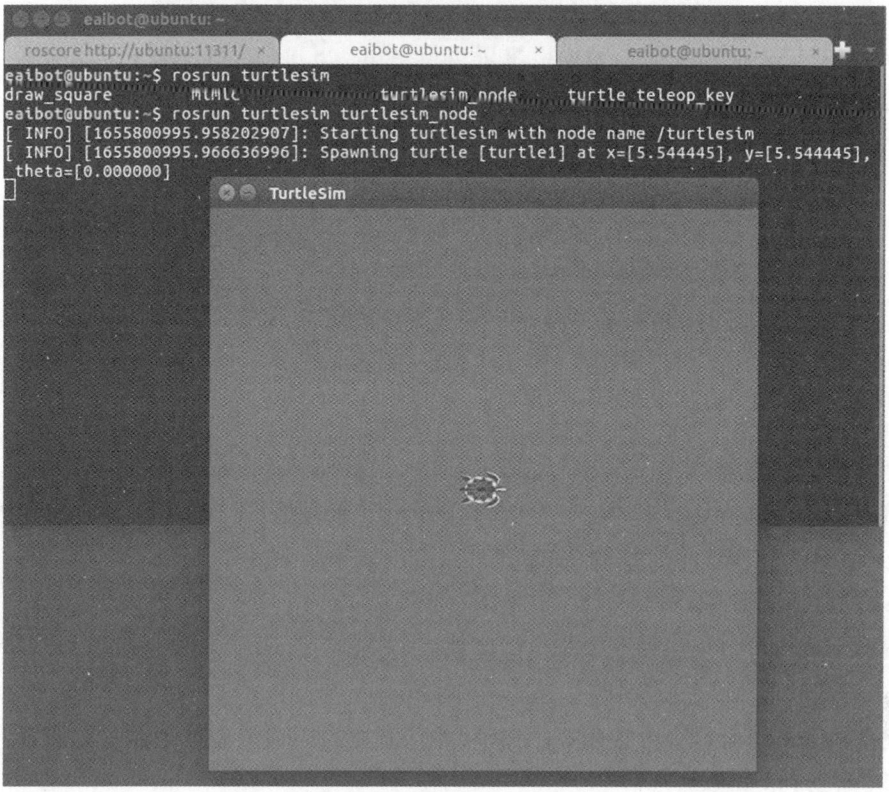

图 2.16 海龟仿真器界面

这个例程会通过键盘控制小乌龟在界面中的移动,现在仿真界面已经出现,我们还需要打开一个新终端,运行键盘控制的节点:

```
rosrun turtlesim turtle_teleop_key
```

运行成功后,终端中会出现一些键盘控制的相关说明(图 2.17)。

图 2.17 键盘控制节点

此时,在保证键盘控制终端激活的前提下,按下键盘上的方向键,仿真器中的小乌龟就可以按照我们控制的方向开始移动了,而且在小乌龟的尾部会显示移动轨迹(图 2.18)。

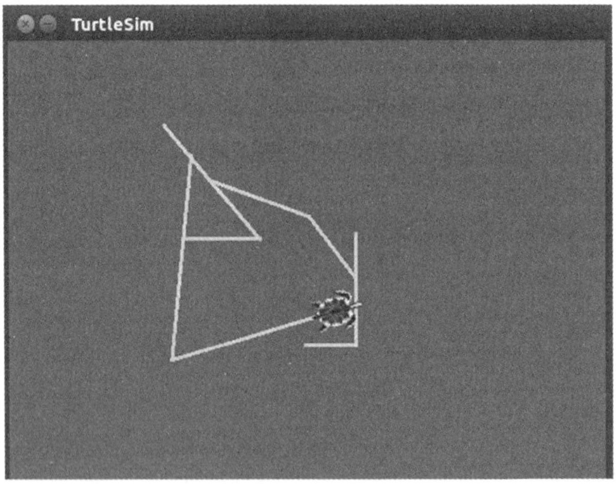

图 2.18　控制海龟移动

4. 乌龟例程中的 TF

接下来在乌龟仿真器中通过一个例程(turtle_tf)来理解 TF 的作用,并且熟悉以上学到的 TF 工具。该例程的功能包 turtle_tf 可以使用如下命令进行安装:

```
sudo apt -get install ros -kinetic -turtle -tf
```

安装完成后可以使用如下命令运行例程:

```
roslaunch turtle_tf turtle_tf_demo.launch
```

乌龟仿真器打开后会出现两只小乌龟,并且下方的小乌龟会自动向中心位置的小乌龟移动(图 2.19)。

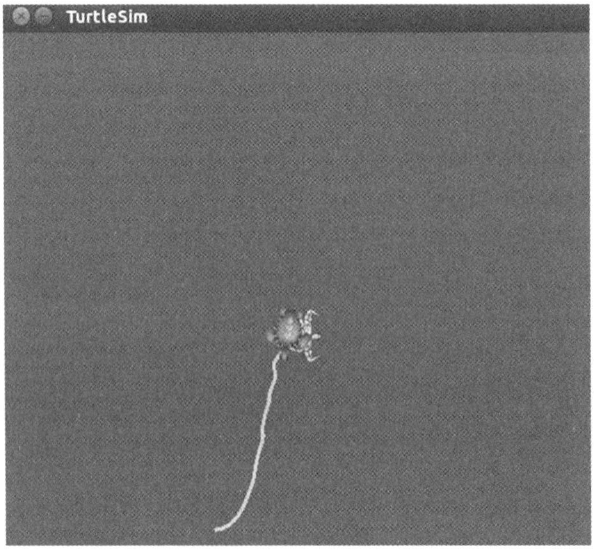

图 2.19　两只乌龟仿真

打开键盘控制节点,控制中心位置的小乌龟运行:

```
rosrun turtlesim turtle_teleop_key
```

另外一只乌龟总是会跟随我们控制的那只乌龟运行(图 2.20)。在这个例程中,TF 是如何运用的呢?首先使用 TF 工具来看一下这个例程中的 TF 树是什么样的:

```
rosrun tf view_frames
```

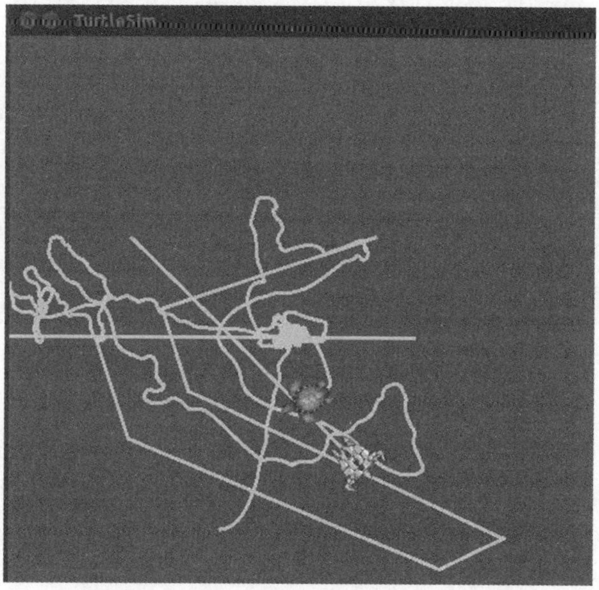

图 2.20 乌龟跟随移动

在当前路径目录下面,打开 frames. pdf 文件,如图 2.21 所示,在当前系统中存在三个坐标系:world、turtle1、turtle2。world 是世界坐标系,作为系统的基础坐标系,其他坐标系都相对该坐标系建立,所以 world 是 TF 树的根节点。相对于 world 坐标系,又分别针对两只乌龟创建了两个乌龟坐标系,这两个坐标系的原点就是乌龟在世界坐标系下的坐标位置。

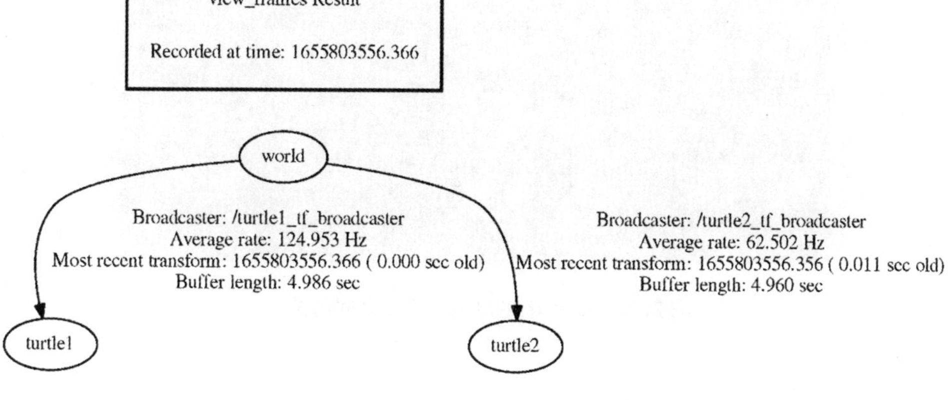

图 2.21 乌龟跟随例程中的 TF 树

现在要让 turtle2 跟随 turtle1 运动,等价于 turtle2 坐标系需要向 turtle1 坐标系移动,这就需要知道 turtle2 与 turtle1 之间的坐标变换。三个坐标系之间的变换关系可以使用如下公式描述:

$$T_{\text{turtle1\_turtle2}} = T_{\text{turtle1\_world}} \times T_{\text{world\_turtle2}}$$

使用 tf_echo 工具在 TF 树中查找乌龟坐标系之间的变换关系(图 2.22):

```
rosrun tf tf_echo turtle1 turtle2
```

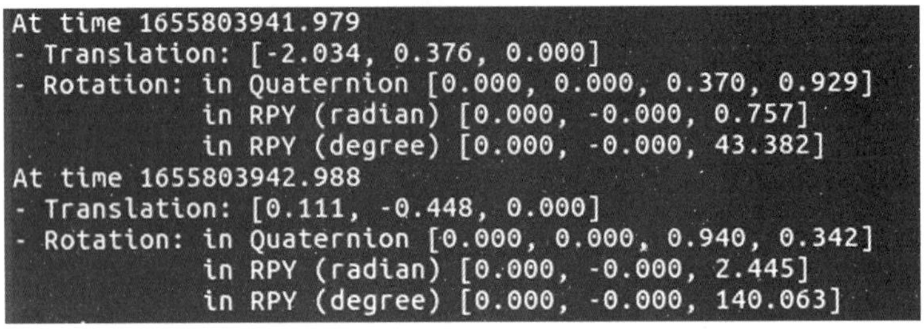

```
At time 1655803941.979
- Translation: [-2.034, 0.376, 0.000]
- Rotation: in Quaternion [0.000, 0.000, 0.370, 0.929]
            in RPY (radian) [0.000, -0.000, 0.757]
            in RPY (degree) [0.000, -0.000, 43.382]
At time 1655803942.988
- Translation: [0.111, -0.448, 0.000]
- Rotation: in Quaternion [0.000, 0.000, 0.940, 0.342]
            in RPY (radian) [0.000, -0.000, 2.445]
            in RPY (degree) [0.000, -0.000, 140.063]
```

图 2.22　乌龟坐标系之间的变换关系

也可以通过 rviz 的图形界面更加形象地看到这三者之间的坐标关系(图 2.23):

```
rosrun rviz rviz -d rospack find turtle_tf /rviz/turtle_rviz.rviz
```

得到 turtle2 与 turtle1 之间的坐标变换后,就可以计算两只乌龟间的距离和角度,即可控制 turtle2 向 turtle1 移动了。

接下来以这个例程为目标,学习如何实现 TF 的广播和监听功能。

创建功能包:

```
cd ~/catkin_ws/src
catkin_create_pkg learning_tf roscpp rospy tf turtlesim
```

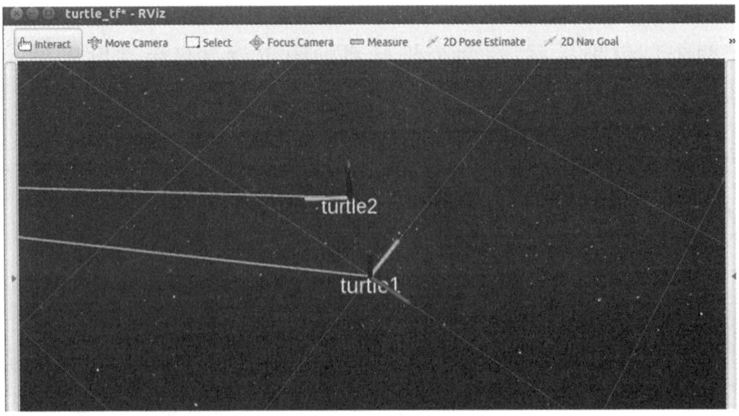

图 2.23　在 rviz 中显示坐标系之间的关系

5. 创建 TF 广播器

首先,需要创建一个发布乌龟坐标系与世界坐标系之间 TF 变换的节点,在 ~/catkin

_ws/src/learning_tf/src 路径下创建 turtle_tf_broadcaster. cpp，源代码如下：

```
#include <ros/ros.h>
#include <tf/transform_broadcaster.h>
#include <turtlesim/Pose.h>
std::string turtle_name;
void poseCallback(const turtlesim::PoseConstPtr& msg)
{
    //TF 广播器
    static tf::TransformBroadcaster br ;
    //根据乌龟当前的位姿，设置相对于世界坐标系的坐标变换
    tf::Transform transform;
    transform.setOrigin( tf::Vector3(msg - >x, msg - >y, 0.0) );
    tf::Quaternion q;
    q.setRPY(0, 0, msg - >theta);
    transform.setRotation(q);
    //广播 world 与乌龟坐标系之间的 tf 数据
    br.sendTransform(tf::StampedTransform(transform, ros::Time::now(), "
world", turtle_name));
}
int main(int argc, char * * argv)
{
    //初始化 ROS 节点
    ros::init(argc, argv, "my_tf_broadcaster");
    //输入参数作为乌龟的名字
    if (argc ! = 2)
    {
        ROS_ERROR("need turtle name as argument");
        return -1;
    }
    turtle_name = argv[1];
    //订阅乌龟 pose 信息
    ros::NodeHandle node ;
    ros:: Subscriber sub = node. subscribe ( turtle _ name + "/pose", 10 ,
&poseCallback) ;
    ros:: spin () ;
    return 0;
};
```

以上代码的关键部分是处理乌龟 pose 消息的回调函数 poseCallback，在广播 TF 消息

之前需要定义 tf::TransformBroadcaster 广播器，然后根据乌龟前的位姿设置 tf::Transform 类型的坐标变换，包含 setOrigin 设置的平移变换以及 setRotation 设置的旋转变换。

然后使用广播器将坐标变换插入 TF 树并进行发布，这里发布的 TF 消息类型是 tf::StampedTransform，不仅包含 tf::Transform 类型的坐标变换、时间戳，而且需要指定坐标变换的源坐标系（parent）和目标坐标系（child）。

6. 创建 TF 监听器

TF 消息广播之后，其他节点就可以监听该 TF 消息，从而获取需要的坐标变换了。目前我们已经将乌龟相对于 world 坐标系的 TF 变换进行了广播，接下来需要监听 TF 消息，并从中获取 turtle2 相对 turtle1 坐标系的变换，从而控制 turtle2 移动。在 ~/catkin_ws/src/learning_tf/src 路径下创建 turtle_tf_listener.cpp 的详细内容如下：

```
#include <ros/ros.h>
#include <tf/transform_listener.h>
#include <geometry_msgs/Twist.h>
#include <turtlesim/Spawn.h>
int main(int argc, char** argv)
{
    //初始化节点
    ros::init(argc,argv,"my_tf_listener");
    ros::NodeHandle node;
    //通过服务调用,产生第二只乌龟 turtle2
    ros::service::waitForService("/spawn");
        ros::ServiceClient add_turtle = node.serviceClient<turtlesim::Spawn>("/spawn");
        turtlesim::Spawn srv;
        add_turtle.call(srv);
    //定义 turtle2 的速度控制发布器
    ros::Publisher turtle_vel = node.advertise<geometry_msgs::Twist>("/turtle2/cmd_vel", 10);
    //TF 监听器
    tf::TransformListener listener;
    ros::Rate rate(10.0);
    while (node.ok())
    {
        tf::StampedTransform transform;
        try
        {
            //查找 turtle2 与 turtle1 的坐标变换
```

```
            listener.waitForTransform("/turtle2", "/turtle1", ros::Time(0),
ros::Duration(3.0));
            listener.lookupTransform("/turtle2", "/turtle1", ros::Time(0),
transform);
        }
        catch (tf::TransformException &ex)
        {
            ROS_ERROR("%s",ex.what());
            ros::Duration(1.0).sleep();
            continue;
        }
        //根据 turtle1 和 turtle2 之间的坐标变换,计算 turtle2 需要运动的线速度和角
速度
        //并发布速度控制指令使 turtle2 向 turtle1 移动
        geometry_msgs::Twist vel_msg;
        vel_msg.angular.z = 4.0 * atan2(transform.getOrigin().y(),trans-
form.getOrigin() .x());
        vel_msg.linear.x = 0.5 * sqrt(pow(transform.getOrigin().x(),2) + pow
(transform.getOrigin().y(), 2));
        turtle_vel.publish(vel_msg);
        rate.sleep() ;
    }
    return 0;
};
```

该节点首先通过服务调用产生乌龟 turtle2,然后声明 turtle2 速度的 Publisher。在监听 TF 消息之前,需要创建一个 tf::TransformLitener 类型的监听器,创建成功后监听器会自动接收 TF 树的消息,并且缓存 10 s。然后在循环中就可以实时查找 TF 树中的坐标变换了,这里需要调用 tf::TransformLitener 中的两个接口:(1) waitForTransform(conststd::string&target_frame, conststd::string&source_frame, constros::Time&time, constros::Duration&timeout),给定源坐标系(source_frame)和目标坐标系(target_frame),等待两个坐标系之间指定时间(time)的变换关系,该函数会阻塞程序运行,所以要设置超时时间(timeout);(2) lookupTransform(conststd::string&target_frame, conststd::string&source_frame, constros::Time&time, StampedTransform&transform),给定源坐标系(source_frame)和目标坐标系(target_frame),得到两个坐标系之间指定时间(time)的坐标变换(transform),ros::Time(0)表示想要的是最新一次的坐标变换。

通过以上两个接口的调用,就可以获取 turtle2 相对于 turtle1 的坐标变换了。然后根据坐标系之间的位置关系,计算得到 turtle2 需要运动的线速度和角速度,并发布速度控

制指令使 turtle2 向 turtle1 移动。

7. 实现乌龟跟随运动

现在小乌龟跟随例程的所有代码都已经完成，下面来编写 launch 文件，使所有节点运行起来，在 ~/catkin_ws/src/learning_tf/下新建 launch 文件夹，然后在该文件夹内新建 startdemo_with_listener. launch 文件，其源代码如下：

```
<launch>
    <!--乌龟仿真器-->
    <node pkg="turtlesim" type="turtlesim_node" name="sim"/>
    <!--键盘控制-->
    <node pkg="turtlesim" type="turtle_teleop_key" name="teleop"output
="screen"/>
    <!--两只乌龟的 TF 广播-->
    <node pkg="learning_tf" type="turtle_tf_broadcaster"
      args="/turtle1" name="turtle1_tf_broadcaster" />
    <node pkg="learning_tf" type="turtle_tf_broadcaster"
      args="/turtle2" name="turtle2_tf_broadcaster"/>
    <!--监听 TF 广播,并且控制 turtle2 移动-->
    <node pkg="learning_tf" type="turtle_tf_listener"
      name="listener" />
</launch>
```

8. 配置 TF 广播器与监听器代码编译规则

打开 ~/catkin_ws/src/learning_tf/下的 CMakeLists. txt 文件，在

```
#############
## Install ##
#############
```

前面添加如下代码，如图 2. 24 所示。

```
add_executable(turtle_tf_broadcaster src/turtle_tf_broadcaster.cpp)
target_link_libraries(turtle_tf_broadcaster ${catkin_LIBRARIES})
add_executable(turtle_tf_listener src/turtle_tf_listener.cpp)
target_link_libraries(turtle_tf_listener ${catkin_LIBRARIES})
```

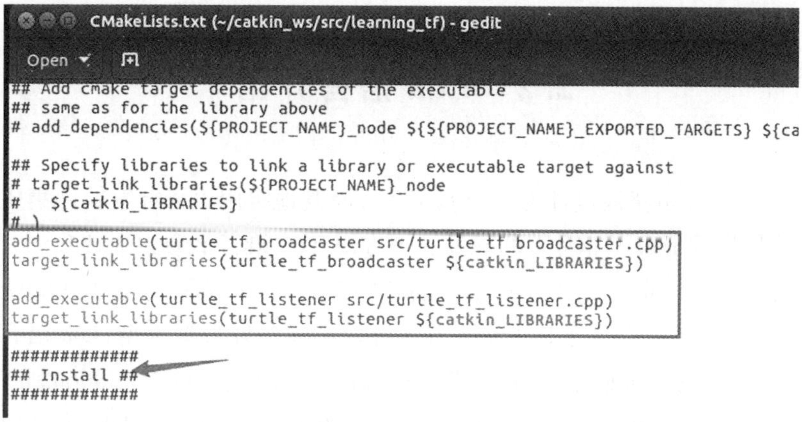

图 2.24　添加配置代码

现在所有文件都已创建好，将要开始进行编译与运行。

```
cd ~/catkin_ws
catkin_make
source devel/setup.bash
roslaunch learning_tf startdemo_with_listener.launch
```

这个时候就可以看到与之前例程类似的两只乌龟的界面了，如图 2.25 所示，在终端中通过键盘控制 turtle1 移动，turtle2 跟随移动。

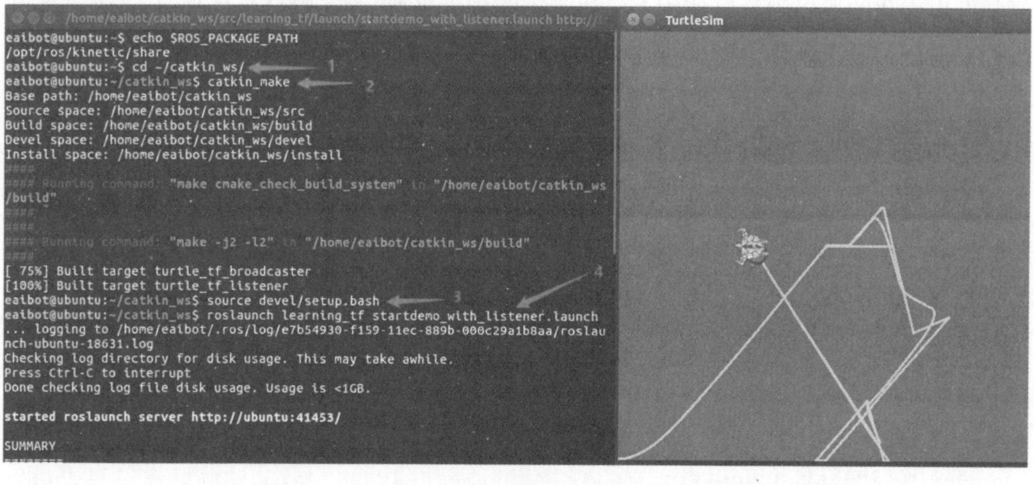

图 2.25　编译与运行

通过这个例程的实现，我们学习了 TF 广播与监听的实现方法，在实际应用中会产生更多的坐标系，TF 树的结构也会更加复杂，但是基本的使用方法依然相同。

2.2 Lua 语言介绍

Lua 语言从一开始就被设计为能与 C/C + + 及其他常用语言开发软件集成在一起使用的语言,这种设计带来了非常多的好处。一方面,Lua 语言不会尝试做 C 语言可以做的事情,而是直接依赖 C 语言去实现 C 语言的一些特性;另一方面,通过引入安全的运行环境、自动内存管理、良好的字符串处理能力和可变长的多种数据类型,Lua 语言弥补了 C 语言在非面向硬件的高级抽象能力、动态数据结构、鲁棒性、调试能力等方面的不足。

Lua 语言强大的原因之一就在于它的标准库,扩展性本身就是 Lua 语言的主要能力之一。Lua 语言中的许多特性为扩展性的实现提供了支持,如动态类型使得一定程度的多态成为可能,自动内存管理简化了接口的实现(无须关心内存的分配/释放及处理溢出),作为第一类值的函数支持高度的泛化,从而使得函数更加通用。

Lua 语言除了是一门可扩展的语言外,还是一门胶水语言(glue language)。Lua 语言支持组件化的软件开发方式,通过整合已有的高级组件构建新的应用。这些组件通常是通过 C/C + + 等编译型强类型的语言编写的,Lua 语言充当了整合和连接这些组件的角色。通常,组件(或对象)是对程序开发过程中相对稳定逻辑的具体底层(如小部件和数据结构)的抽象,这些逻辑占用了程序运行时的大部分 CPU 时间,而产品生命周期中可能经常发生变化的逻辑则可以使用 Lua 语言来实现。当然,除了整合组件外,Lua 语言也可以用来适配和改造组件,甚至创建全新的组件。

Linux 系统上安装 Lua 非常简单,只需要下载源码包并在终端解压编译即可,本书使用了 5.4.4 版本进行安装,先下载 ubuntu 的编译支持软件,命令内容如下:

```
sudo apt -getinstall build -essential
sudo apt -get install libreadline5
sudo apt -get install libreadline6 libreadline6 -dev
wget http://www.lua.org/ftp/lua -5.4.4.tar.gz  #下载 lua5.4.4 压缩包
tar zxf lua -5.4.4.tar.gz  #解压安装包
cd lua -5.4.4
make linux
make install
```

2.2.1 Lua 基本语法

1. 交互式编程

Lua 提供了交互式编程模式,可以在命令行中输入程序并立即查看效果。

Lua 交互式编程模式可以通过命令 lua -i 或 lua 来启用:

```
lua -i
```

上条命令执行完后,显示如下:

```
lua 5.4.4  Copyright (C) 1994 -2022 lua.org, PUC - Rio
  >
```

在命令行中,输入以下命令:

```
> print("Hello World!")
```

接着按下回车键,输出结果如图 2.26 所示。

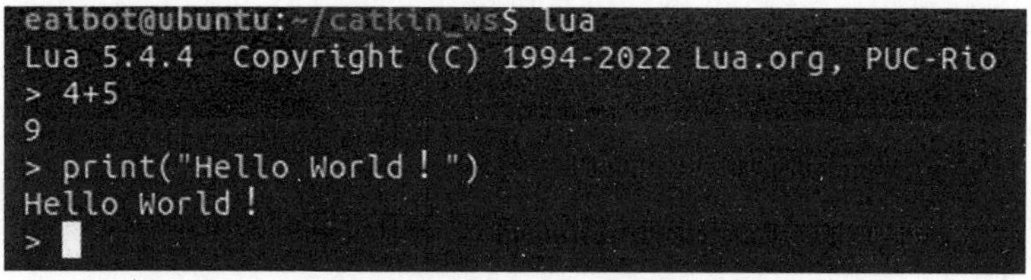

图 2.26　print("Hello World!")

2. 脚本式编程

可以将 Lua 程序代码保存到一个以 lua 结尾的文件,并执行,该模式称为脚本式编程,如将如下代码存储在名为 hello. lua 的脚本文件中:

```
print("Hello World!")
print("你好")
```

使用 lua 名执行以上脚本,输出结果为:

```
lua hello.lua
Hello World!
你好
```

也可以将代码修改为如下形式来执行脚本(在开头添加:#! /usr/local/bin/lua):

```
#! /usr/local/bin/lua
print("Hello World!")
print("你好")
```

在以上代码中,指定了 Lua 的解释器 usr/local/bin directory。加上 # 号标记解释器会忽略它。接下来为脚本添加可执行权限,并执行:

```
.\hello.lua
```

若不能运行,并出现提示:bash:./hello. lua:Permission denied,是因为权限不够,可以使用命令:sudo chmod 777 hello. lua,即获得可读可写可执行权限。然后再执行:

```
.\hello.lua
```

如图 2.27 所示。

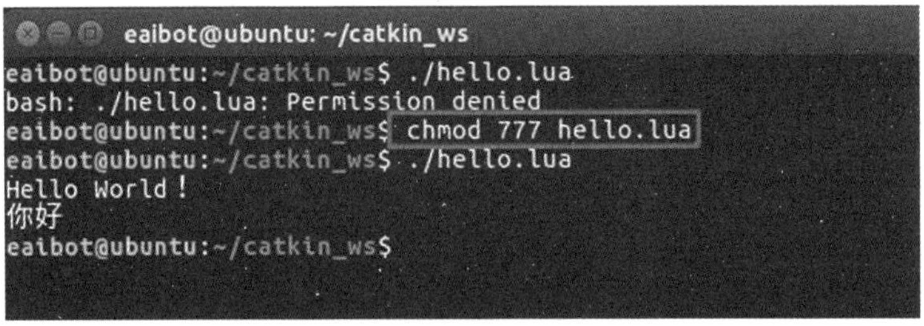

图 2.27　Lua 脚本执行

3. 注释

Lua 语句注释所使用的符号见表 2.4 所列。

表 2.4　Lua 语句注释

含义	符号	说明
单行注释	- -	两个减号
多行注释	- -[[Xxxxx Xxxx - -]]	两个减号加两个中括号

4. 标示符

Lua 标示符用于定义一个变量,函数获取其他用户定义的项。标示符以一个字母 A 到 Z,或 a 到 z,或下画线_开头后加上 0 个或多个字母,下画线,数字(0 到 9)。

最好不要使用下画线加大写字母的标示符,因为 Lua 的保留字也是这样的。

Lua 不允许使用特殊字符,如@、$ 和% 来定义标示符。Lua 是一个区分大小写的编程语言。因此在 Lua 中 Robot 与 robot 是两个不同的标示符。

5. 关键字

以下列出了 Lua 的保留关键字。保留关键字不能作为常量或变量或其他用户自定义标示符:

```
and break do else elseif end false for function if in local nil not or repeat
return then true until while goto
```

一般约定,以下画线开头连接一串大写字母的名字(如_VERSION)被保留用于 Lua 内部全局变量。

6. 全局变量

在默认情况下,变量总是认为是全局的。

全局变量不需要声明,给一个变量赋值后即创建了这个全局变量,访问一个没有初始化的全局变量也不会出错,只不过得到的结果是:nil。

如果想删除一个全局变量,只需要将变量赋值为 nil。

这样变量 b 就好像从没被使用过一样。换句话说,当且仅当一个变量不等于 nil 时,这个变量即存在。

全局变量声明如图 2.28 所示。

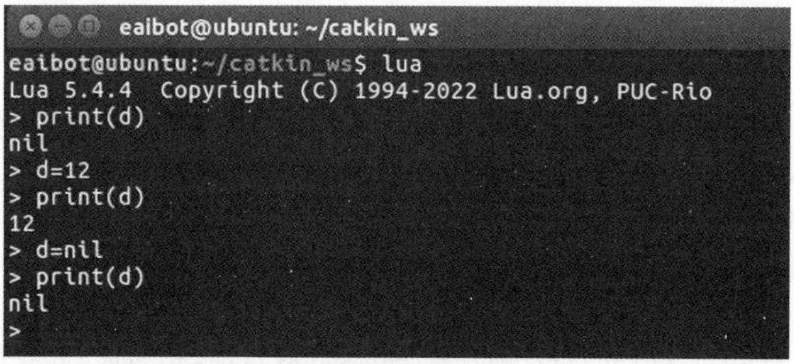

图 2.28 全局变量声明

2.2.2 Lua 语言基础

1. Lua 数据类型

Lua 是动态类型语言,变量不需要类型定义,只需要为变量赋值。值可以存储在变量中,作为参数传递或结果返回。

Lua 中有 8 个基本类型(表 2.5),分别为 nil、boolean、number、string、function、userdata、thread 和 table。

表 2.5 Lua 语言数据类型

数据类型	描述
nil	这个最简单,只有值 nil 属于该类,表示一个无效值(在条件表达式中相当于 false)
boolean	包含两个值:false 和 true
number	表示双精度类型的实浮点数
string	字符串由一对双引号或单引号来表示
function	由 C 或 Lua 语言编写的函数
userdata	用于扩展 Lua 的新类型
thread	表示执行的独立线路,用于执行协同程序
table	其实是一个"关联数组"(associative arrays),数组的索引可以是数字、字符串或表类型。在 Lua 语言中,table 的创建通过"构造表达式"来完成,最简单的构造表达式是{},用来创建一个空表

可以使用 type 函数测试给定变量或者值的类型：

```
print(type("Hello world"))      - - > string
print(type(10.4 * 3))           - - > number
print(type(print))              - - > function
print(type(type))               - - > function
print(type(true))               - - > boolean
print(type(nil))                - - > nil
print(type(type(X)))            - - > string
```

(1)nil(空)。

nil 类型表示没有任何有效值,它只有一个值——nil,如打印一个没有赋值的变量,便会输出一个 nil 值,print(type(a))其值为 nil。

对于全局变量和 table,nil 还有一个“删除”作用,给全局变量或者 table 表里的变量赋一个 nil 值,等同于把它们删掉。

(2)boolean(布尔)。

boolean 类型只有两个可选值:true(真)和 false(假),Lua 把 false 和 nil 看作 false,其他的都为 true,数字 0 也是 true。

(3)number(数字)。

Lua 默认只有一种 number 类型——double(双精度)类型(默认类型可以修改 luaconf.h 里的定义)。

(4)string(字符串)。

字符串由一对双引号或单引号来表示,也可以用 2 个方括号“[[]]”来表示“一块”字符串。

在对一个数字字符串进行算术操作时,Lua 会尝试将这个数字字符串转成一个数字:

```
> print("2" + 6)
8.0
```

(5)function(函数)。

在 Lua 语言中,函数被看作“第一类值(First - ClassValue)”,函数可以存在于变量里:

```
- - function_test.lua 脚本文件
function factorial1(n)
    if n = = 0 then
        return 1
    else
        return n * factorial1(n - 1)
    end
end
print(factorial1(5))
factorial2 = factorial1
print(factorial2(5))
```

脚本执行结果为：

```
$ lua function_test.lua
120
```

(6) thread(线程)。

在 Lua 语言中，最主要的线程是协同程序(coroutine)。它跟线程(thread)差不多，拥有自己独立的栈、局部变量和指令指针，可以与其他协同程序共享全局变量和其他大部分东西。

线程与协程的区别：线程可以多个同时运行，而协程任意时刻只能运行一个，并且处于运行状态的协程只有被挂起(suspend)时才会暂停。

(7) table(表)。

在 Lua 语言中，table 的创建通过“构造表达式”来完成，最简单构造表达式用来创建一个空表。也可以在表里添加一些数据，直接初始化表。

```
local tbl1 = {}
local tbl2 = {"apple", "pear", "orange", "grape"}
```

Lua 语言中的表(table)其实是一个“关联数组”(associative arrays)，数组的索引可以是数字或者是字符串。

```
-- table_test.lua 脚本文件
a = {}
a["key"] = "value"
key = 10
a[key] = 22

a[key] = a[key] + 11
for k, v in pairs(a)do
    print(k .. " : " .. v)
end
```

脚本执行结果为：

```
$ lua table_test.lua
key : value
10 : 33
```

不同于其他语言的数组把 0 作为数组的初始索引，在 Lua 语言中表的默认初始索引一般以 1 开始。table 不会固定长度大小，有新数据添加时 table 长度会自动增长，没初始的 table 都是 nil。

2. Lua 运算符

运算符是一个特殊的符号，用于告诉解释器执行特定的数学或逻辑运算。Lua 提供了以下几种运算符类型：算术运算符、关系运算符、逻辑运算符、其他运算符。

(1) 算术运算符 。

表 2.6 列出了 Lua 语言中的常用算术运算符，设定表中 A 的值为 10，B 的值为 20。

表 2.6 常用算术运算符

操作符	描述	实例
+	加法	A + B 输出结果为 30
-	减法	A - B 输出结果为 -10
*	乘法	A * B 输出结果为 200
/	除法	B / A 输出结果为 2
%	取余	B % A 输出结果为 0
^	乘幂	A^2 输出结果为 100
-	负号	-A 输出结果为 -10
//	整除运算符(> =lua5.3)	5//2 输出结果为 2

(2)关系运算符。

表 2.7 列出了 Lua 语言中的常用关系运算符,设定表中 A 的值为 10,B 的值为 20。

表 2.7 常用关系运算符

操作符	描述	实例
= =	等于,检测两个值是否相等,相等返回 true,否则返回 false	(A = = B)为 false
~ =	不等于,检测两个值是否相等,不相等返回 true,否则返回 false	(A ~ = B)为 true
>	大于,如果左边的值大于右边的值,返回 true,否则返回 false	(A > B)为 false
<	小于,如果左边的值大于右边的值,返回 false,否则返回 true	(A < B)为 true
> =	大于等于,如果左边的值大于等于右边的值,返回 true,否则返回 false	(A > = B)返回 false
< =	小于等于,如果左边的值小于等于右边的值,返回 true,否则返回 false	(A < = B)返回 true

(3)逻辑运算符。

表 2.8 列出了 Lua 语言中的常用逻辑运算符,设定表中 A 的值为 true,B 的值为 false。

表 2.8 常用逻辑运算符

操作符	描述	实例
and	逻辑与操作符:若 A 为 false,则返回 A,否则返回 B	(A and B)为 false
or	逻辑或操作符:若 A 为 true,则返回 A,否则返回 B	(A or B)为 true
not	逻辑非操作符:与逻辑运算结果相反,如果条件为 true,逻辑非为 false	not(A and B)为 true

(4)其他运算符。

表 2.9 列出了 Lua 语言中的连接运算符与计算表或字符串长度的运算符。

表 2.9 连接运算符与计算表或字符串长度的运算符

操作符	描述	实例
..	连接两个字符串	a..b,其中 a 为"Hello",b 为"World",输出结果为"HelloWorld"
#	一元运算符,返回字符串或表的长度	#"Hello"返回 5

(5)运算符优先级。

高到低的顺序:

```
^
not   - (unary)
*     /     %
+     -
..
<     >     <=    >=    ~=    ==
And
Or
```

除了 ^ 和 .. 外所有的二元运算符都是左连接的。

```
a+i < b/2+1          <-->(a+i) < ((b/2)+1)
5+x^2*8          <-->     5+((x^2)*8)
a < y and y <= z   <-->     (a < y)and (y <= z)
-x^2          <-->     -(x^2)
x^y^z          <-->     x^(y^z)
```

3. Lua 变量

变量在使用前,需要在代码中进行声明,即创建该变量。

编译程序执行代码之前编译器需要知道如何给语句变量开辟存储区,用于存储变量的值。

Lua 变量有三种类型:全局变量、局部变量和表中的域。

Lua 语言中的变量全是全局变量,哪怕是在语句块或是函数里,除非用 local 显示声明为局部变量。

局部变量的作用域为从声明位置开始到所在语句块结束。

变量的默认值均为 nil。

```
-- test.lua 文件脚本
a = 5            --全局变量
local b = 5      --局部变量

function joke()
    c = 5          --全局变量
    local d = 6    --局部变量
```

```
end

joke()
print(c,d)        -- > 5 nil

do
    local a = 6    --局部变量
    b = 6          --对局部变量重新赋值
    print(a,b);    -- > 6 6
end

print(a,b)      -- > 5 6
```

执行以上实例输出结果为：

```
$ lua test.lua
5  nil
6  6
5  6
```

(1)赋值语句。

赋值是改变一个变量的值和改变表域的最基本的方法。

```
a = "hello" .. "world"
t.n = t.n + 1
```

Lua 语言可以对多个变量同时赋值，变量列表和值列表的各个元素用逗号分开，赋值语句右边的值会依次赋给左边的变量。

```
a, b = 10, 2 * x      < - - >      a = 10; b = 2 * x
```

遇到赋值语句 Lua 会先计算右边所有的值，然后再执行赋值操作，所以可以这样交换变量的值：

```
x, y = y, x              -- swap 'x' for 'y'
a[i], a[j] = a[j], a[i]     -- swap 'a[i]' for 'a[j]'
```

当变量个数和值的个数不一致时，Lua 会一直以变量个数为基础采取以下策略：

变量个数 > 值的个数，按变量个数补足 nil；

变量个数 < 值的个数，多余的值会被忽略。

```
a, b, c = 0, 1
print(a,b,c)          -- > 0   1   nil

a, b = a + 1, b + 1, b + 2    -- value of b + 2 is ignored
print(a,b)           -- > 1   2

a, b, c = 0
print(a,b,c)          -- > 0   nil   nil
```

上述最后一个例子是一个常见的错误情况，注意：如果要对多个变量赋值必须依次对每个变量赋值。

```
a,b, c = 0, 0, 0
print(a,b,c)          - - > 0   0   0
```

多值赋值经常用来交换变量,或将函数调用返回给变量:

```
a, b = f()
```

f()返回两个值,第一个赋给 a,第二个赋给 b。

应该尽可能地使用局部变量,这样做有两个好处:避免命名冲突;访问局部变量的速度比全局变量更快。

(2)索引。

对 table 的索引使用方括号 [ ]。Lua 语言也提供了"."操作:

```
t[i]
t.i            - - 当索引为字符串类型时的一种简化写法
gettable_event(t,i) - - 采用索引访问本质上是一个类似这样的函数调用
> site = {}
> site["key"] = " www.lua.org"
> print(site["key"])
www.lua.org
> print(site.key)
www.lua.org
```

4. 数组

数组就是相同数据类型的元素按一定顺序排列的集合,可以是一维数组也可以是多维数组。

Lua 数组的索引键值可以使用整数表示,数组的大小不是固定的。

(1)一维数组。

一维数组是最简单的数组,其逻辑结构是线性表。一维数组可以用 for 循环数组中的元素,实例如下:

```
array = {"Lua", "Tutorial"}
for i = 0, 2 do
   print(array[i])
end
```

执行以上代码输出结果为:

```
nil
Lua
Tutorial
```

如上所述,可以使用整数索引来访问数组元素,如果知道的索引没有值,则返回 nil。

在 Lua 语言中索引值以 1 为起始,但也可以指定以 0 开始。

除此外还可以以负数为数组索引值,实例如下:

```
array = {}
for i = -2, 2 do
```

```
    array[i] = i *2
 end
 for i = -2,2 do
    print(array[i])
 end
```

执行以上代码输出结果为:

```
-4
-2
0
2
4
```

(2)多维数组。

多维数组即数组中包含数组或一维数组的索引键对应一个数组。

以下是一个三行三列的阵列多维数组:

```
--初始化数组
array = {}
for i =1,3 do
   array[i] = {}
      for j =1,3 do
      array[i][j] = i*j
      end
end
--访问数组
for i =1,3 do
   for j =1,3 do
      print(array[i][j])
   end
end
```

执行以上代码输出结果为:

```
1
2
3
2
4
6
3
6
9
```

5. Lua 字符串

如前所述字符串可以使用以下三种方式来表示:

单引号间的一串字符,双引号间的一串字符,[[与]]间的一串字符,实例如下:

```
string1 = "Lua"
print("\"字符串 1 是\"",string1)
string2 = 'runoob.com'
print("字符串 2 是",string2)
string3 = [["Lua 教程"]]
print("字符串 3 是",string3)
```

执行以上代码输出结果为:

```
"字符串 1 是"  Lua
字符串 2 是  runoob.com
字符串 3 是  "Lua 教程"
```

转义字符用于表示不能直接显示的字符,如后退键、回车键等。如在字符串中转换双引号可以使用"\""。

所有的转义字符和所对应的意义见表 2.10 所列。

表 2.10　转义字符和所对应的意义

转义字符	意义	ASCII 码值(十进制)
\a	响铃(BEL)	007
\b	退格(BS),将当前位置移到前一列	008
\f	换页(FF),将当前位置移到下页开头	012
\n	换行(LF),将当前位置移到下一行开头	010
\r	回车(CR),将当前位置移到本行开头	013
\t	水平制表(HT)(跳到下一个 TAB 位置)	009
\v	垂直制表(VT)	011
\\	代表一个反斜线字符''\'	092
\'	代表一个单引号(撇号)字符	039
\"	代表一个双引号字符	034
\0	空字符(NULL)	000
\ddd	1 到 3 位八进制数所代表的任意字符	三位八进制
\xhh	1 到 2 位十六进制数所代表的任意字符	二位十六进制

(1)字符串操作。

Lua 提供了很多方法来支持字符串的操作,见表 2.11 所列。

表 2.11 字符串操作

序号	命令	含义
1	string.upper(argument)	字符串转大写
2	string.lower(argument)	字符串转小写
3	string. gsub (mainString, findString, replaceString, num) mainString 为要操作的字符串,findString 为被替换的字符,replaceString 为要替换的字符,num 为替换次数(可以忽略,则全部替换) 如: > string.gsub("aaaa","a","z",3) zzza 3 >print(string.gsub("scf! wwy",". - ","sud")) sudssudcsudfsud! sudwsudwsudysud8	字符串替换
4	string.find (str, substr, [init, [end]]) 在一个指定的目标字符串 str 中搜索指定的内容 substr,如果找到了一个匹配的子串,就会返回这个子串的起始索引和结束索引,不存在则返回 nil 以下实例为查找字符串"Lua"的起始索引和结束索引位置: > string.find("Hello Lua user", "Lua", 1) 7 9	字符串位置查找
5	string.reverse(arg)	字符串大小写转换
6	string.format(...)	字符串格式化
7	string.char(arg) char 将整型数字转成字符并连接 > string.char(97,98,99,100) abcd	数字转字符
8	string.byte(arg[,int]) byte 转换字符为整数值(可以指定某个字符,默认第一个字符) > string.byte("ABCD",4) 68 > string.byte("ABCD") 65	字符转数字
9	string.len(arg) >string.len("abc") 3	计算字符串长度

续表 2.11

序号	命令	含义
10	string.rep(string, n) 返回字符串 string 的 *n* 个拷贝 > string.rep("abcd",2) abcdabcd	字符串复制
11	.. > print("www.lua."..“org") www.lua.org	字符串链接
12	string.gmatch(str, pattern) 返回一个迭代器函数,每一次调用这个函数,返回一个在字符串 str 找到的下一个符合 pattern 描述的子串。如果参数 pattern 描述的字符串没有找到,迭代函数返回 nil > for word in string.gmatch("Hello Lua user", "% a + ")do print(word)end Hello Lua user	查找符合要求的字符串
13	string.match(str, pattern, init) 只寻找源字符串 str 中的第一个配对。参数 init 可选,指定搜寻过程的起点,默认为 1 在成功配对时,函数将返回配对表达式中的所有捕获结果;如果没有设置捕获标记,则返回整个配对字符串。当没有成功的配对时,返回 nil > = string.match("I have 2 questions for you.", "% d + % a + ") 2 questions > = string.format ("% d, % q", string.match("I have 2 questions for you.", "(% d +)(% a +)")) 2, "questions"	查找符合要求的第一个配对字符串
14	string.sub(s, i [, j]) s:要截取的字符串,i:截取开始位置,j:截取结束位置,默认为 -1,最后一个字符 >local sourcestr = "prefix - - runoobgoogletaobao - - suffix" - - 截取部分,第 4 个到第 15 个 >local first_sub = string.sub(sourcestr, 4, 15) >print(" \n 第一次截取", string.format("% q", first_sub)) 第一次截取 "fix - - robotg"	字符串截取

(2)字符串格式化。

Lua 提供了 string. format( )函数来生成具有特定格式的字符串,函数的第一个参数是格式,之后是对应格式中每个代号的各种数据。

由于格式字符串的存在,产生的长字符串可读性大大提高。这个函数的格式很像 C 语言中的 printf( )。

以下实例演示了如何对字符串进行格式化操作:

```
string1 = "Lua"
string2 = "Tutorial"
number1 = 10
number2 = 20
--基本字符串格式化
print(string.format("基本格式化 %s %s",string1,string2))
--日期格式化
date = 2; month = 1; year = 2014
print(string.format("日期格式化 %02d/%02d/%03d", date, month, year))
--十进制格式化
print(string.format("%.4f",1/3))
```

以上代码执行结果为:

```
基本格式化 Lua Tutorial
日期格式化 02/01/2014
0.3333
```

格式字符串可能包含以下转义码:

①%c 表示接受一个数字,并将其转化为 ASCII 码表中对应的字符;

②%a+,a 表示接受一个字母,+表示可以接受多个字母,就是接受单词的意思;

③%d, %i 表示接受一个数字并将其转化为有符号的整数格式;

④%o 表示接受一个数字并将其转化为八进制数格式;

⑤%u 表示接受一个数字并将其转化为无符号整数格式;

⑥%x 表示接受一个数字并将其转化为十六进制数格式,使用小写字母;

⑦%X 表示接受一个数字并将其转化为十六进制数格式,使用大写字母;

⑧%e 表示接受一个数字并将其转化为科学记数法格式,使用小写字母 e;

⑨%E 表示接受一个数字并将其转化为科学记数法格式,使用大写字母 E;

⑩%f 表示接受一个数字并将其转化为浮点数格式;

⑪%g(%G)表示接受一个数字并将其转化为%e(%E, 对应%G)及%f 中较短的一种格式;

⑫%q 表示接受一个字符串并将其转化为可被 Lua 编译器安全读入的格式;

⑬%s 表示接受一个字符串并按照给定的参数格式化该字符串。

为进一步细化格式,可以在%号后添加参数,参数将以如下的顺序读入。

①符号:一个+号表示其后的数字转义符将让正数显示正号,默认情况下只有负数

显示符号。

②占位符:一个0,在后面指定了字符串宽度时占位用,不填时的默认占位符是空格。

③对齐标识:在指定了字符串宽度时,默认为右对齐,增加-号可以改为左对齐。

④宽度数值。

⑤小数位数/字符串裁切:在宽度数值后增加的小数部分n,若后接f(浮点数转义符,如%6.3f)则设定该浮点数的小数只保留n位,若后接s(字符串转义符,如%5.3s)则设定该字符串只显示前n位。

```
string.format("% c", 83)              -- 输出 s
string.format("%  +d", 17.0)          -- 输出 +17
string.format("% 05d", 17)            -- 输出 00017
string.format("% o", 17)              -- 输出 21
string.format("% u", 3.14)            -- 输出 3
string.format("% x", 13)              -- 输出 d
string.format("% X", 13)              -- 输出 D
string.format("% e", 1000)            -- 输出 1.000000e+03
string.format("% E", 1000)            -- 输出 1.000000E+03
string.format("% 6.3f", 13)           -- 输出 13.000
string.format("% q", "One \nTwo")  -- 输出"One \
 --     Two"
string.format("% s", "monkey")        -- 输出 monkey
string.format("% 10s", "monkey")   -- 输出   monkey
string.format("% 5.3s", "monkey")-- 输出   mon
```

6. 程序流程图基本图形

程序流程图与普通流程图的基本图形相似,通常由起止框、处理框、流程线、判断框、连接点和输入、输出框构成。

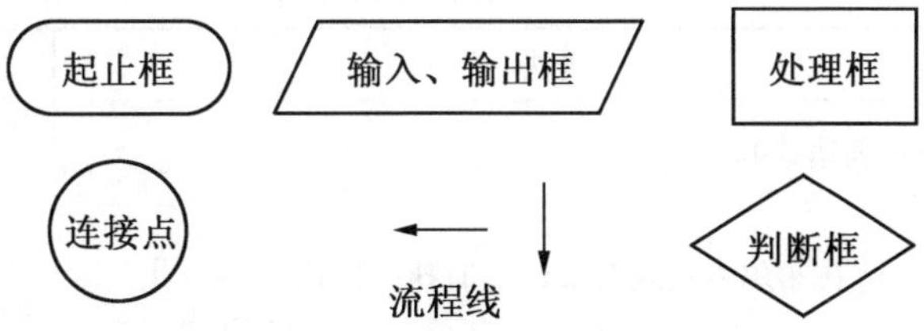

图 2.29 流程图符号

起止框:表示程序流程的开始与结束,通常只有一个开始框和一个结束框。

处理框:表示程序流程中需要执行或处理的内容。

流程线:表示程序执行的方向与顺序。

判断框:表示对程序流程中的某一条件进行判断,用来决定执行某一操作。

输入、输出框:表示程序流程中资料的输入或结果的输出,一般用作数据处理。

不管是程序流程图还是普通流程图,通常都由顺序、选择和循环三种基本结构组成,如图 2.30 所示。

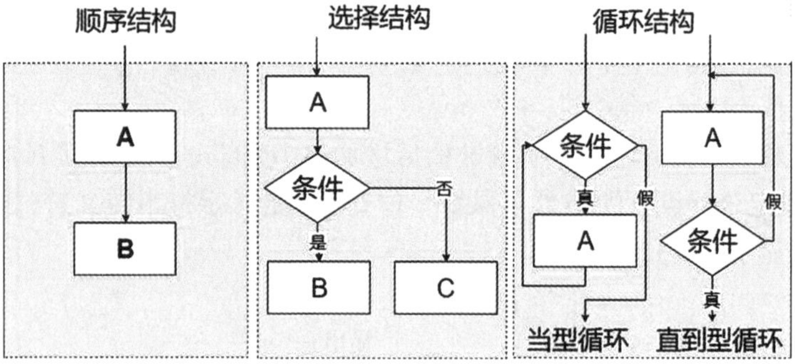

图 2.30　程序流程图基本结构

顺序结构:三大结构中最简单的一种,表示流程图直接按照流程线所指顺序依次执行。

选择结构:指定一个条件,根据给定的条件判断内容,并根据判断结果决定流程走向。

循环结构:在特定条件下重复某一操作,用于判断流程是继续执行重复内容还是退出循环,分为当型和直到型两种循环方式。

7. Lua 选择结构

Lua 编程语言流程控制语句通过程序设定一个或多个条件语句来设定。在条件为 true 时执行指定程序代码,在条件为 false 时执行其他指定代码。

控制结构的条件表达式结果可以是任何值,Lua 认为 false 和 nil 为假,true 和非 nil 为真。

Lua 提供了表 2.12 所列的选择结构语句。

表 2.12　选择结构语句

语句	语法	描述
if 语句	if(布尔表达式) then 　　- -[在布尔表达式为 true 时执行的语句 - -] end	if 语句由一个布尔表达式作为条件判断,其后紧跟其他语句组成

if…else 语句	if(布尔表达式)
	then
	　　- -[布尔表达式为 true 时执行该语句块 - -]
	else
	　　- -[布尔表达式为 false 时执行该语句块 - -]
	end
		if 语句可以与 else 语句搭配使用,在 if 条件表达式为 false 时执行 else 语句代码

续表 2.12

语句	语法	描述

if 嵌套语句	if(布尔表达式 1)
	then
	    --[布尔表达式 1 为 true 时执行该语句块 --]
	    if(布尔表达式 2)
	    then
	    --[布尔表达式 2 为 true 时执行该语句块 --]
	    end
	end
		可以在 if 或 elseif 中使用一个或多个 if 或 elseif 语句

8. Lua 循环结构

循环结构是在一定条件下反复执行某段程序的流程结构，被反复执行的程序称为循环体。循环语句是由循环体及循环的终止条件两部分组成的。

(1)循环语句。

Lua 语言提供了表 2.13 所列的几种循环处理方式。

表 2.13 循环语句

循环类型	语法	描述
while 循环	while(条件) do 循环体语句 end	在条件为 true 时，让程序重复地执行某些语句。执行语句前，会先检查条件是否为 true
for 循环	①数值 for 循环。 for var = exp1, exp2, exp3 do <执行体> end var 从 exp1 变化到 exp2，每次变化以 exp3 为步长递增 var，并执行一次“执行体”。exp3 是可选的，如果不指定，默认为 1	重复执行循环，直到指定的条件为真时为止

续表 2.13

循环类型	语法	描述
for 循环	②泛型 for 循环。 --打印数组 a 的所有值 a = {"one", "two", "three"} for i, v inipairs(a)do print(i, v) end i 是数组索引值,v 是对应索引的数组元素值。ipairs 是 Lua 提供的一个迭代器函数,用来迭代数组	重复执行指定语句,重复次数可在 for 语句中控制
repeat...until	repeat 循环体语句 until(条件)	重复执行循环,直到指定的条件为真时为止

循环嵌套	①for 循环嵌套语法格式。
	for init,max/min value, increment
	do
	for init,max/min value, increment
	do
	循环体语句 1
	end
	循环体语句 2
	end
	②while 循环嵌套语法格式。
	while(条件 1)
	do
	while(条件 2)
	do
	循环体语句 1
	end
	循环体语句 2
	end
	③repeat...until 循环嵌套语法格式。
	repeat
	循环体语句 1
	repeat
	循环体语句 2
	until(条件 1)
	until(条件 2)
		可以在循环内嵌套一个或多个循环语句(while do...end;for...do...end;repeat...until;)

(2)循环控制语句。

循环控制语句用于控制程序的流程,以实现程序的各种结构方式。

Lua 语言支持表 2.14 所列的循环控制语句。

表 2.14　循环控制语句

控制语句	语法	描述
break 语句	`break`	退出当前循环或语句,并开始执行紧接着的语句
goto 语句	`goto Label` `:: Label ::`	将程序的控制点转移到一个标签处

(3)无限循环。

在循环体中如果条件永远为 true 循环语句就会永远执行下去,以下以 while 循环为例:

```
while( true )
do
    print("循环将永远执行下去")
End
```

9. Lua 函数

在 Lua 中,函数是对语句和表达式进行抽象的主要方法。既可以用来处理一些特殊的工作,也可以用来计算一些值。

Lua 提供了许多内建函数,用户可以很方便地在程序中调用它们,如 print()函数可以将传入的参数打印在控制台上。

Lua 函数主要有两种用途:

①完成指定的任务,这种情况下函数作为调用语句使用;

②计算并返回值,这种情况下函数作为赋值语句的表达式使用。

(1)函数定义。

Lua 编程语言函数定义格式如下:

```
optional_function_scope function function_name(argument1,argument2,argument3,…,argumentn)
function_body
return result_params_comma_separated
end
```

解析:

optional_function_scope:该参数为可选项,指定函数的作用域。如果用户需要设置函数为局部函数,需要使用关键字 local。

function_name:指定函数名称。

argument1,argument2,argument3,…,argumentn:函数参数,多个参数以逗号隔开,函数也可以不带参数。

function_body:函数体,函数中需要执行的代码语句块。

result_params_comma_separated:函数返回值,Lua 语言函数可以返回多个值,每个值以逗号隔开。

以下实例定义了函数 max(),参数为 num1,num2,用于比较两值的大小,并返回最大值:

```
--[[函数返回两个值的最大值--]]
    function max(num1,num2)

    if (num1 >num2)then
    result =num1;
    else
    result =num2;
    end
    return result;
    end
    --调用函数
    print("两值比较最大值为",max(10,4))
    print("两值比较最大值为",max(5,6))
```

以上代码执行结果为:

\begin{lstlisting}

在 Lua 语言中可以将函数作为参数传递给函数,实例如下:

```
myprint =function(param)
    print("这是打印函数 -##",param,"##")
    end
    function add(num1,num2,functionPrint)
    result =num1 +num2
    --调用传递的函数参数
    function Print(result)
    end
    myprint(10)
    --myprint 函数作为参数传递
```

以上代码执行结果为:

```
是打印函数 -##10##
这是打印函数 -##7##
```

(2)多返回值。

在 Lua 语言中函数可以返回多个结果值,如 string. find,其返回匹配串“开始和结束的下标”(如果不存在匹配串返回 nil)。

```
>s,e =string.find("www.robot.com","robot")
```

```
>print(s,e)
510
```

Lua 函数中,在 return 后列出要返回的值的列表即可返回多值,如:

```
Function maximum(a)
    local mi =1 - -最大值索引
    loca lm = a[mi] - -最大值
    for i,valinipairs(a)do
    if val >mthen
    mi = i
    m = val
    end
    end
    return m,mi
    end
    print(maximum({8,10,23,12,5}))
```

以上代码执行结果为:

```
233
```

(3)可变参数。

Lua 函数可以接受可变数目的参数,和 C 语言类似,在函数参数列表中使用三个点(...)表示函数有可变的参数。

Lua 将函数的参数放在一个叫 arg 的表中,#arg 表示传入参数的个数。

也可以通过 select("#",...)来获取可变参数的数量:

```
Function average(...)
    result =0
    localarg ={...}
    fori,vinipairs(arg)do
    result =result +v
    end
    print("总共传入"..select("#",...).."个数")
    return result /select("#",...)
    end
    print("平均值为",average(10,5,3,4,5,6))
```

以上代码执行结果为:

```
总共传入 6 个数
平均值为 5.5
```

10. 案例程序

(1)实践:八皇后问题。

下面将讲解如何用 Lua 语言编写简单但完整的程序来解决八皇后问题(eight - queen puzzle,其目标是把 8 个皇后合理地摆放在棋盘上,让每个皇后之间都不能相互攻击)。

要解决八皇后问题,首先必须认识到每一行中只能有一个皇后。因此,可以用一个由 8 个数字组成的简单数组(一个数字对应一行,代表皇后在这一行的哪一列)来表示可能的解决方案。如,数组 3,7,2,1,8,6,5,4 表示皇后在棋盘中的位置分别是(1,3)、(2,7)、(3,2)、(4,1)、(5,8)、(6,4)、(7,5)和(8,4)。当然,这个示例并不是一个正确的解,如(3,2)中的皇后就可以攻击(4,1)中的皇后。此外,还必须认识到正确的解必须是整数 1 到 8 组成的排列(Permutation),这样才能保证每一列中也只有一个皇后。完整的程序参见示例。

```
N = 8   - -棋盘大小为 8 × 8
    flag = false   - -为了只输出一次看得清楚,true 代表以有解
    - -判断(n,c)位置能否放皇后
    function isplaceok(a,n,c)
        for i = 1 , n - 1 do    - -对于每一个已经被放置的皇后
            if (a[i] = = c)or - -同一列?
                (a[i] - i = = c - n )or - -同一对角线?
                    (a[i] + i = = c + n)then - -同一对角线?
                return false - -位置会被攻击
            end
        end
        return true - -不会被攻击;位置有效
    end
    - -输出棋盘
    functionprintsolution(a)
        for i = 1 , N do - -对于每一行
            for j = 1 , N do - -和每一列
                - -输出"X" 或" - ",外加一个空格
                io.write(a[i] = = j and "X" or " - " ,"")
            end
            io.write(" \n")
        end
        io.write(" \n")
    end

    - -把从'n'到'N'的所有皇后放在棋盘'a'上
    function addqueen(a,n)
        if n > N then
            printsolution(a)
            flag = true   - -有解
        elseif not flag then
            for c = 1,N do
                if isplaceok (a,n,c)then
```

```
                a[n] = c
                addqueen(a,n+1)
            end
        end
    end
end
--运行程序
addqueen({},1)
```

第一个函数是 isplaceok,该函数用来检查如果在棋盘上指定位置放置皇后,是否会受到之前被放置的皇后的攻击。更确切地说,该函数用来检查将第 n 个皇后放在第 c 列上时,是否会与之前已经被放置在数组 a 中的 $n-1$ 个皇后发生冲突。请注意,由于使用的表示方法保证了两个皇后不会位于同一行中,所以函数 isplaceok 只需检查新的位置上是否有皇后在同一列或对角线上即可。

接下来,使用函数 printsolution 打印出棋盘。该函数只是简单地遍历整个棋盘,在有皇后的位置输出 X,而在其他位置输出 -(注意 and - or 的用法)。每个摆放结果如图 2.31 所示。

最后一个函数 addqueen 是这段程序的核心,该函数尝试着将所有大于等于 n 的皇后摆放在棋盘上,使用回溯法来搜索正确的解。首先,该函数检查当前解是否已经完成了所有皇后的摆放,如果已经完成则打印出当前解对应的摆放结果;如果还没有完成,则为第 n 个皇后遍历所有的列,将皇后放置在不会受到攻击的每一列上,并递归地寻找下一个皇后的可能摆放位置。

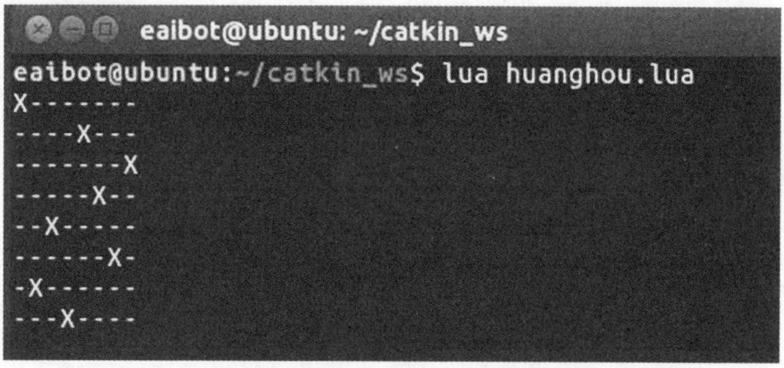

图 2.31 程序输出结果

最后,代码在一个空白的解上调用 addqueen 开始进行求解。

(2)实践:出现频率最高的单词。

下面要开发一个读取并输出一段文本中出现频率最高的单词的程序。像上一个实例一样,本例的程序也十分简单,但是使用了诸如迭代器和匿名函数这样的高级特性。

该程序的主要数据结构是一个记录文本中出现的每一个单词及其出现次数之间关系的表。使用这个数据结构,该程序可以完成 3 个主要任务:

①读取文本并计算每一个单词的出现次数；

②按照出现次数的降序对单词列表进行排序；

③输出有序列表中的前 n 个元素。

要读取文本，可以遍历每一行，然后遍历每一行的每一个单词。

对于读取的每一个单词，增加对应计数器的值：

```
local counter = {}
for line in io.lines()do
    for word in string.gmatch(line,"% w + ")do
        counter[word] = (counter[word] or 0) + 1
    end
end
```

这里，使用模式"% w + "来描述"单词"，也就是一个或多个字母或数字。

下一步就是对单词列表进行排序。不过，就像一些有心的读者可能已经注意到的那样，我们并没有可以用来排序的单词列表。尽管如此，使用表 counter 中作为键的单词来创建个列表还是很简单的：

```
local words = {}
    for w in pairs(counter)do
        words[ #words + 1] = w
    end
```

一旦有了单词列表，就可以使用函数 table. sort 对其进行排序：

```
table.sort( words, function(w1,w2)
        return counter[w1] > counter[w2] or counter[w1] = = counter[w2]
and w1 < w2
    end)
```

请记住，排序函数必须在 w1 位于 w2 之前时返回 ture。计数值越大的单词排得越靠前，具有相同计数值的单词则按照字母顺序排序。

统计单词出现频率的程序：

```
local counter = {}
    for line in io.lines()do
        for word in string.gmatch(line,"% w + ")do
            counter[word] = (counter[word] or 0) + 1
        end
    end
    local words = {}
    for w in pairs(counter)do
        words[ #words + 1] = w
    end
    table.sort(words,function(w1,w2)
        return counter[w1] > counter[w2] or counter[w1] = = counter[w2]
```

```
and w1  < w2
    end)
    --要输出的字数
    --local n = math.min(tonumber(arg[1])or math.huge, #words)
    for i = 1, n do
        io.write(words[i],"\t",counter[words[i]],"\n")
    end
```

最后一个循环输出了结果,也就是前 n 个单词及它们对应的计数值。这个程序假定第 1 个参数是要输出单词的个数;默认情况下,如果没有参数,它会输出所有的单词。

作为示例,下面给出了上述程序针对英文小说《哈利波特》的 10 个高频单词计数的运行结果,如图 2.32 所示。

```
lua countword.lua10 <1.Harry-Potter-1.txt
```

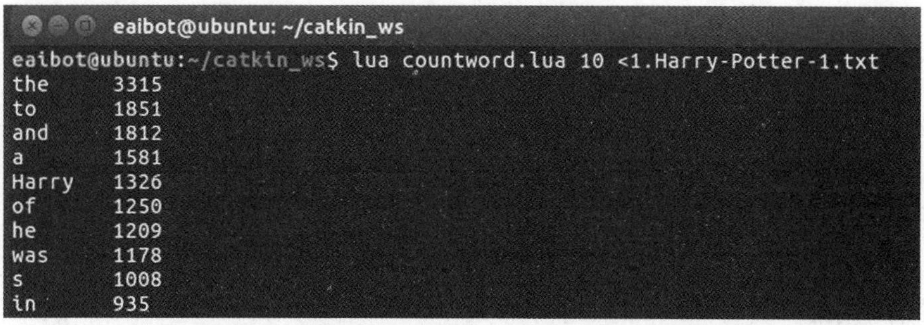

图 2.32 《哈利波特》中前 10 个高频单词出现的次数

第3章　机器人数学模型

3.1　机器人的自由度

自由度是机器人的一个重要技术指标，它是由机器人的结构决定的，并直接影响机器人的机动性。

3.1.1　刚体的自由度

物体上任何一点都与坐标轴的正交集合有关。物体能够对坐标系进行独立运动的数目称为自由度（Degree of Freedom, DOF）。物体所能进行的运动如图3.1所示。

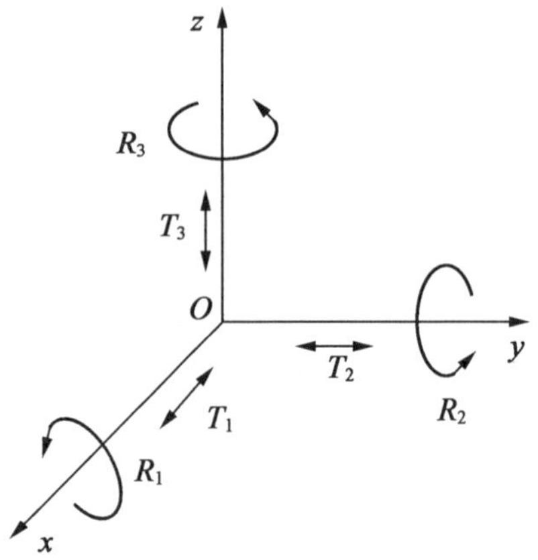

图3.1　刚体的六个自由度

沿着坐标轴 Ox、Oy 和 Oz 的三个平移运动 T_1、T_2 和 T_3；绕着坐标轴 Ox、Oy 和 Oz 的三个旋转运动 R_1、R_2 和 R_3。

这意味着物体能够运用三个平移和三个旋转，相对于坐标系进行转动和移动。

一个简单物体有六个自由度（图3.2）。当两个物体间确立起某种关系时，每一物体就对另一物体失去一些自由度。这种关系也可以用两物体间由于建立连接关系而不能进行的移动或转动来表示。

3.1.2　机器人的自由度

人们期望机器人能够以准确的方位把它的末端执行装置或与它连接的工具移动到给定点。如果机器人的用途是未知的，那么它应当具有六个自由度。不过，如果工具本身具有某种特别结构，那么就可能不需要六个自由度。例如，要把一个球放到空间某个给定位置，有三个自由度就足够了。

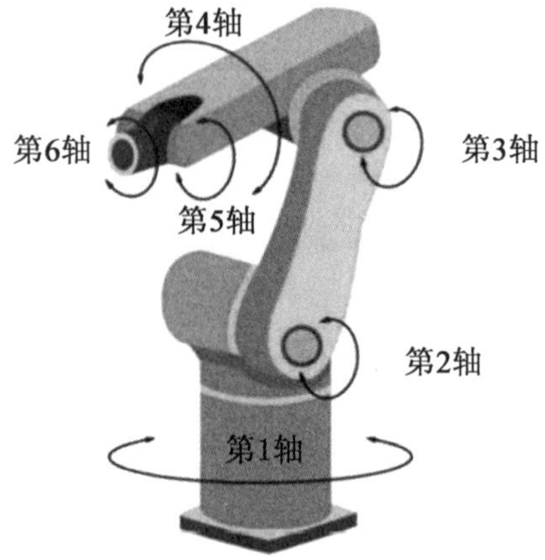

图3.2　六自由度机器人

一般情况下，机器人机械手的手臂具有

三个自由度,其他的自由度数为末端执行装置所具有。当要求某一机器人钻孔时,其钻头必须转动。不过,这一转动总是由外部的马达带动的,因此,不把它看作机器人的一个自由度。这同样适用于机器人的机械手。机械手的夹手应能开闭。不过,也不能把夹手的这个开闭所用的自由度当作机器人的自由度之一,因为这个自由度只对夹手的操作起作用。

3.2　机器人的数学模型

建立机器人的数学模型即开发一些方法,用来表示机器人操作的基本几何结构、操作的动力学以及现代机器人系统中常用的各种传感器。引入这些数学模型之后,我们将开发一些方法来规划和控制机器人的运动,从而完成各种特定任务。

3.2.1　机器人的符号表示

机器人机械臂是由一系列通过关节(joint)相连的连杆(link)组成的一个运动链(kinematic chain)。如图 3.3 所示,关节通常包括转动(旋转)和平动(移动或平移)两种。转动(revolute)关节就像是一个铰链,使得与其相连的两个连杆可以相互转动。平动(prismatic)关节使得与其相连的两个连杆之间可以相互平移。

每个关节代表两个连杆之间的连接情况。如果某关节被用来连接连杆 i 和连杆 $i+1$,则用 zi 代表转动关节的旋转轴线,或是平动关节的平移轴线。本节用关节变量来表示两个相邻连杆间的相对运动,其中 θ 对应转动关节,d 对应平动关节。

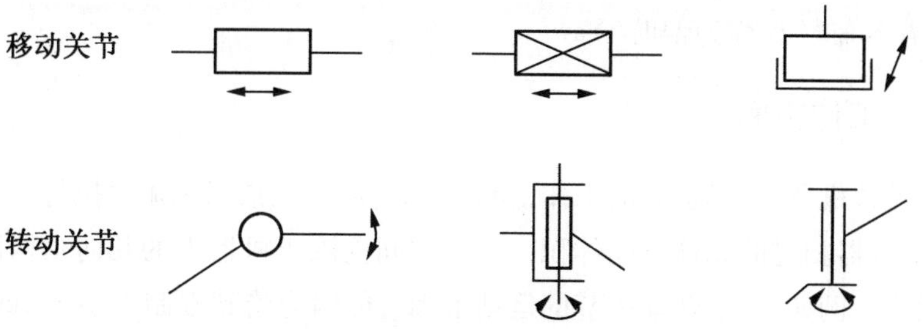

图 3.3　关节的符号表示

3.2.2　位形空间

机器人的位形(configuration)是指机器人上各点位置的一个完整规范。所有位形的集合称为位形空间(configuration space)。如果已知关节变量的取值(如转动关节的转角或平动关节的移动距离),那就容易推断机器人上任何一点的位置,这是因为假定机器人的各连杆均为刚性杆,并且底座是固定的。所以,在本书中,将使用关节变量值的集合来表示机器人的位形。我们用 $\boldsymbol{q}$ 表示这个集合的向量；并且当关节变量依次取值为 $\boldsymbol{q}_1,\boldsymbol{q}_2,\cdots,\boldsymbol{q}_n$ 时（转动关节对应 $\boldsymbol{q}_i=\theta_i$，平动关节对应 $\boldsymbol{q}_i=d_i$），则称机器人处于位形 $\boldsymbol{q}$。

如果一个物体的位形最少可以由 n 个参数来确定，则称这个物体具有 n 个自由度（Degree Of Freedom，DOF）。因此，自由度的数目等于位形空间的维度。对于一个机器人的机械臂，它的关节数目决定了自由度的数目。一个处于三维空间的物体具有 6 个自由度，包括 3 个对应位置（positioning）的自由度和 3 个对应姿态（orientation）的自由度。所以，一个机械臂通常最少具有 6 个独立的自由度。如果自由度小于 6，机器人手臂将无法以任意姿态到达工作空间中的每一点。某些应用，如绕过障碍物或到达其后方，可能需要超过 6 个自由度。一般称自由度大于 6 的机械臂为运动学冗余（kinematically redundant）机械臂。

3.2.3 状态空间

位形为机器人的几何结构提供了一种瞬时描述，但它与动态响应无关。与此相反，机器人的状态（state）是指这样一组变量：结合机器人的动力学描述以及未来输入，足以确定机器人未来的时域响应。状态空间（statespace）是所有可能的状态的集合。对于机器人来讲，其动力学属于牛顿力学范畴，并且可以通过推广牛顿第二定律方程 $F=ma$ 来加以确定。所以一个机器人的状态包括机器人的位姿（position + RPy 角度）、线速度、角速度和加速度。

RPy 角是描述飞机等物体在空中飞行时位姿的一种方法，将坐标系固定在飞机上：

（1）绕着 Z 轴转动称为横滚（Rol）；

（2）绕着 Y 轴转动称为俯仰（Pitch）；

（3）绕着 X 轴转动称为偏航（Yaw）。

3.2.4 工作空间

对于机械臂机器人来说，它的工作空间（workspace）是指当机械臂执行所有可能动作时，其末端执行器扫过的总体空间体积。工作空间受限于机器人的几何结构以及各关节上的机械限位。例如，一个转动关节的运动范围可能因为受到限制而小于 360°。工作空间一般可以分为可达工作空间（reachable workspace）和灵活工作空间（dexterous workspace）。可达工作空间是指机械臂可以抵达的所有点的集合，而灵活工作空间是指机械臂可以以任意姿态抵达的所有点的集合。显然，灵活工作空间是可达工作空间的一个子集。

3.2.5 刚性运动和齐次变换

机器人运动学的很大一部分内容涉及建立各种坐标系来表示刚体的位置和姿态，以及这些坐标系之间的转换。实际上，三维空间和刚性运动的几何特征在机器人操作的各个方面都发挥着中心作用。在本章中研究旋转和平移操作,并引入齐次变换的概念。齐次变换把旋转操作和平移操作整合为单个矩阵的乘法运算,下面将用它来推导刚性机械臂的正向运动学方程。

首先研究在配备有多个坐标系的欧氏空间内,点和向量的表示方法。在此之后,引入旋转矩阵的概念来表示坐标系之间的相对姿态。接下来,将这两个概念结合在一起构建齐次变换矩阵,它可同时表示两个坐标系间的相对位置和姿态。此外,齐次变换矩阵可以处理坐标变换,这样的变换使得机器人可以在不同坐标系中表示多种量。

1. 位置的表示方法

在推导点和向量的表示方法之前,先区分几何推理的两种基本方法:合成方法(synthetic approach)和分析方法(analytic approach)。前者直接做关于几何实体(例如点或线)的推理;后者中可以使用坐标或者方程来表示这些实体,然后通过代数操作来推理,后一种方法需要选择一个参考坐标系。一个坐标系由一个原点(空间中的单个点)以及两个或三个直角坐标轴组成,分别对应二维和三维空间。

考虑图 3.4 所示情形,两个坐标系的姿态角度之间相差 45°。如果使用合成方法表示,其中不需要为点或向量指定坐标,我们称 x_0 垂直于 y_0,或者说 $v_1 \times v_2$(v_1 和 v_2 的叉积)定义了一个垂直于包含 v_1 和 v_2 的平面的一个垂直向量,此时其方向指向平面外。

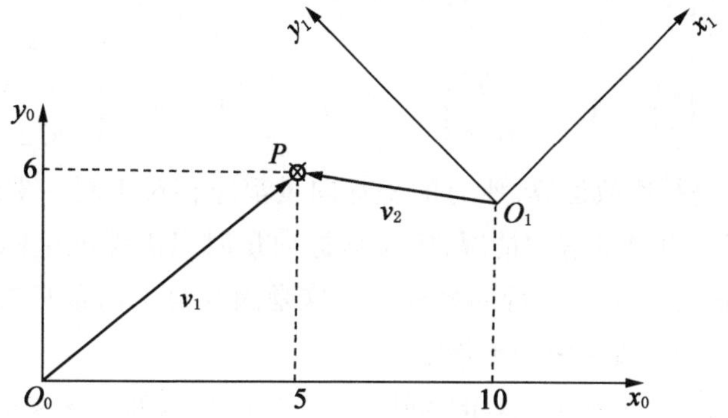

图 3.4　位置表示

在机器人中,人们通常使用分析方法推理,这是因为机器人的任务通常使用笛卡儿坐标来定义。当然,为了设置坐标,需要指定一个参考坐标系。再次考虑图 3.4,可以在 $O_0x_0y_0$ 坐标系或者 $O_1x_1y_1$ 坐标系中指定点 P 的对应坐标。第一种情况下($O_0x_0y_0$ 坐标系)点 P 的坐标为$[5,6]^{\mathrm{T}}$,而第二种情况下($O_1x_1y_1$ 坐标系)的坐标则为$[-2.8,4.2]^{\mathrm{T}}$。为了明确参考坐标系,通常使用上角标符号来标记参考系。因而有

$$\boldsymbol{p}^0=\begin{pmatrix}5\\6\end{pmatrix},\quad \boldsymbol{p}^1=\begin{pmatrix}-2.8\\4.2\end{pmatrix}$$

几何上,一个点对应空间中的特定位置。在此强调 P 是一个几何实体,是空间中的

一个点；而 $\boldsymbol{p}^0$ 和 $\boldsymbol{p}^1$ 则分别表示该点的空间位置相对于参考系 $O_0x_0y_0$ 和 $O_1x_1y_1$ 的坐标向量。

因为坐标系的原点仅仅是空间中的一个点，我们可以指定坐标来表示参考系的原点相对于另一个参考系的位置。例如，在图 3.4 中，有

$$\boldsymbol{O}_1^0=\begin{pmatrix}10\\5\end{pmatrix},\quad \boldsymbol{O}_0^1=\begin{pmatrix}-10.6\\3.5\end{pmatrix}$$

在只有单一坐标系或者有明显的参考坐标系的情况下，通常省略上角标。这样做有点轻微的符号滥用，但是建议读者牢记称为 P 的几何实体和用来代表 P 的任何特定坐标向量之间的差别。前者独立于坐标系的选取，而后者显然取决于坐标系的选取。

点对应于空间中的特定位置，而向量（也称矢量，vector）则指明了方向和大小。向量可以用来表示诸如位移或力。因此，点 P 不等同于向量 $\boldsymbol{v}_1$，而从原点 O 到点 P 的位移则由向量 $\boldsymbol{v}_1$ 给出。在本书中，有时用术语“向量”来指代“自由向量”（free vector），它是指位置没有被约束到空间中某特定点的向量。在此约定下，很显然，点和向量之间不是等效的，因为点是指在空间中的特定位置，而向量则可被移动到空间中的任意位置。根据此约定，如果两个向量具有相同的方向和相同的大小，那么它们相等。给向量配定坐标的时候，使用与给点配定坐标时同样的标记约定。因此，v_1 和 v_2 这两个几何实体并不随所选坐标系的不同而变化，但这些向量的坐标表示则直接取决于参考坐标系的选择。在图 3.4中，可以得到

$$\boldsymbol{v}_1^0=\begin{pmatrix}5\\6\end{pmatrix},\quad \boldsymbol{v}_1^1=\begin{pmatrix}7.77\\0.8\end{pmatrix},\quad \boldsymbol{v}_2^0=\begin{pmatrix}-5.1\\1\end{pmatrix},\quad \boldsymbol{v}_2^1=\begin{pmatrix}-2.80\\4.2\end{pmatrix}$$

为了使用坐标进行代数运算，所有的坐标向量都应相对于同一坐标系来定义，这一点至关重要。对于自由向量这种情况，定义坐标向量时只需保证坐标系之间“平行”即可，即对应的坐标轴之间相互平行的坐标系。这是因为自由向量只有大小和方向被指定，而它们在空间中的位置则没有被指定。

使用这种约定，一个形如 $\boldsymbol{v}_1^1+\boldsymbol{v}_2^2$ 的表达式（其中 $\boldsymbol{v}_1^1$ 和 $\boldsymbol{v}_2^2$ 如图 3.4 所示）没有定义，因为坐标系 $O_0x_0y_0$ 并不平行于坐标系 $O_1x_1y_1$。因此，不仅需要一个表达系统，可以用来将点在不同坐标系里加以表示；而且需要一种机制，使得点能够在不同坐标系之间进行坐标变换。

2. 旋转的表示方法

为了表示两个刚体之间的相对位置和姿态，将在每个刚体上建立自己的坐标系然后指定这些坐标系之间的几何关系。下面将讨论一个坐标系相对于另一个坐标系的姿态问题。首先研究平面里的旋转问题，然后将结果推广到三维空间里的姿态问题。

(1) 平面内的旋转。

图 3.5 展示了两个坐标系，其中 $O_1x_1y_1$ 坐标系是由 $O_0x_0y_0$ 坐标系旋转 θ 角度后得到的。或许表示这两个坐标系之间相对姿态的一个最明显方法是仅指定旋转角度 θ，但该

表示方法有两个明显的缺点。第一从相对姿态到 θ 角的映射在 $\theta=0°$ 的邻域内不连续。特别是当 $\theta=2\pi-\varepsilon$ 时，姿态的微小变化会使得 θ 角产生很大的变化。例如，一个角度为 ε 的转动会使得 θ 角以“环绕”方式变为零。第二，这种表示方法不能被很好地扩展到三维情况。

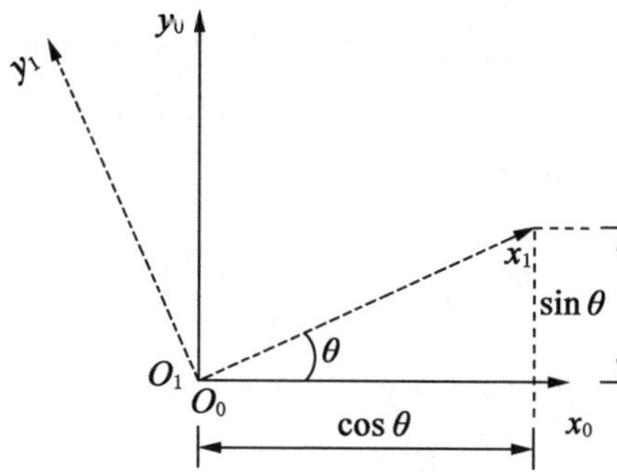

图3.5　夹角

指定姿态的一个稍微不太明显的方式是，指定坐标系 $O_1x_1y_1$ 各轴相对于坐标系 $O_0x_0y_0$ 的坐标向量：

$$\boldsymbol{R}_1^0=[x_1^0 \mid y_1^0]$$

其中，x_1^0 和 y_1^0 分别是单位向量 $\boldsymbol{x}_1$ 和 $\boldsymbol{y}_1$ 在坐标系 $O_0x_0y_0$ 中的对应坐标。此种类型的矩阵被称为旋转矩阵(rotation matrix)。

在二维情况下，容易计算此矩阵中的各项。如图 3.5 所示，

$$x_1^0=\begin{pmatrix}\cos\theta\\ \sin\theta\end{pmatrix},\quad y_1^0=\begin{pmatrix}-\sin\theta\\ \cos\theta\end{pmatrix} \tag{3.1}$$

从上式可知

$$\boldsymbol{R}_1^0=\begin{pmatrix}\cos\theta & -\sin\theta\\ \sin\theta & \cos\theta\end{pmatrix} \tag{3.2}$$

这里注意到可继续使用了下述标记约定，即用上角标来表示参考坐标系。因此，矩阵 $\boldsymbol{R}_0^0$ 中的列向量是沿坐标系 $O_1x_1y_1$ 各轴分布的单位向量在坐标系 $O_0x_0y_0$ 中的对应坐标。

虽然已经以角度 θ 函数的形式推导了 $\boldsymbol{R}_1^0$ 中的各项，但这样做并非必需。另一种可以很好地扩展到三维情形中的方法是：通过把坐标系 $O_1x_1y_1$ 的各轴投影到参考系 $O_0x_0y_0$ 的坐标轴上而建立旋转矩阵。回想下列事实：两个单位向量的点积可计算出其中的一个向量在另一个向量上的投影，这样我们可以得到

$$\boldsymbol{x}_1^0=\begin{pmatrix}x_1\cdot x_0\\ x_1\cdot y_0\end{pmatrix},\quad \boldsymbol{y}_1^0=\begin{pmatrix}y_1\cdot x_0\\ y_1\cdot y_0\end{pmatrix} \tag{3.3}$$

把它们组合在一起，得到旋转矩阵

$$R_1^0 = \begin{pmatrix} x_1 \cdot x_0 & y_1 \cdot x_0 \\ x_1 \cdot y_0 & y_1 \cdot y_0 \end{pmatrix} \tag{3.4}$$

因此，R_1^0的各列指定了 $O_1x_1y_1$的各坐标轴相对于 $O_0x_0y_0$的各坐标轴的方向余弦。例如，R_1^0的第一列$(x_1 \cdot x_0, x_1 \cdot y_0)$指定了 x_1相对于坐标系 $O_0x_0y_0$的方向。注意到这些方程的右侧是通过几何实体定义的，而非通过它们的坐标而定义的。由图 3.5 可以看出，这种通过投影来定义旋转矩阵的方法，给出了与方程(3.4)相同的结果。如果使用描述坐标系 $O_0x_0y_0$相对于坐标系 $O_1x_1y_1$的姿态(也就是，希望使用坐标系 $O_1x_1y_1$作为参考坐标系)，可以构建下列形式的旋转矩阵

$$R_0^1 = \begin{pmatrix} x_0 \cdot x_1 & y_0 \cdot x_1 \\ x_0 \cdot y_1 & y_0 \cdot y_1 \end{pmatrix} \tag{3.5}$$

由于向量的点积服从交换律(即 $\boldsymbol{x}_i \cdot \boldsymbol{y}_i = \boldsymbol{y}_i \cdot \boldsymbol{x}_i$)，有

$$R_0^1 = (R_1^0)^{\mathrm{T}} \tag{3.6}$$

从几何意义上讲，$O_0x_0y_0$相对于坐标系 $O_1x_1y_1$的姿态是 $O_1x_1y_1$相对于坐标系 $O_0x_0y_0$的姿态的逆。从代数上讲，利用坐标轴相互正交这一事实，容易得出

$$(R_1^0)^{\mathrm{T}} = (R_1^0)^{-1} \tag{3.7}$$

矩阵 R_0^1的各个列向量具有单位长度，并且相互正交。此类矩阵被称为是正交的(orthogonal)。同时可以表明 $\det R_1^0 = \pm 1$。如果局限于右手坐标系，那么 $\det R_1^0 = +1$。习惯上使用符号 $O(n)$指代所有此类 $n \times n$ 矩阵的集合，$\boldsymbol{O}(n)$表示 n 阶 $n \times n$ 的特殊正交群。

对于任意 $R \in \boldsymbol{O}(n)$，以下性质成立：

①$R \in \boldsymbol{O}(n)$；

②R 的各列(因此各行也)是相互正交的；

③R 的各列(因此各行也)是单位向量；

④$\det R = 1$。

为了更进一步从几何直观上解读旋转矩阵逆的概念，注意到在二维情形中，对于一个对应转角为 θ 的旋转矩阵，它的逆矩阵可通过构造对应转角为 $-\theta$ 的旋转矩阵，计算如下：

$$\begin{pmatrix} \cos(-\theta) & -\sin(-\theta) \\ \sin(-\theta) & \cos(-\theta) \end{pmatrix} = \begin{pmatrix} \cos\theta & \sin\theta \\ -\sin\theta & \cos\theta \end{pmatrix} = \begin{pmatrix} \cos\theta & -\sin\theta \\ \sin\theta & \cos\theta \end{pmatrix}^{\mathrm{T}} \tag{3.8}$$

(2)三维空间内的旋转。

上述的投影技术可以很好地扩展到三维情形。在三维空间中，坐标系 $O_1x_1y_1$的各轴线被投影到坐标系 $O_0x_0y_0$，所得的旋转矩阵由下式给出

$$R_1^0 = \begin{pmatrix} x_1 \cdot x_0 & y_1 \cdot x_0 & z_1 \cdot x_0 \\ x_1 \cdot y_0 & y_1 \cdot y_0 & z_1 \cdot y_0 \\ x_1 \cdot z_0 & y_1 \cdot z_0 & z_1 \cdot z_0 \end{pmatrix} \tag{3.9}$$

类似于二维空间内的旋转矩阵,上述形式的矩阵为正交矩阵,其行列式值等于1。在这种情形下,3×3旋转矩阵属于 $\boldsymbol{O}(3)$ 群。

3.3 正向运动学和逆向运动学

如图3.6所示为工业机械臂的典型应用。该机械臂带有一个研磨工具,用于从表面除去一定量的金属。在本章,要关注以下问题:有哪些需要解决的基本问题,必须学习什么知识才能够对机器人进行编程(控制)来执行此类任务?

假设希望机械臂从它的起始位置(零位,home position)移动到位置 A;从该点开始机器人以恒定速度沿曲面 S 运动到 B 点,在此过程中它与曲面间保持一个规定的法向压力 F。这样,机器人将会根据预定的规范来切割或研磨该曲面。要完成这一任务,甚至更广泛的任务,必须解决一些问题。下面给出关于这些问题的例子,在本书的后续知识中将对它们做建模仿真处理。

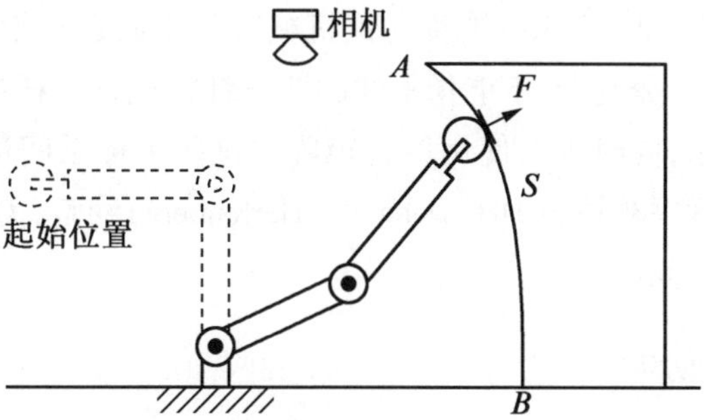

图3.6 双连杆平面机器人的例子

3.3.1 正向运动学

下面遇到的第一个问题是如何在同一坐标系中描述工具以及 A、B 两点(并且很可能是整个 S 平面)的位置。在上一小节中,介绍了坐标系的表示方法,以及多个坐标系之间的变换。

通常情况下,机械臂能够以某种方式检测自身位置,例如通过使用内部传感器(安装于关节1和关节2处的位置编码器)来直接测量关节角度 θ_1、和 θ_2。因此,还需要使用这些关节角度来表示 A、B 两点的位置。这也就引出了正向运动学问题(forward kinematics problem),也就是使用关节角度来确定末端执行器或工具的位置和方向。

习惯上建立一个固定的坐标系,称它为世界(world)或基础(base)坐标系,它将作为包括机械臂的所有物体的参考坐标系。如图3.7所示,我们将基础坐标系 $O_0x_0y_0$ 建立在机器人基座处。

此坐标系中的工具坐标(x,y)可被表述为

$$x = a_1\cos\theta_1 + a_2\cos(\theta_1 + \theta_2) \quad (3.10)$$

$$y = a_1\sin\theta_1 + \alpha_2\sin(\theta_1 + \theta_2) \quad (3.11)$$

其中,a_1和a_2分别为两个连杆的长度。相对于基础坐标系,工具坐标系的姿态(orientation of the tool frame)可由x_2和y_2轴相对于x_0和y_0轴的方向余弦给出,也就是

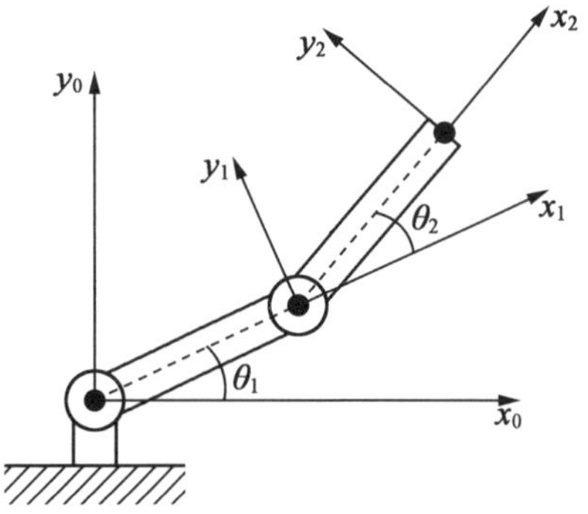

图 3.7 连杆-坐标系

$$x_2 \cdot x_0 = \cos(\theta_1 + \theta_2);\quad y_2 \cdot x_0 = -\sin(\theta_1 + \theta_2)$$
$$x_2 \cdot y_0 = \sin(\theta_1 + \theta_2);\quad y_2 \cdot y_0 = \cos(\theta_1 + \theta_2) \quad (3.12)$$

将它们合并为一个旋转矩阵,如下

$$\begin{pmatrix} x_2 \cdot x_0 & y_2 \cdot x_0 \\ x_2 \cdot y_0 & y_2 \cdot y_0 \end{pmatrix} = \begin{pmatrix} \cos(\theta_1 + \theta_2) & -\sin(\theta_1 + \theta_2) \\ \sin(\theta_1 + \theta_2) & \cos(\theta_1 + \theta_2) \end{pmatrix} \quad (3.13)$$

方程(3.10)、(3.11)和(3.13)被称为该机械臂的正向运动学方程。对于一个6自由度机器人,这些方程十分复杂,不能像上述的双连杆机械臂一样被简单写下来,需要在各个关节处建立坐标系,同时可以使用旋转矩阵在这些坐标系间进行系统的坐标变换。我们将要使用的这种程序被称为DH(Denavit-Hartenberg)约定,需要使用齐次坐标和齐次变换来简化坐标系之间的变换。

3.3.2 逆向运动学

现在,给定关节角度θ_1和θ_2,可以确定末端执行器的坐标x和y。为了指挥机器人运动到位置A,需要解决逆向问题;也就是说,需要使用A点的x和y坐标来表示变量θ_1和θ_2,这称为逆向运动学问题。换句话说,当给定方程(3.10)、(3.11)中的x和y时,希望求解关节角度。由于正向运动学方程是非线性的,所以求解可能并不容易,通常情况下解可能并不唯一。如果以平面双连杆机构为例,它可能没有解,比如给定的(x,y)坐标超出了机械臂的可达范围。如果给定的(x,y)坐标在机械臂可达范围之内,那么可能存在两个解,如图3.8所示,也就是所谓的上肘位(elbowup)和下肘位(elbowdown)两种位形;也可能正好有一个解,此时机械臂必须完全延展才能达到该点。甚至在某些情况下,有可能存在无数多个解。

考虑图3.9中的示意图,使用余弦定律角度θ_2可由下式给出

$$\cos\theta_2 = \frac{x^2 + y^2 - a_1^2 - a_2^2}{2a_1 a_2} = D \quad (3.14)$$

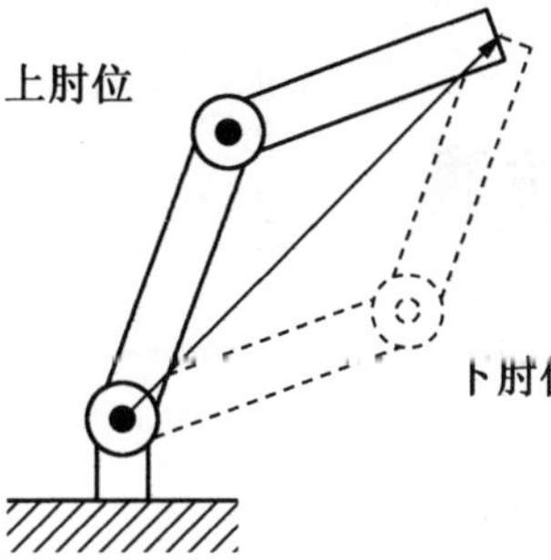

图 3.8　逆运动学解

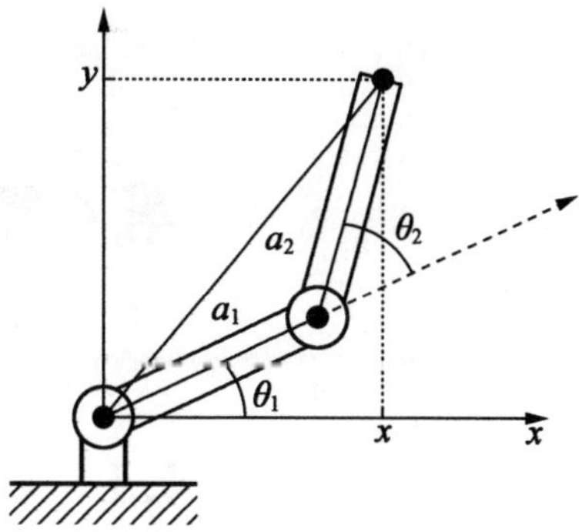

图 3.9　求解关节角度

现在,我们可以确定 $\theta_2 = \cos^{-1}D$。然而,有一个更好的求解 θ_2 的方法,注意到 $\cos\theta_2$ 由公式(3.14)给出,那么

$$\sin\theta_2 = \pm\sqrt{1-D^2} \tag{3.15}$$

所以,

$$\theta_1 = \tan^{-1}\frac{y}{x} - \tan^{-1}\frac{a_2\sin\theta_2}{a_1 + a_2\cos\theta_2} \tag{3.16}$$

后一种方法的优点是:通过在式(3.16)中选取正负符号可以分别获得相对应的上肘位解和下肘位解。如何求解 θ 读者可以自行练习,而

$$\theta_1 = \tan^{-1}\frac{y}{x} - \tan^{-1}\frac{a_2\sin\theta_2}{a_1 + a_2\cos\theta_2} \tag{3.17}$$

注意到 θ_1 取决于 θ_2。这在物理上容易理解,因为期望根据 θ_2 的取值来得到 θ_1 的不同取值。

第 4 章　Gazebo 仿真

4.1　Gazebo 安装和使用

仿真/模拟(Simulation)泛指基于实验或训练的目的,以及原本的系统、事务或流程,建立一个模型以表征其关键特性或者行为/功能,予以系统化与公式化,以便对关键特征进行模拟。当所研究的系统造价昂贵、实验的危险性大或需要很长时间才能了解系统参数变化所引起的后果时,仿真是一种特别有效的研究手段,目前已经广泛应用于电气、机械、化工、水力、热力、经济、生态和管理等领域。

Gazebo 是一个功能强大的三维物理仿真平台,具备强大的物理引擎、高质量的图形渲染、方便的编程与图形接口,最重要的是其具备开源免费的特性。虽然 Gazebo 中的机器人模型与 rviz 使用的模型相同,但是需要在模型中加入机器人和周围环境的物理属性,如质量、摩擦系数和弹性系数等。机器人的传感器信息也可以通过插件的形式加入仿真环境,以可视化的方式进行显示。Gazebo 中包含多个物理引擎,拥有丰富的机器人模型和仿真环境以及传感器模型,程序和图形界面比较人性化。

Gazebo 的典型应用包括:

①机器人算法测试;

②机器人设计;

③使用实际场景进行回归测试。

Gazebo 对于操作系统有一定的要求,目前官方推荐在 Ubuntu 系统下使用。安装环境的配置主要包括:

①专用 CPU,推荐使用 NVIDIA 显卡;

②CPU 版本,Intel I5 及以上版本的处理器;

③磁盘空间,至少 500 MB;

④操作系统,Ubuntu Trusty 或更高版本。

与 rviz 一样,如果已经安装了桌面完整版的 ROS,那么可以直接跳过这一步,否则,请使用以下命令进行安装:

```
sudo apt -get install ros -kinetic -gazebo -ros -pkgs ros -kinetic -gazebo -ros -control ros -kinetic -gazebo -msgs ros -kinetic -gazebo -plugins
```

(1)gazebo_ros_pkgs:它包含用于将 ROS 和 Gazebo 连接的封装和工具。

(2) gazebo - ros - control：它包含用于在 ROS 和 Gazebo 之间通信的标准控制器。

(3) gazebo - msgs：它包含 ROS 和 Gazebo 交互的消息和服务的数据结构。

(4) gazebo - plugins：它包含用于传感器、执行结构的 Gazebo 插件。

安装完成后，在终端中使用如下命令启动 ROS 和 Gazebo：

```
roscore
rosrun gazebo_ros gazebo
```

Gazebo 启动成功后的界面如图 4.1 所示。

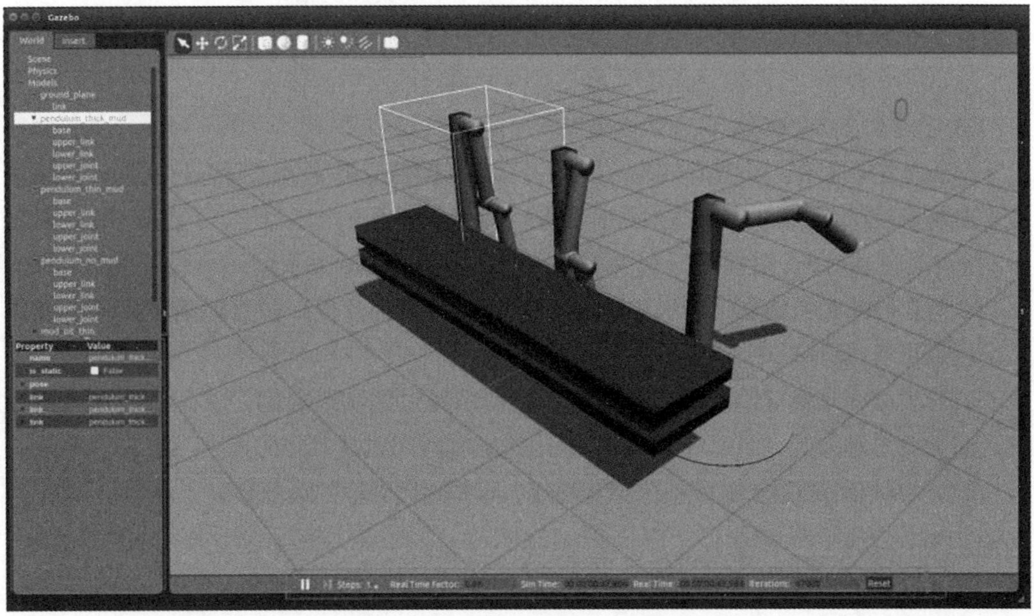

图 4.1　Gazebo 启动成功后的界面

主界面中主要包含以下几个部分。

(1) 3D 视图区。这部分是 Gazebo 模拟器的主要界面，也是仿真出的机器人或者对象所显示的区域。在这部分中，实现与环境的交互。

(2) 工具栏。这部分主要是最常用的选项工具，如选择、移动、旋转和缩放对象；创建简单的形状（如立方体、球体、圆柱体）；复制/粘贴等。用户可自行尝试每个按钮的功能，依次为：

a. 选择——用于场景中对象选择；

b. 平移——用于对象/模型平移；

c. 旋转——用于对象/模型旋转；

d. 缩放——用于对象/模型缩放；

e. 撤销/重做——撤销/重做场景中的动作；

f. 简单形状——将简单形状插入场景中；

g. 灯光——为场景添加灯光；

h. 复制/粘贴——在场景中复制/粘贴对象/模型;

i. 对齐——将对象/模型相互对齐;

j. 捕捉——将一个对象模型捕捉到另一个中;

k. 改变视角——从各个角度查看场景。

(3)模型列表。启动 Gazebo 时默认显示左侧面板。面板中有三个选项卡:

a. World——World 选项卡显示当前在场景中的模型,可以查看和修改模型参数;

b. Insert——Insert 选项卡可以用于添加新的对象或者模型;

c. Layers——Layers 选项卡组织并显示模拟中可用的不同可视化组。一个层可能包含一个或多个模型,打开或关闭图层将显示或隐藏该图层中的模型。

这是一项可选功能,因此在大多数情况下此选项卡将为空。

(4)模型属性项。可用于与选定模型的可移动部件或者关节之间进行交互。如果场景中没有选定模型,这一项不显示任何信息。

(5)时间显示区。主要显示模拟时间与真实时间之间的关系。

a. 仿真时间是指仿真运行时时间在模拟器中流逝的速度。仿真时间可能比真实时间更慢或更快,具体取决于运行仿真所需的计算量。

b. 真实时间是指模拟器运行时在现实生活中经过的实际时间。仿真时间和真实时间之间的关系称为“实时因子”(RTF),表示仿真时间和真实时间的比率。

验证 Gazebo 是否与 ROS 系统成功连接,可以查看 ROS 的话题列表:

```
rostopic list
```

如果连接成功,应该可以看到 Gazebo 发布/订阅的如下话题列表:

```
/gazebo/link states
/gazebo/model_states
/gazebo/parameter_descriptions
/gazebo/parameter_updates
/gazebo/set_link_state
/gazebo/set_model_state
```

当然,还有 Gazebo 提供的服务列表:

```
rosservice list
/gazebo/apply_body_wrench
/gazebo/apply_joint_effort
/gazebo/clear_body_wrenches
/gazebo/clear_joint_forces
/gazebo/delete model
……
/rosout/get_loggers
/rosout/set_logger_level
```

4.2 构建仿真环境

在仿真之前需要构建一个仿真环境。Gazebo 中有两种创建仿真环境的方法。

4.2.1 模型导入

在 Gazebo 左侧的模型列表中,有一个 insert 选项罗列了所有可使用的模型。选择需要使用的模型,放置在主显示区中(图 4.2),就可以在仿真环境中添加机器人和外部物体等仿真实例。

模型的加载需要连接外网,为了保证模型顺利加载,可以提前将模型文件下载并放置到本地路径 ~/. gazebo/models 下,模型文件的下载地址为:https://bitbucket. org/osrf/gazebomodels/downloads/。(. gazebo 文件夹在 Home 中,Ctrl + H 即可找到)

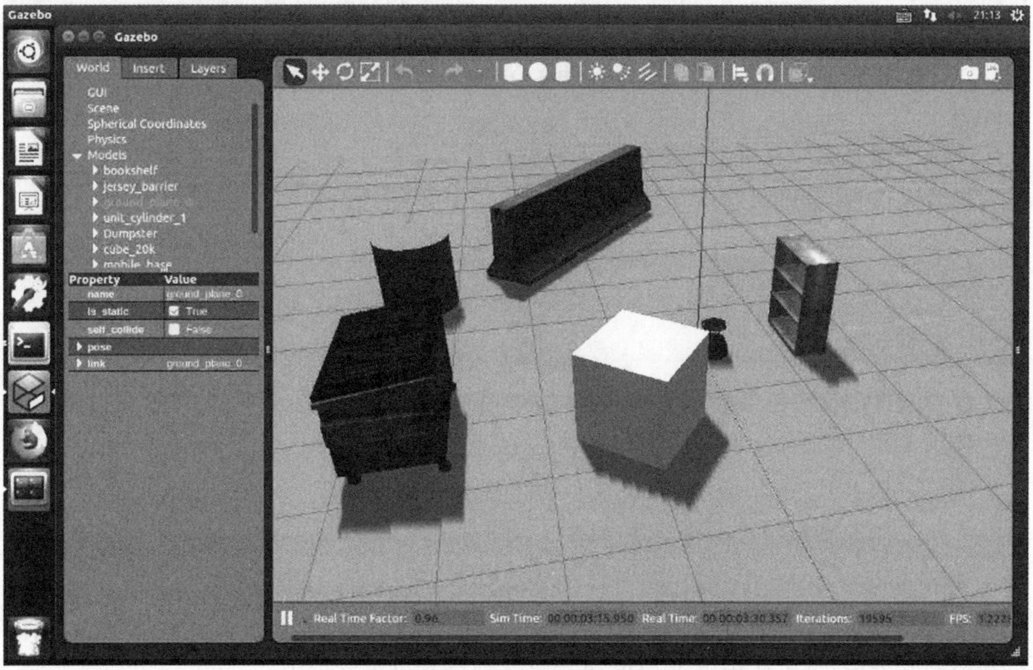

图 4.2 在 Gazebo 中直接插入仿真模型

4.2.2 地图绘制

第二种方法是使用 Gazebo 提供的 Building Editor 工具手动绘制地图。在 Gazebo 菜单栏中选择 Edit→Building Editor,可以打开如图 4.3 所示的 Building Editor 界面。选择左侧的绘制选项,然后在上侧窗口中使用鼠标绘制,下侧窗口中即可实时显示绘制的仿真环境。

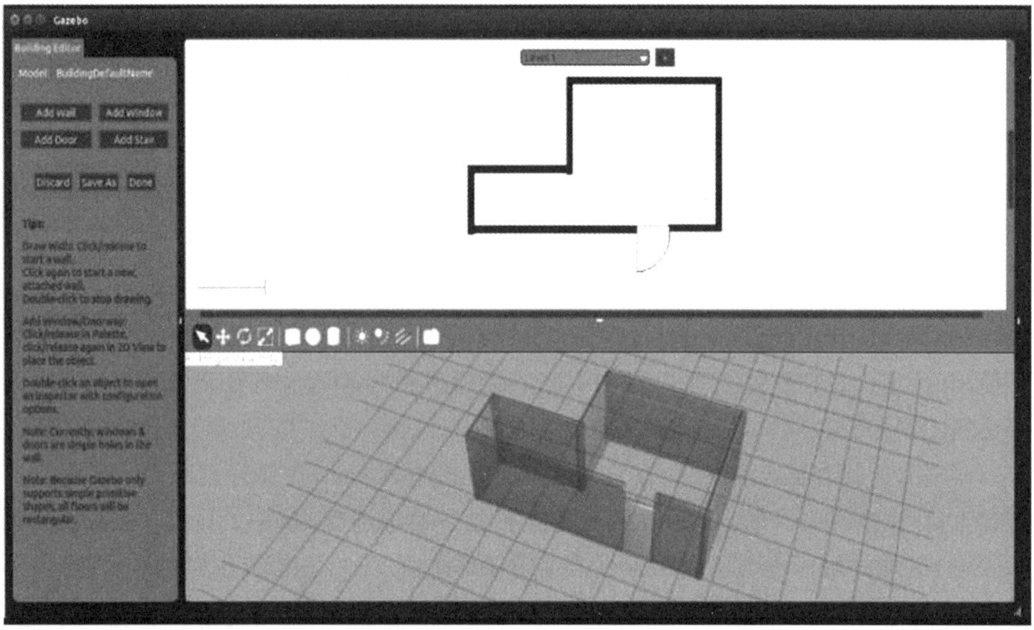

图 4.3　使用 Building Editor 工具创建仿真环境

模型创建完成后就可以加载机器人模型并进行仿真了，在后续的学习过程中会详细学习机器人仿真的过程，这里先对 Gazebo 有一个整体的认识即可。

4.2.3　Gazebo 组件

1. 世界文件

世界文件.world 包含模拟中的所有元素，包括机器人、灯光、传感器和静态对象。此文件使用 SDF（模拟描述格式）进行格式化，并且通常具有扩展名。

Gazebo 服务器（gzserver）读取此文件以生成和填充世界。

许多示例世界都随 Gazebo 一起提供。这些世界安装在 < install_path >/share/ gazebo - < version >/worlds 中；用户还可以在源代码中看到它们。模型文件使用与坐标文件相同的 SDF 格式，但应仅包含一个。这些文件的目的是促进模型重用，并简化世界文件。创建模型文件后，可以使用以下 SDF 语法将其包含在坐标文件中：

```
< model > ... < /model >
< include >
< uri >model://model_file_name < /uri >
< /include >
```

在线模型数据库中提供了许多模型（在以前的版本中，一些示例模型随 Gazebo 一起提供）。假设用户在运行 Gazebo 时已连接到 Internet，则可以从数据库插入任何模型，并且将在运行时下载必要的内容。

2. 环境变量

Gazebo 使用许多环境变量来定位文件,并在服务器和客户端之间建立通信。适用于大多数情况的默认值将编译进 Gazebo 软件中。这意味着用户不需要设置任何变量。

以下变量描述为:

GAZEBO_MODEL_PATH:以冒号分隔的目录集,Gazebo 将在其中搜索模型;

GAZEBO_RESOURCE_PATH:以冒号分隔的目录集,Gazebo 将在其中搜索其他资源,如世界和媒体文件;

GAZEBO_MASTER_URI:Gazebo 主机的 URI,该变量指定了 Gazebo 服务器启动的 IP 和端口,并告诉客户端要连接到的位置。

GAZEBO_PLUGIN_PATH:冒号分隔的目录集,Gazebo 将在运行时搜索插件共享库;

GAZEBO_MODEL_DATABASE_URI:Gazebo 将从中下载模型的在线模型数据库的 URI。

这些默认值也包含在 shell 脚本中:

```
source <install_path>/share/gazebo/setup.sh
```

如果要修改 Gazebo 的行为,如通过扩展它搜索模型的路径,则应首先获取上面列出的 shell 脚本,然后修改它设置的变量。

3. Gazebo 服务器

服务器是 Gazebo 的核心。它解析命令行上给出的世界描述文件,然后使用物理和传感器引擎模拟世界。

可以使用以下命令启动服务器。请注意,服务器不包含任何图形界面,它意味着无头运行。

```
gzserver <world_filename>
```

<world_filename>可以是:

(1)相对于当前目录路径的某个世界文件名;

(2)绝对路径下的某个世界文件名;

(3)GAZEBO_RESOURCE_PATH 中某个路径下的世界文件名;

(4)Gazebo 世界文件安装默认目录中的某个世界文件名,即 worlds/<world_name>,其中<world_name>是与 Gazebo 一起安装的某个世界文件名。例如,要使用与 Gazebo 一起安装的 empty_sky. world,需要使用以下命令:

```
gzserver worlds/empty_sky.world
```

4. 图形客户端

图形客户端连接到正在运行的元素并可视化元素。这也是一个允许用户修改正在运行的模拟的工具。gzserver 图形客户机使用以下命令运行:

```
gzclient
```

5. 插件

插件提供了一种简单方便的机制来与 Gazebo 接口。插件可以在命令行上加载，也可以在 SDF 文件中指定。

首先加载在命令行上指定的插件，然后加载 SDF 文件中指定的插件。有些插件由服务器加载，如影响物理属性的插件，而其他插件则由图形客户端加载，以方便自定义 GUI 生成。

通过命令行加载系统插件的示例：

```
gzserver -s <plugin_filename>
```

该标志指示它是一个系统插件，并且是在椭圆中找到的共享库的名称。

```
gzserver --verbose -s libRestWebPlugin.so
```

图形客户机使用相同的机制，支持的命令行标志如下。

Gazebo7 及更早版本，用于加载 GUI 插件 -g；

Gazebo8 及更高版本，用于加载 GUI 插件 -gui-client-plugin。

例如，加载 TimerGUIPlugin：

```
gzclient --gui-client-plugin libTimerGUIPlugin.so
```

4.3 机械臂仿真

在本节中，将在 Gazebo 中用 ROS 来仿真 7-DOF 机械臂机器人。在开始使用 Gazebo 和 ROS 之前，应该安装以下各软件包：

sudo apt-get install ros-kinetic-gazebo-ros-pkgs ros-kinetic-gazebo-msgs ros-kinetic-gazebo-plugins ros-kinetic-gazebo-ros-control

在 ROS Kinetic 版本中安装的默认版本是 Gazebo 7.0。使用到的各软件包如下。

①gazebo_ros_pkgs：它包含用于将 ROS 与 Gazebo 连接的封装和工具；

②gazebo-msgs：它包含 ROS 与 Gazebo 交互的消息和服务的数据结构；

③gazebo-plugins：它包含用于传感器、执行结构的 Gazebo 插件；

④gazebo-ros-control：它包含用于在 ROS 和 Gazebo 之间通信的标准控制器。

安装后，请使用以下命令检查 Gazebo 是否安装正确：

```
roscore & rosrun gazebo_ros gazebo
```

这条命令将打开 Gazebo 的 GUI。如果有了 Gazebo 仿真器，就可以继续为 Gazebo 开发 7-DOF 机械臂的仿真模型。

4.3.1 创建机械臂模型

可以通过添加仿真参数来更新现有的机器人描述，从而创建一个机械臂仿真模型。可以使用以下命令来创建仿真机械臂所需的软件包：

```
catkin_create_pkg seven_dof_arm_gazebo gazebo_msgs gazebo_plugins gazebo_
```

ros gazebo_ros_control mastering_ros_robot_description_pkg

也可以在以下 Git 库中获得完整的软件包。用户可以从代码仓库下载,参考该软件包的实现,或者也可以在下面的源码中获得该软件包:

```
git clone https://github.com/jocacace/seven_dof_arm_gazebo.git
git clone https://github.com/jocacace/mastering_ros_robot_description_pkg.git
```

可以在 seven_dof_arm.xacro 文件中看到机器人的完整仿真模型,它在 mastering_ros_robot_description_pkg/urdf/文件夹中,文件包含了 URDF 标签,这对于仿真是必要的,我们将定义碰撞、惯性、传动、关节、连杆和 Gazebo。

可以使用 seven_dof_arm_gazebo 软件包来启动现有的仿真模型,它有一个名为 seven_dof_arm_world.launch 的启动文件,文件定义如下:

```
<launch>
    <!-- these are the arguments you can pass this launch file, for example paused:=true -->
    <arg name="paused" default="false"/>
    <arg name="use_sim_time" default="true"/>
    <arg name="gui" default="true"/>
    <arg name="headless" default="false"/>
    <arg name="debug" default="false"/>
    <!-- We resume the logic in empty_world.launch -->
    <include file="$(find gazebo_ros)/launch/empty_world.launch">
    <arg name="debug" value="$(arg debug)" />
    <arg name="gui" value="$(arg gui)" />
    <arg name="paused" value="$(arg paused)"/>
    <arg name="use_sim_time" value="$(arg use_sim_time)"/>
    <arg name="headless" value="$(arg headless)"/> </include>
    <!-- Load the URDF into the Ros Parameter Server -->
    <param name="robot_description" command="$(find xacro)/xacro --inorder
   '$(find mastering_ros_robot_description_pkg)/urdf/seven_dof_arm.xacro'" />
    <!-- Run a python script to the send a service call to gazebo_ros to spawn a URDF robot -->
    <node name="urdf_spawner" pkg="gazebo_ros" type="spawn_model"
   respawn="false" output="screen"
   args="-urdf -model seven_dof_arm -param robot_description"/>
    </launch>
```

启动下面的命令并检验可以获得以下的内容:

```
roslaunch seven_dof_arm_gazebo seven_dof_world.launch
```

可以在 Gazebo 中看到机械臂，如图 4.4 所示，如果得到上述输出结果，没有任何错误，说明成功了。

下面详细地讨论机器人的仿真模型文件。

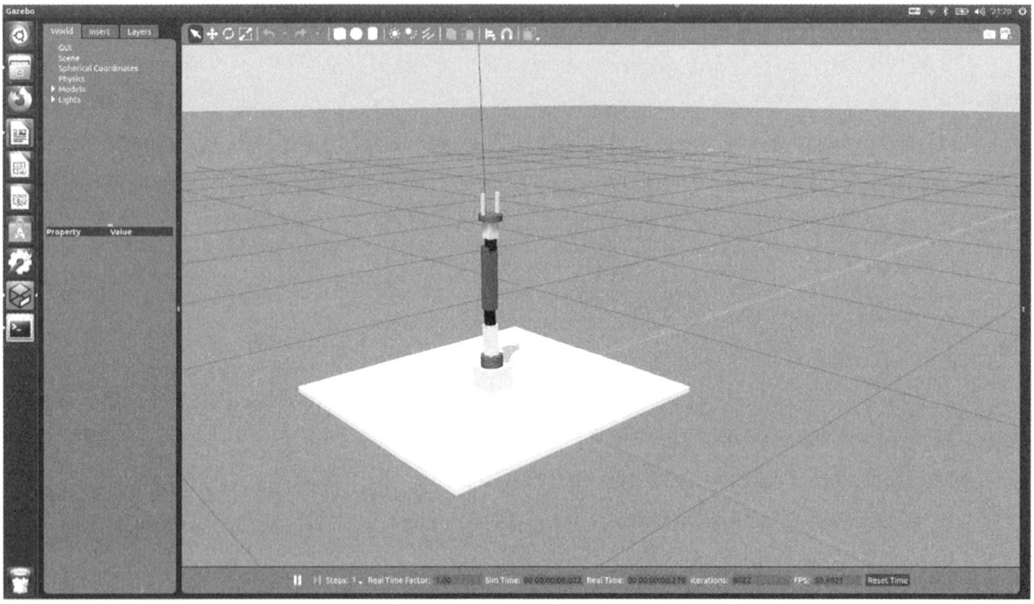

图 4.4　在 Gazebo 中仿真 7 – DOF 机械臂

1. 添加颜色和纹理

在机器人仿真中可以看到每个连杆都有不同的颜色和纹理。在 xacro 文件中，下面的标签可以为机器人的连杆提供纹理和颜色：

```
<gazebo reference = "bottom_link" >
<material >Gazebo/White </material >
</gazebo >
<gazebo reference = "base_link" >
<material >Gazebo/White </material >
</gazebo >
<gazebo reference = "shoulder_pan_link" >
<material >Gazebo/Red </material >
</gazebo >
```

2. 驱动模型

为了使用 ROS 控制器来驱动机器人，需要定义 <transmission>（传动）标签来连接执行机构和关节。以下是为传动定义的宏：

```
<xacro:macro name = "transmission_block" params = "joint_name" >
    <transmission name = "tran1" >
        <type >transmission_interface/SimpleTransmission </type >
```

```
        <joint name = " ${joint_name}" >
         <hardwareInterface > hardware_interface/PositionJointinterface </
hardwareinterface >
        </joint >
        <actuator name = "motorl" >
           <mechanicalReduction > 1 </mechanicalReduction >
        </actuator >
     </transmission >
  </xacro :macro >
```

在这里 <joint name ="" >是连接驱动器的关节。< type > 标签是传动类型。目前,仅支持简单的传动 transmission_interface/Simple Transmission。< hardwareInterface > 标签是要加载的硬件接口类型(位置、速度或力度)。在该示例中,使用了位置控制硬件接口。这个硬件接口由 gazebo_ros_ control 插件加载,下面将学习这个插件。

3. 添加 gazebo_ros_control 插件

在添加传动标签之后,应该在仿真模型中添加 gazebo_ros_control 插件来解析传动标签并分配适当的硬件接口和控制管理器。使用以下代码将 gazebo_ros_control 插件添加到 xacro 文件:

```
     <! -- ros_control plugin -- >
     <gazebo >
        <plugin name = "gazebo_ros_control" filename = "libgazebo_ros_con-
trol.so" >
           <robotNamespace > /seven_dof_arrn </robotNamespace >
        </plugin >
     </gazebo >
```

在这里,< plugin >标签指定了要加载的插件名是 libgazebo_ros_control. so。可以将 < robotNamespace >标签作为机器人的名称,如果没有指定名称,它将从 URDF 自动加载机器人的名称。还可以在参数服务器(< robotParam >)上指定控制器刷新速率(< control - Period >),robot_description(URDF)的位置以及机器人硬件接口的类型(< robotSimType >)默认的硬件接口可以是 JointStatelnterface、EffortJointlnterface 或 Velocity-Jointlnterface。

4. 添加 3D 视觉传感器

在 Gazebo 中,可以仿真机器人的运动和物理特征,也可以对传感器进行仿真。

要在 Gazebo 中创建一个传感器,就必须对 Gazebo 中传感器的行为进行建模。Gazebo 中有一些预先创建的传感器模型,可以直接在代码中使用而无须编写新模型。

这里,在 Gazebo 中添加了一个名为 Asus Xtion Pro 模型的 3D 视觉传感器(通常称为 RGB - D 传感器)。传感器模型已经在 gazebo_ros_pkgs/ gazebo_plugins 的 ROS 软件包中实现。

Gazebo 中的每个模型都可以作为 Gazebo - ROS 插件实现,可以将其插入 URDF 文件来加载。以下是如何在 seven_dof_arm_with_rgbd. xacro 机器人的 xacro 文件中把 Gazebo 定义和 Xtion Pro 的物理机器人模型包含进来的：

```
<xacro:include filename = " $(find mastering_ros_robot_description_pkg)/urdf/sensors/xtion_pro_live.urdf.xacro"/>
```

在 xtion_prolive. urdfxacro 件内部、可以看到以下代码：

```
<? xml version = " 1.0 " ? >
<robot xmlns : xacro = "http://ros. org/wiki/xacro" >
    <xacro:include filename = " $(find mastering_ros_robot_description_pkg)/urdf/sensors/xtion_pro_ live . gazebo.xacro " / >
    ......
    <xacro:macro name = " xtion_pro_live " params = " name parent *origin *optical_origin " >
    ......
    <link name = " ${name}_link " >
    ......
        <visual >
            <origin xyz = " 0 0 0 " rpy = " 0 0 0 " / >
            <geometry >
                <mesh filename = package //mas ering_ros_robot_description pkg/meshes/sensors/xtion_pro_live/xtion_ pro_live.dae " / >
<mesh filename = "package://mastering_ros_robot_description_pkg/meshes/sensors/xtio n_pro_live/xtion_pro_live.dae"/ >
            </geometry >
            <material name = "DarkGrey " / >
        </visual >
    </link >
</robot >
```

在这里，可以看到它包一个名为 xtion_pro_live. gazebo. xacro 的文件，该文件包含 Xtion Pro Gazebo 中的完整定义。

还可以看到一个名为 xtion_pro_live 的宏定义，其中包含 Xtion Pro 的完整模型定义，包括连杆和关节：

```
<mesh filename = "package://mastering_ros_robot_description_pkg/meshes/sensors/xtio n_pro_live/xtion_pro_live.dae"/>
```

在宏定义中，将导入 Asus Xtion Pro 的网格文件，该文件将在 Gazebo 中显示为相机连杆。

在 mastering_ros_robot_description_pkg/ urdf/sensors/xtion_prolive. gazwbo. xacro 文件中，可以设置 Xtion Pro 的 Gazebo - ROS 插件在这里，将插件定义为宏，并支持 RGB 和深度相机。以下是插件的定义：

```
<plugin name = "${name}_frame_controller" filename = "libgazebo_ros_openni_kine ct.so">
```

```
<alwaysOn>true</alwaysOn>
<updateRate>6.0</updateRate>
<cameraName>${name}</cameraName>
<imageTopicName>rgb/image_raw</imageTopicName>
<cameraInfoTopicName>rgb/camera_info</cameraInfoTopicName>
<pointCloudTopicName>rgb/points</pointCloudTopicName>
<depthImageTopicName>depth/image_raw</depthImageTopicName>
<depthImageCameraInfoTopicName>depth/camera_info</depthImageCameraIn-
foTop icName>
<frameName>${name}_optical_frame</frameName>
<pointCloudCutoff>0.05</pointCloudCutoff>
<pointCloudCutoffMax>5</pointCloudCutoffMax>
<rangeMax>1.5</rangeMax>
</plugin>
```

Xtion Pro 的插件文件名是 libgazebo_ros_openni_kinect. so，可以定义插件参数，如相机名称、图像话题等。

5. 可视化三维传感器数据

现在已经了解了 Gazebo 中相机插件的定义，可以使用以下命令启动完整的仿真：

```
roslaunch seven_dof_arm_gazebo seven_dof_arm_with_rgbd_world.launch
```

可以看到一个机器人模型，在机械臂顶部装有一个传感器，如图 4.5 所示。

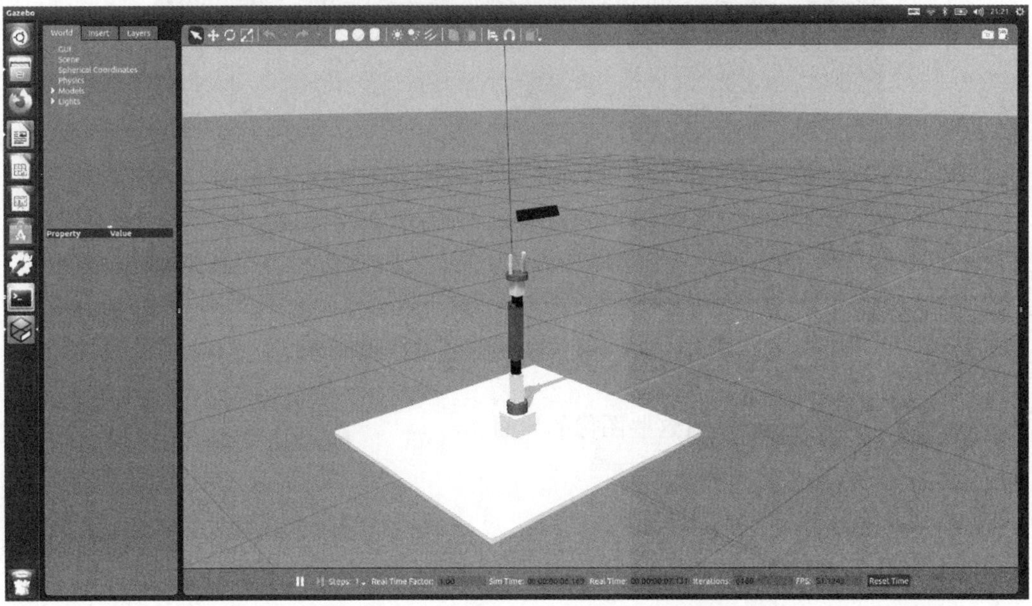

图 4.5 Gazebo 中仿真装有 Asus Xtion Pro 的 7 - DOF 机械臂

现在可以使用仿真的 RGB - D 传感器，就像它直接连在计算机上一样。因此可以检查它是否提供了正确的图像输出。

使用上述命令启动仿真后，可以检查由传感器插件生成的话题，如图 4.6 所示。

下面介绍使用名为 image_view 的工具来查看 3D 视觉传感器的图像数据。

①查看 RGB 原始图像：

```
rosrun image_view image_view image:=/rgbd_camera/rgb/image_raw
```

②查看 IR 原始图像：

```
rosrun image_view image_view image:=/rgbd_camera/ir/image_raw
```

③查看深度图像：

```
rosrun image_view image_view image:=/rgbd_camera/depth/image_raw
```

图 4.6　Gazebo 生成的 RGB - D 图像话题

如图 4.7 所示为包含所有这些图像的界面。

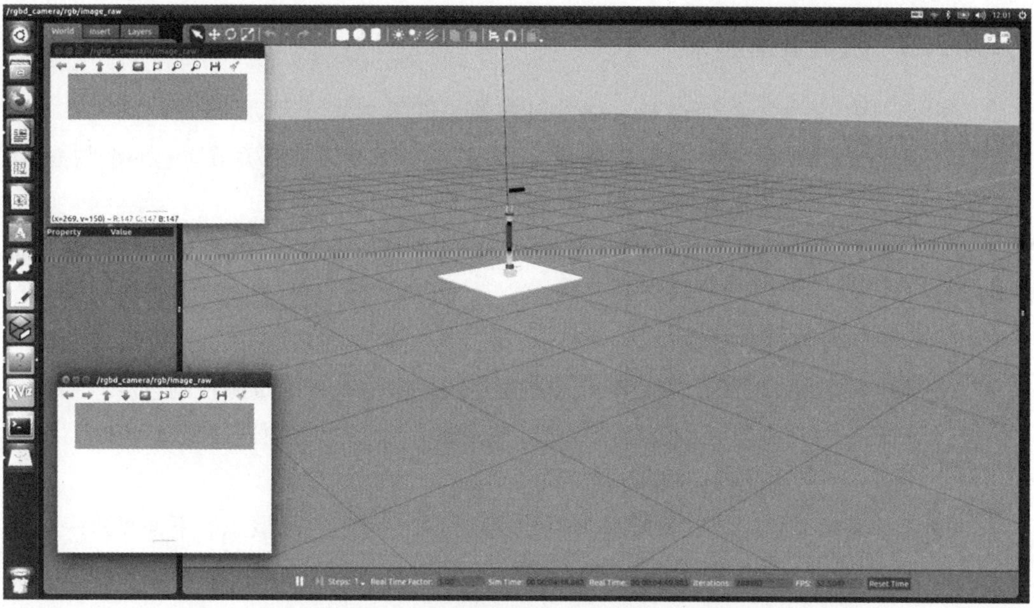

图 4.7　Gazebo 中查看 RGB－D 传感器的图像

我们还可以在 RViz 中查看此传感器的点云数据。

使用以下命令启动 RViz：

```
rosrun rviz rviz -f /rgbd_camera_optical_frame
```

添加 PointCloud2 显示类型，并将 Topic 设置为/ rgbd_camera/ depth/points，将得到如图 4.8 所示的点云视图。

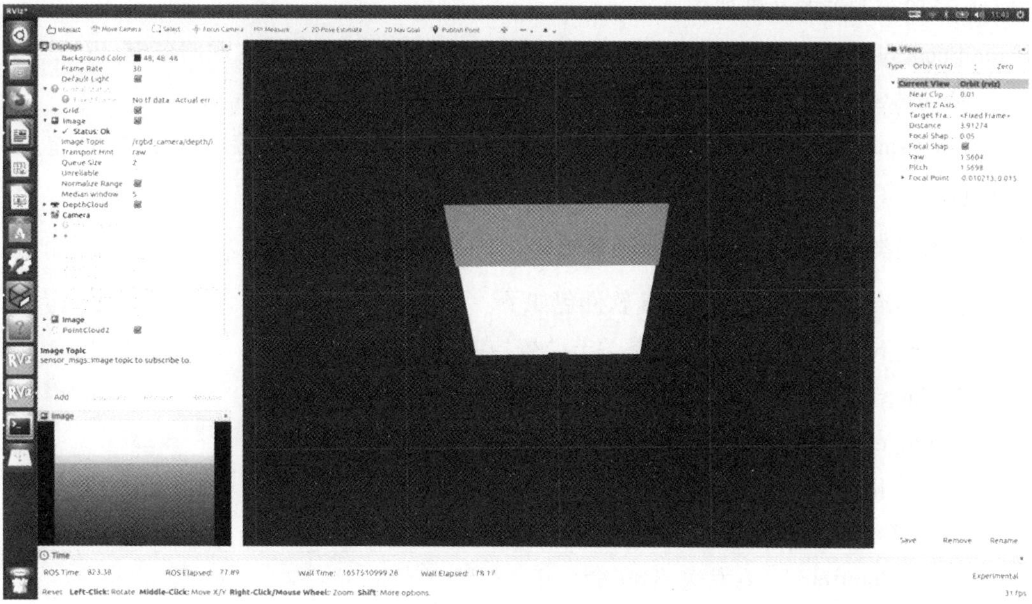

图 4.8　RViz 中查看 RGB－D 传感器点云视图

4.3.2 机械臂动起来

在本小节中,将讨论如何在 Gazebo 中让机器人的每个关节运动。

为了让关节动起来,需要分配一个 ROS 控制器,且需要为每个关节连上一个与 transmission 标签内指定的硬件接口兼容的控制器。

ROS 控制器主要由一套反馈机构组成,可以接收某一设定点,并用执行机构的反馈控制输出。

ROS 控制器使用硬件接口与硬件交互。硬件接口的主要功能是充当 ROS 控制器与真实或仿真硬件之间的中介,根据 ROS 控制器生成的数据来分配资源控制它。

在本机器人中,我们定义的位置控制器、速度控制器和力控制器等 ROS 控制器是由名为 ros_control 的一组软件包提供的。

为了正确理解如何为机械臂配置 ROS 控制器,需要理解它的概念。下面将进一步讨论 ros_control 软件包、不同类型的 ROS 控制器以及 ROS 控制器如何与 Gazebo 仿真交互。

1. 认识 ros_control 软件包

ros_control 软件包实现机器人控制管理器、硬件接口、不同的传输接口和控制工具箱。ros_controls 软件包由以下各独立的软件包组成。

①control_toolbox:这个软件包包含了通用校块(PIO 和 Sine),可供所有控制器使用;

②controller_interface:这个软件包包含了控制器的接口(interface)基类;

③controller_manager:这个软件包提供了加载(load)、卸载(unload)、启动(start)和停止(stop)等控制器的基础架构;

④controller_manager_msgs:这个软件包提供了控制管理器的消息和服务定义;

⑤hardware_interface:这个软件包包含了硬件接口的基类;

⑥transmission_interface:这个软件包包含了传动(transmission)接口的接口类(差速、四杆联动、关节状态、位置和速度)。

2. 不同类型的 ROS 控制器和硬件接口

包含标准 ROS 控制器的 ROS 软件包如下。

①joint_position_controller:这是关节位置控制器的简单实现;

②joint_state_controller:这是一个发布关节状态的控制器;

③joint_effort_controller:这是关节力(强度)控制器的实现。

以下是 ROS 中常用的一些硬件接口。

①JointCommandInterface:将命令发送到硬件;

②EffortJointInterface:发送 effort 命令;

③VelocityJointInterface:发送 velocity 命令;

④PositionJointInterface:发送 position 命令;

⑤JointStateInterface:从执行器编码器检索关节状态。

3. ROS 控制器如何与 Gazebo 交互

ROS 控制器是如何与 Gazebo 进行交互的? 图 4.9 显示了 ROS 控制器、机器人硬件接口、仿真器/真实硬件的互联。

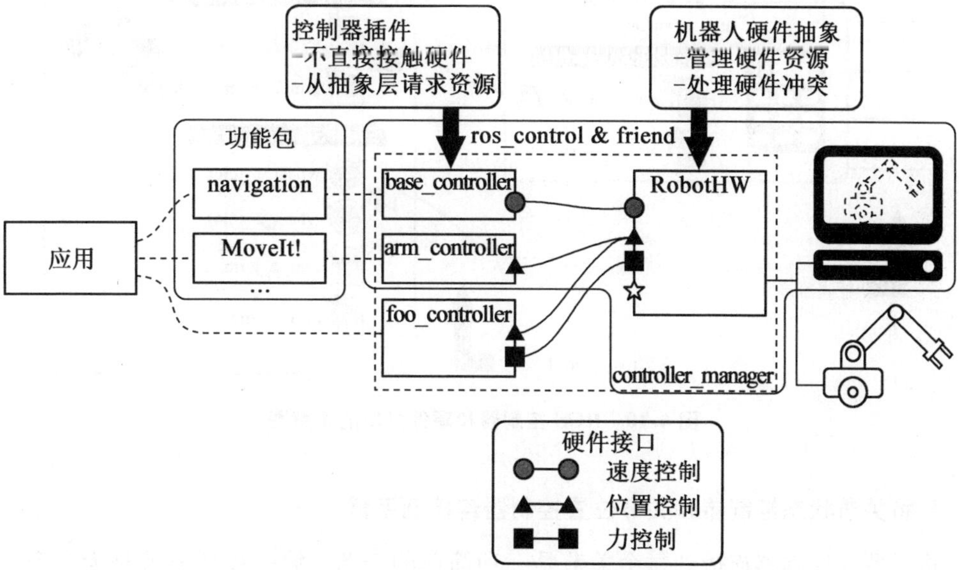

图 4.9 ROS 控制器与 Gazebo 的接口

我们可以看到第三方工具 navigation、MoveIt! 软件包。这些软件包可以为移动机器人控制器和机械臂控制器提供目标位置(即设定点)。这些控制器可以将控制位置、速度或驱动力的信息发送到机器人的硬件接口上。

硬件接口将每个资源分配给控制器,并将值发送给每个资源。机器人控制器与机器人硬件接口之间的通信如图 4.10 所示。

硬件接口与实际硬件和仿真分离来自硬件接口的值可以馈送到 Gazebo 进行仿真或馈送到实际硬件本身。

硬件接口是机器人及其抽象硬件的软件表示。硬件接口的资源是执行机构、关节和传感器。有些资源是只读的,如关节状态、IMU、力-扭矩传感器等,有些资源是可读可写的,比如位置、速度和关节驱动力。

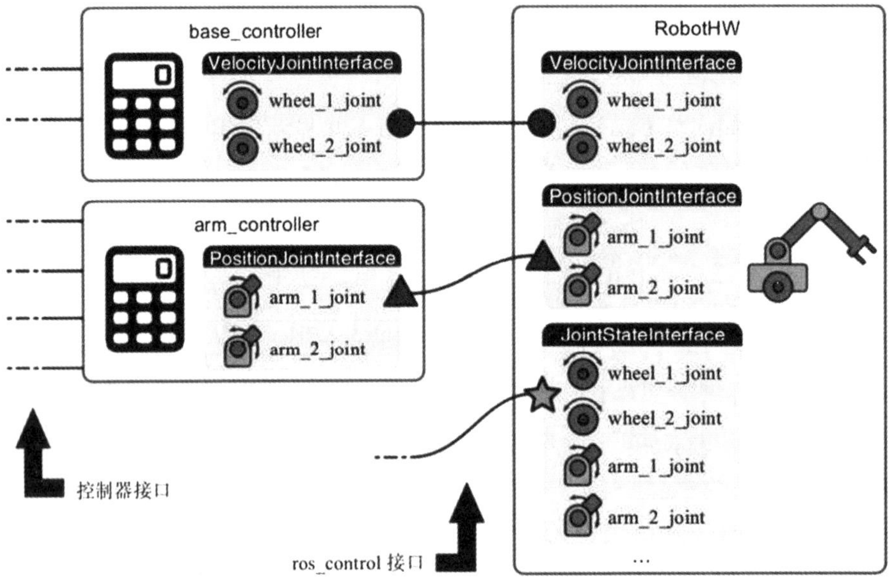

图 4.10　ROS 控制器和硬件接口的示意图

4. 将关节状态控制器和关节位置控制器连接到手臂

将机器人控制器连接到每个关节是一项简单的任务。第一项任务就是为两个控制器编写配置文件。

关节状态控制器将发布手臂的关节状态,而且关节位置控制器可以接收每个关节的目标位置并可以让每个关节运动。

在 seven_dof_arm_gazebo/config 文件夹下找到控制器的配置文件 seven_dof_arm_gazebo_control. yaml。

以下是配置文件的定义:

```
seven_dof_arm :
    # Publish all joint states    ------------------------------
    joint_state_cont roller:
        type : joint_state_controller /JointStateController
        publish_rate : 50
    # Position Controllers    ------------------------------
    joint 1_position_controller:
        type : position_controllers /JointPositionController
        joint : shoulder_pan_joint
        pid : {p : 100 . 0 , i : 0.01 , d : 10.0}
    joint 2_position_controller:
        type : position_controllers /JointPositionController
        joint : shoulder_pitch_joint
```

```
    pid : {p : 100.0, i: 0.01 , d : 10.0}
  joint 3_posit1.on_controller:
    type : position_controllers/JointPositionController
    joint : elbow_roll_joint
    pid: {p : 100 . 0 , i : 0.01 , d : 10.0}
  join 4 position controller
    type : position_controllers/JointPositionController
    joint : elbow_ pitch_joint
    pid : {p : 100 . 0 , i : 0.01 , d : 10.0}
  joint 5_position_controller:
    type : position_controllers/JointPositionController
    join wrist_roll_joint
    pid: {p : 100.0 , i : 0.01 , d : 10.0}
  joint 6_position_controller:
    type : position_controllers/JointPositionController
    joint : wrist_pitch_joint
    pid : {p : 100 . 0 , i : 0.01 , d : 10.0}
  joint 7_position_controller:
    type : position_controllers/JointPositionController
    joint : gripper_roll_joint
    pid : {p : 100 . 0 , i: 0.01 , d : 10.0}
```

可以看到所有的控制器都位于命名空间 seven_dof_arm 中，第一行代表关节状态控制，它将以 50 Hz 的频率发布机器人的关节状态。

其余的控制器是关节位置控制器，它被分配给前 7 个关节，而还定义了 PID 增益。

5. Gazebo 中启动 ROS 控制器

如果控制器配置准备就绪，就可以创建一个启动文件，该文件将启动所有控制器并进行 Gazebo 仿真。

进入 seven_dof_arm_gazebo launch 文件夹并打开 seven_dof_arm_gazebo_control.launch 文件：

```
<launch>
  <! - - Launch Gazebo - - >
  <include file = " S(fin.nd seven_dof_arm_ gazebo) / launch/seven_dof_arm_
world.launch" / >
  <! - - Load joint controller configurations from YAML fileto parameter
server - - >
  <rosparam file = "  $(find seven_dof_arm_gazebo) / config/seven_dof_arm_
gazebo_control . yaml"
```

```
        command = " load" / >
        <! - - load the controllers - - >
        <node name = " controller_spawner" pkg = " controller_manager " type = "
spawner" respawn = " false "
            output = "screen" ns = " /seven_dof_arm" args = "joint_state_control-
ler
                joint1_position_controller
                joint2_position_controller
                joint3_position_controller
                joint4_position_controller
                jointS_position_controller
                joint6_position_controller
                joint7_position_controller " / >
            <! - - convert joint states to TF transforms for rviz, et c - - >
            < node name = robot_state_publisher pkg " robot_state_publisher "
type = " robot_state_publisher " respawn = "false " output = " screen " >
            < remap from = "/joint_states " to = /seven_dof_arm/joint_states"/ >
        < /node >
    < /launch >
```

该启动文件可以启动手臂的 Gazebo 仿真,加载控制器配置信息、关节状态控制器和关节位置控制器,最后运行机器人状态发布者(负责发布关节状态和 TF)。

检查运行此启动文件后生成的控制器话题:

```
roslaunch seven_dof_arm_gazebo seven_dof_arm_gazebo_control.launch
```

如果命令执行成功,可以在终端看到如图 4.11 所示消息。

图 4.11　启动 7 - DOF 机械臂的 ROS 控制器时的终端消息

如图 4.12 所示为运行该启动文件时从控制器中生成的话题。

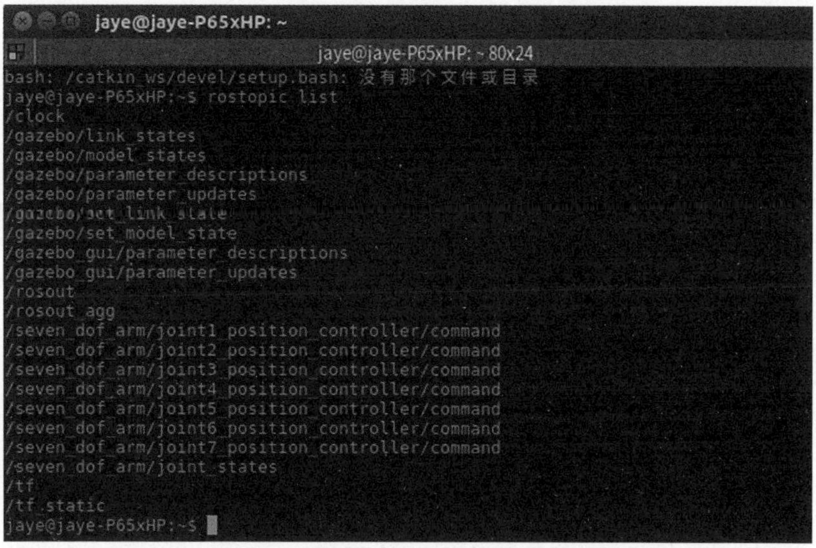

图 4.12　ROS 控制器生成的位置控制器命令话题

6. 控制机器人的关节运动

完成以上步骤后，就可以开始对每个关节进行控制了。

要在 Gazebo 中控制机器人关节运动，需要使用 std_msgs/Float64 类型的消息将所需的关节值发布到关节位置控制器命令话题上。

如图 4.13 所示为控制第 4 个关节运动到 1.0 度的位置：

```
rostopic pub /seven_dof_arm/joint4_position_controller/command std_msgs/Float64 1.0
```

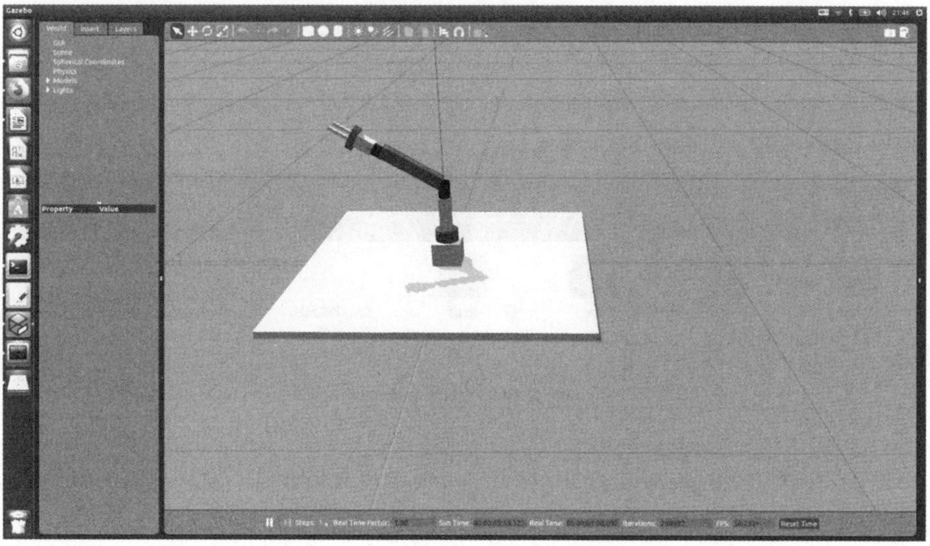

图 4.13　Gazebo 中控制手臂关节运动

还可以用以下命令查看机器人的关节状态：

```
rosopic echo/seven_dof_arm/joint_states
```

4.4 移动机器人仿真

在这一节，尝试通过 Gazebo 仿真一款自定义的移动机器人模型，同时搭载摄像机和激光雷达两种传感器，为移动机器人建图、定位、导航做准备。

4.4.1 创建编译功能包

首先打开终端，切换到工作空间（一般为 catkin_ws/src）目录下，然后创建编译功能包，执行指令如下：

```
cd ~/catkin_ws/src/
catkin_create_pkg mbot_sim_gazebo urdf xacro
```

执行指令后，在 catkin_ws/src 目录下可以见到一个名为 mbot_sim_gazebo 的功能包（图 4.14），依赖库为 urdf 和 xacro。

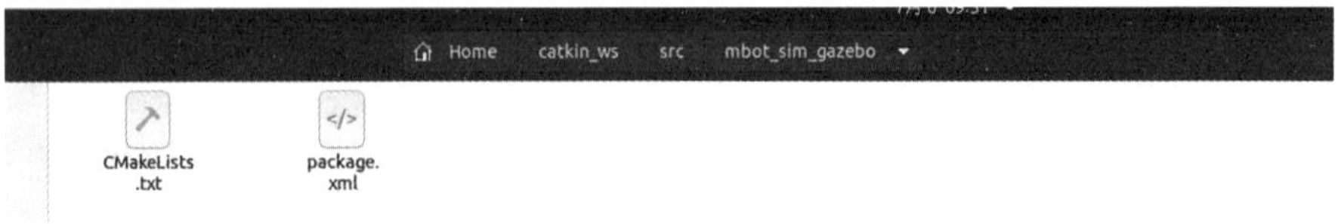

图 4.14 创建编译功能包

切换到 catkin_ws 目录下，编译该功能包，执行指令如下：

```
cd ~/catkin_ws/
catkin_make mbot_sim_gazebo
```

接下来，在该功能包下创建 include、src、launch、urdf 文件夹，在 urdf 文件下创建 urdf 文件夹和 xacro 文件夹，如图 4.15 所示。

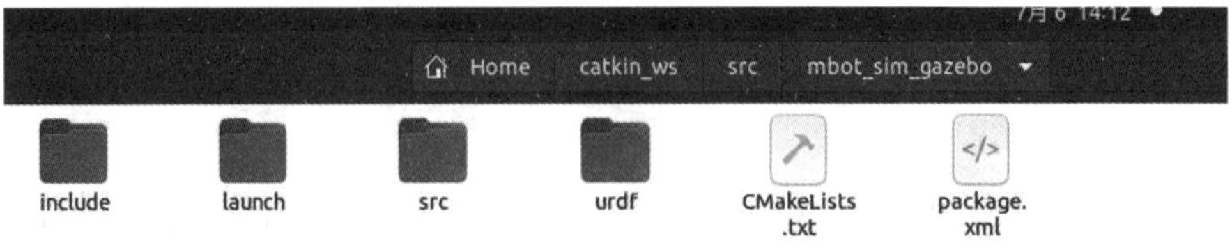

图 4.15 创建文件夹

注意：sdf 文件、urdf 文件和 xacro 文件都是可以配置的模型文件，三者之间的联系和区别如下：

①xacro 文件是 urdf 文件的改进版，urdf 文件只能在 Rviz 等中显示，不能在仿真器中

显示出来；

②xacro 文件可以在 gazebo 仿真器中显示出来，相对 urdf 文件，xacro 文件增加了更多的属性设置标签；

③sdf 文件和 urdf 文件、xacro 文件都可以加载 dae 等三维模型文件。

sdf 和 urdf、xacro 的区别如下：

①ros 和 gazebob 不能使 sdf 模型动起来、sdf 模型有自己的行为；

②ros 和 gazebob 能使 urdf、xacro 模型动起来，urdf、xacro 模型有自己的行为。

当前，sdf 文件和 urdf、xacro 文件之间还不能自动转换，只能根据实体手动转换。在本小节中，通过 xacro 文件配置模型。

4.4.2 定义机器人模型

接下来，通过 xacro 文件定义移动机器人模型。首先，在 xacro 文件夹下新建 robot_base. xacro 文件，并将以下内容填写进文件中。

```
<? xml version = "1.0"? >
<robot name = "mbot"xmlns:xacro = "http://www.ros.org/wiki/xacro" >
    <! - - PROPERTY LIST - - >
    <xacro:property name = "M_PI" value = "3.1415926"/ >
    <xacro:property name = "base_mass"   value = "20" / >
    <xacro:property name = "base_radius" value = "0.20"/ >
    <xacro:property name = "base_length" value = "0.16"/ >
    <xacro:property name = "wheel_mass"   value = "2" / >
    <xacro:property name = "wheel_radius" value = "0.06"/ >
    <xacro:property name = "wheel_length" value = "0.025"/ >
    <xacro:property name = "wheel_joint_y" value = "0.19"/ >
    <xacro:property name = "wheel_joint_z" value = "0.05"/ >
    <xacro:property name = "caster_mass"    value = "0.5" / >
    <xacro:property name = "caster_radius"  value = "0.015"/ > <! - - wheel
_radius - ( base_length/2 - wheel_joint_z) - - >
    <xacro:property name = "caster_joint_x" value = "0.18"/ >
    <! - - Defining the colors used in this robot - - >
    <material name = "yellow" >
        <color rgba = "1 0.4 0 1"/ >
    </material >
    <material name = "black" >
        <color rgba = "0 0 0 0.95"/ >
    </material >
    <material name = "gray" >
```

```
        <color rgba="0.75 0.75 0.75 1"/>
    </material>
    <!-- Macro for inertia matrix -->
    <xacro:macro name="sphere_inertial_matrix" params="m r">
        <inertial>
            <mass value="${m}" />
            <inertia ixx="${2*m*r*r/5}" ixy="0" ixz="0"
                iyy="${2*m*r*r/5}" iyz="0"
                izz="${2*m*r*r/5}" />
        </inertial>
    </xacro:macro>
    <xacro:macro name="cylinder_inertial_matrix" params="m r h">
        <inertial>
            <mass value="${m}" />
            <inertia ixx="${m*(3*r*r+h*h)/12}" ixy = "0" ixz = "0"
                iyy="${m*(3*r*r+h*h)/12}" iyz = "0"
                izz="${m*r*r/2}" />
        </inertial>
    </xacro:macro>
    <!-- Macro for robot wheel -->
    <xacro:macro name="wheel" params="prefix reflect">
        <joint name="${prefix}_wheel_joint" type="continuous">
            <origin xyz="0 ${reflect*wheel_joint_y} ${-wheel_joint_z}"
rpy="0 0 0"/>
            <parent link="base_link"/>
            <child link="${prefix}_wheel_link"/>
            <axis xyz="0 1 0"/>
        </joint>
        <link name="${prefix}_wheel_link">
            <visual>
                <origin xyz="0 0 0" rpy="${M_PI/2} 0 0" />
                <geometry>
                    <cylinder radius="${wheel_radius}" length = "${wheel_
length}"/>
                </geometry>
                <material name="gray" />
            </visual>
            <collision>
                <origin xyz="0 0 0" rpy="${M_PI/2} 0 0" />
```

```
            <geometry>
                <cylinder radius="${wheel_radius}" length="${wheel_length}"/>
            </geometry>
        </collision>
        <cylinder_inertial_matrix  m="${wheel_mass}" r="${wheel_radius}" h="${wheel_length}"/>
        </link>
        <gazebo reference="${prefix}_wheel_link">
            <material>Gazebo/Gray</material>
        </gazebo>
        <!-- Transmission isimportant to link the joints and the controller -->
        <transmission name="${prefix}_wheel_joint_trans">
            <type>transmission_interface/SimpleTransmission</type>
            <joint name="${prefix}_wheel_joint" >
                <hardwareInterface>hardware_interface/VelocityJointInterface</hardwareInterface>
            </joint>
            <actuator name="${prefix}_wheel_joint_motor">
                <hardwareInterface>hardware_interface/VelocityJointInterface</hardwareInterface>
                <mechanicalReduction>1</mechanicalReduction>
            </actuator>
        </transmission>
    </xacro:macro>
    <!-- Macro for robot caster -->
    <xacro:macro name="caster" params="prefix reflect">
        <joint name="${prefix}_caster_joint" type="continuous">
            <origin xyz="${reflect*caster_joint_x} 0 ${-(base_length/2 + caster_radius)}" rpy="0 0 0"/>
            <parent link="base_link"/>
            <child link="${prefix}_caster_link"/>
            <axis xyz="0 1 0"/>
        </joint>
        <link name="${prefix}_caster_link">
            <visual>
                <origin xyz="0 0 0" rpy="0 0 0"/>
                <geometry>
```

```
                <sphere radius = " ${caster_radius}" />
            </geometry>
            <material name = "black" />
        </visual>
        <collision>
            <origin xyz = "0 0 0" rpy = "0 0 0"/>
            <geometry>
                <sphere radius = " ${caster_radius}" />
            </geometry>
        </collision>
        <sphere_inertial_matrix  m = " ${caster_mass}" r = " ${caster_ra-
dius}" />
    </link>
    <gazeboreference = " ${prefix}_caster_link" >
        <material>Gazebo/Black</material>
    </gazebo>
</xacro:macro>
<xacro:macro name = "mbot_base_gazebo" >
    <link name = "base_footprint" >
        <visual>
            <origin xyz = "0 0 0" rpy = "0 0 0" />
            <geometry>
                <box size = "0.001 0.001 0.001" />
            </geometry>
        </visual>
    </link>
    <gazebo reference = "base_footprint" >
        <turnGravityOff>false</turnGravityOff>
    </gazebo>
    <joint name = "base_footprint_joint" type = "fixed" >
        <origin xyz = "0 0  ${base_length/2 + caster_radius*2}" rpy = "0
0 0" />
        <parent link = "base_footprint"/>
        <child link = "base_link" />
    </joint>
    <link name = "base_link" >
        <visual>
            <origin xyz = " 0 0 0" rpy = "0 0 0" />
            <geometry>
```

```
                <cylinder length=" ${base_length}" radius=" ${base_ra-
dius}"/>
              </geometry>
              <material name="yellow" />
            </visual>
            <collision>
              <origin xyz=" 0 0 0" rpy="0 0 0" />
          <geometry>
                <cylinder length=" ${base_length}" radius=" ${base_ra-
dius}"/>
              </geometry>
            </collision>
            <cylinder_inertial_matrix  m=" ${base_mass}" r=" ${base_radi-
us}" h=" ${base_length}" />
        </link>
          <gazebo reference="base_link">
            <material>Gazebo/Blue</material>
          </gazebo>
          <wheel prefix="left"  reflect=" -1"/>
          <wheel prefix="right" reflect="1"/>
          <caster prefix="front" reflect=" -1"/>
          <caster prefix="back"  reflect="1"/>
          <!-- controller -->
          <gazebo>
            <plugin name="differential_drive_controller"
                   filename="libgazebo_ros_diff_drive.so">
              <rosDebugLevel>Debug</rosDebugLevel>
              <publishWheelTF>true</publishWheelTF>
              <robotNamespace>/</robotNamespace>
              <publishTf>1</publishTf>
              <publishWheelJointState>true</publishWheelJointState>
              <alwaysOn>true</alwaysOn>
              <updateRate>100.0</updateRate>
              <legacyMode>true</legacyMode>
              <leftJoint>left_wheel_joint</leftJoint>
              <rightJoint>right_wheel_joint</rightJoint>
              <wheelSeparation> ${wheel_joint_y*2}</wheelSeparation>
              <wheelDiameter> ${2*wheel_radius}</wheelDiameter>
              <broadcastTF>1</broadcastTF>
```

```
                <wheelTorque>30</wheelTorque>
                <wheelAcceleration>1.8</wheelAcceleration>
    <commandTopic>cmd_vel</commandTopic>
                <odometryFrame>odom</odometryFrame>
                <odometryTopic>odom</odometryTopic>
                <robotBaseFrame>base_footprint</robotBaseFrame>
            </plugin>
        </gazebo>
    </xacro:macro>
</robot>
```

在以上文件中,定义了移动机器人底盘、差动轮和支撑轮等的模型信息,包括各部件的质量、尺寸、颜色和惯性矩阵等,以及各部件之间的相对位置关系和转换矩阵。除此之外,以上文件还定义了机器人的控制器部分参数。

接下来,为机器人配置摄像机传感器。在 xacro 文件下,创建 robot_camera. xacro 文件,文件内容如下:

```
<?xml version="1.0"?>
<robotxmlns:xacro="http://www.ros.org/wiki/xacro" name="camera">
    <xacro:macro name="usb_camera" params="prefix:=camera">
        <!-- Create camera reference frame -->
        <link name="${prefix}_link">
            <inertial>
                <mass value="0.1" />
                <origin xyz="0 0 0" />
                <inertia ixx="0.01" ixy="0.0" ixz="0.0"
                         iyy="0.01" iyz="0.0"
                         izz="0.01" />
            </inertial>
            <visual>
                <origin xyz=" 0 0 0 " rpy="0 0 0" />
                <geometry>
                    <box size="0.01 0.04 0.04" />
                </geometry>
                <material name="black"/>
            </visual>
            <collision>
                <origin xyz="0.0 0.0 0.0" rpy="0 0 0" />
                <geometry>
                    <box size="0.01 0.04 0.04" />
```

```
            </geometry>
        </collision>
    </link>
    <gazebo reference="${prefix}_link">
        <material>Gazebo/Black</material>
    </gazebo>
    <gazebo reference="${prefix}_link">
        <sensor type="camera" name="camera_node">
            <update_rate>30.0</update_rate>
            <camera name="head">
                <horizontal_fov>1.3962634</horizontal_fov>
                <image>
                    <width>1 280</width>
                    <height>720</height>
                    <format>R8G8B8</format>
                </image>
                <clip>
                    <near>0.02</near>
                    <far>300</far>
                </clip>
                <noise>
                    <type>gaussian</type>
                    <mean>0.0</mean>
                    <stddev>0.007</stddev>
                </noise>
            </camera>
            <plugin name="gazebo_camera" filename="libgazebo_ros_cam-
era.so">
                <alwaysOn>true</alwaysOn>
                <updateRate>0.0</updateRate>
                <cameraName>/camera</cameraName>
                <imageTopicName>image_raw</imageTopicName>
                        <cameraInfoTopicName>camera_info</
cameraInfoTopicName>
                <frameName>camera_link</frameName>
                <hackBaseline>0.07</hackBaseline>
                <distortionK1>0.0</distortionK1>
                <distortionK2>0.0</distortionK2>
                <distortionK3>0.0</distortionK3>
```

```
                <distortionT1>0.0</distortionT1>
                <distortionT2>0.0</distortionT2>
            </plugin>
        </sensor>
    </gazebo>
</xacro:macro>
</robot>
```

在以上文件中,定义了摄像头的外观和属性信息,为后续仿真定义话题接口。

接下来,为机器人配置激光雷达传感器。在 xacro 文件下,创建 robot_lidar. xacro 文件,文件内容如下:

```
<?xml version="1.0"?>
<robot xmlns:xacro="http://www.ros.org/wiki/xacro" name="lidar">
    <xacro:macro name="hokuyo_lidar" params="prefix:=lidar">
        <link name="hokuyo_link">
            <collision>
                <origin xyz="0 0 0" rpy="0 0 0"/>
                <geometry>
                    <box size="0.1 0.1 0.1"/>
                </geometry>
            </collision>
            <visual>
                <origin xyz="0 0 0" rpy="0 0 0"/>
                <geometry>
                      <mesh filename="package://mbot_sim_gazebo/meshes/
hokuyo.dae"/>
                </geometry>
            </visual>
            <inertial>
                <mass value="1e-5" />
                <origin xyz="0 0 0" rpy="0 0 0"/>
                <inertia ixx="1e-6" ixy="0" ixz="0" iyy="1e-6" iyz="0"
izz="1e-6" />
            </inertial>
        </link>
        <gazebo reference="hokuyo_link">
            <sensor type="ray" name="head_hokuyo_sensor">
                <pose>0 0 0 0 0 0</pose>
                <visualize>false</visualize>
                <update_rate>40</update_rate>
                <ray>
```

```
                <scan>
                    <horizontal>
                        <samples>720</samples>
                        <resolution>1</resolution>
                        <min_angle>-1.570796</min_angle>
                        <max_angle>1.570796</max_angle>
                    </horizontal>
                </scan>
                <range>
                    <min>0.10</min>
                    <max>30.0</max>
                    <resolution>0.01</resolution>
                </range>
                <noise>
                    <type>gaussian</type>
                    <mean>0.0</mean>
                    <stddev>0.01</stddev>
                </noise>
            </ray>
                <plugin name="gazebo_ros_head_hokuyo_controller"
filename="libgazebo_ros_laser.so">
                <topicName>/scan</topicName>
                <frameName>hokuyo_link</frameName>
            </plugin>
        </sensor>
    </gazebo>
  </xacro:macro>
</robot>
```

在以上文件中,定义了 hokuyo 激光雷达,可以看到其中使用了 hokuyo. dae 文件,用于显示激光雷达的外观。需要将 usr/share/ gazebo－9/ models/hokuyo/目录中的 meshes 文件夹整体复制到功能包 mbot_sim 下面。

接下来,继续在 xacro 文件下创建 robot. xacro 文件,文件内容如下:

```
<?xml version="1.0"?>
<robot name="arm" xmlns:xacro="http://www.ros.org/wiki/xacro">
    <xacro:include filename="$(find mbot_sim_gazebo)/urdf/xacro/robot_
base.xacro" />
    <xacro:include filename="$(find mbot_sim_gazebo)/urdf/xacro/robot_
camera.xacro" />
    <xacro:include filename="$(find mbot_sim_gazebo)/urdf/xacro/robot_
lidar.xacro" />
```

```
<xacro:property name="camera_offset_x" value="0.17" />
<xacro:property name="camera_offset_y" value="0" />
<xacro:property name="camera_offset_z" value="0.10" />
<xacro:property name="lidar_offset_x" value="-0.17" />
<xacro:property name="lidar_offset_y" value="0" />
<xacro:property name="lidar_offset_z" value="0.10" />

<xacro:mbot_base_gazebo/>
<!-- Camera -->
<joint name="camera_joint" type="fixed">
    <origin xyz="${camera_offset_x} ${camera_offset_y} ${camera_offset_z}" rpy="0 0 0" />
    <parent link="base_link"/>
    <child link="camera_link"/>
</joint>
<xacro:usb_camera prefix="camera"/>
<joint name="lidar_joint" type="fixed">
    <origin xyz="${lidar_offset_x} ${lidar_offset_y} ${lidar_offset_z}" rpy="0 0 0" />
    <parent link="base_link"/>
    <child link="hokuyo_link"/>
</joint>
<xacro:hokuyo_lidar prefix="lidar"/>
</robot>
```

在以上文件中,定义了机器人底盘和摄像头以及激光雷达之间的相对位置关系。对机器人进行显示设置,包含主体、轮子、摄像头和激光雷达。

4.4.3 调用机器人模型

在 launch 文件下,创建 robot.launch 文件,文件内容如下:

```
<?xml version="1.0"?>
<launch>
    <!--设置 launch 文件的参数 -->
  <arg name="paused" default="false"/>
  <arg name="use_sim_time" default="true"/>
  <arg name="gui" default="true"/>
  <arg name="headless" default="false"/>
  <arg name="debug" default="false"/>
  <!--运行 gazebo 仿真环境 -->
  <include file="$(find gazebo_ros)/launch/empty_world.launch">
    <arg name="debug" value="$(arg debug)" />
```

```
        <arg name = "gui" value = " $(arg gui)" / >
        <arg name = "paused" value = " $(arg paused)"/ >
        <arg name = "use_sim_time" value = " $(arg use_sim_time)"/ >
        <arg name = "headless" value = " $(arg headless)"/ >
    </include >
    <! - -机器人参数设置 - - >
    <arg name = "model" default = " $(find xacro)/xacro - -inorder ' $(find mbot_sim_gazebo)/urdf/xacro/robot.xacro'" / >
    <! - -robot_description 参数名称是参数服务器预先设定好的,不能改变 - - >
    <param name = "robot_description" command = " $(arg model)" / >
    <! - -运行 joint_state_publisher 节点,发布机器人的关节状态 - - >
    <node name = "joint_state_publisher" pkg = "joint_state_publisher" type = "joint_state_publisher" / >
    <! - -运行 robot_state_publisher 节点,发布 tf - - >
    <node name = "robot_state_publisher" pkg = "robot_state_publisher" type = "robot_state_publisher" / >
      <! - -在 gazebo 中加载机器人模型 - - >
    <node name = "urdf_spawner" pkg = "gazebo_ros" type = "spawn_model" respawn = "false" output = "screen"
          args = " -urdf -model mrobot -param robot_description"/ >
</launch >
```

接下来,运行 robot.launch,在终端输入以下指令,如图 4.16 所示。

```
roslaunch mbot_sim_gazebo robot.launch
```

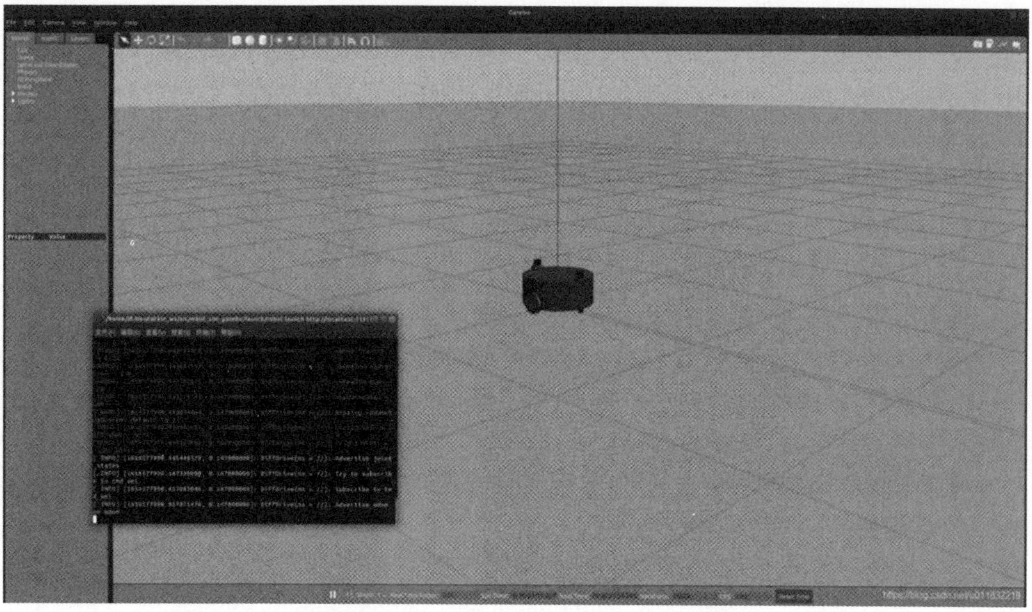

图 4.16 Gazebo 中移动机器人仿真效果

可以通过 rqt_image_view 查看图像,在终端输入以下指令:

```
rqt_image_view
```

此时,摄像头显示内容如图 4.17 所示,因为环境为空,所以显示内容为灰白色。

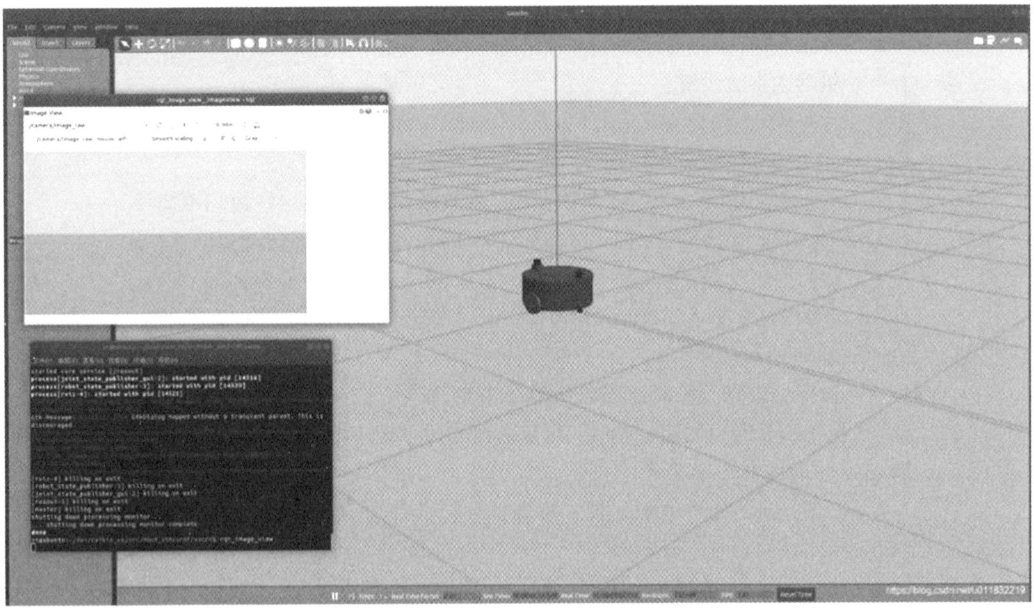

图 4.17 Gazebo 中摄像头仿真效果

4.4.4 加载地图

首先尝试加载 Willow Garage 办公室的地图,这张地图在 ROS 中是默认安装的,这个 3D 模型保存在/ usr/share/ gazebo - 9/worlds 中,使用如下命令加载:

```
roslaunch gazebo_ros willowgarage_world.launch
```

如果发现界面卡住,则表示模型加载失败,解决方法如下:

首先切换到/ usr/share/ gazebo - 9/目录下,执行如下命令:

```
sudo chmod 777 models
```

再切换到/ usr/share/ gazebo - 9/ models/目录下,执行如下命令:

```
sudo wget http://file.ncnynl.com/ros/gazebo_models.txt
sudo wget -i gazebo_models.txt
ls model.tar.g* |xargs -n1 tar xzvf
```

再次运行办公室的 launch 文件,效果如图 4.18 所示。

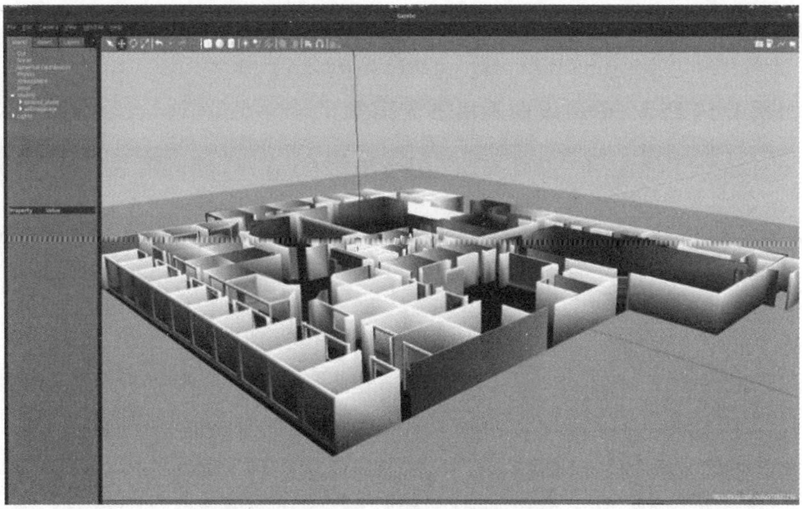

图 4.18 Gazebo 中地图仿真效果

现在要做的是创建一个新的 launch 文件来同时加载地图和机器人，在 launch 文件夹下创建 robot_gazebo_wg. launch，文件内容如下：

```
<launch>
    <!--运行 gazebo 仿真环境 -->
    <include file="$(find gazebo_ros)/launch/willowgarage_world.launch">
    </include>
    <!--机器人参数设置 -->
  <arg name="model" default="$(find xacro)/xacro --inorder '$(find mbot_sim_gazebo)/urdf/xacro/robot.xacro'" />
    <!--robot_description 参数名称是参数服务器预先设定好的,不能改变 -->
    <param name="robot_description" command="$(arg model)" />
    <!--运行 joint_state_publisher 节点,发布机器人的关节状态 -->
    <node name="joint_state_publisher" pkg="joint_state_publisher" type="joint_state_publisher" />
    <!--运行 robot_state_publisher 节点,发布 tf -->
    <node name="robot_state_publisher" pkg="robot_state_publisher" type="robot_state_publisher" />
      <!--在 gazebo 中加载机器人模型 -->
    <node name="urdf_spawner" pkg="gazebo_ros" type="spawn_model" respawn="false" output="screen"
        args="-urdf -model mrobot -param robot_description"/>

  </launch>
```

通过如下命令运行：

```
roslaunch mbot_sim_gazebo robot_gazebo_wg.launch
```

效果如图 4.19 所示，蓝色点即为机器人模型。

图 4.19　Gazebo 中地图与机器人仿真效果

再运行如下命令查看图像：

```
rqt_image_view
```

此时，摄像头是有内容的，效果如图 4.20 所示。

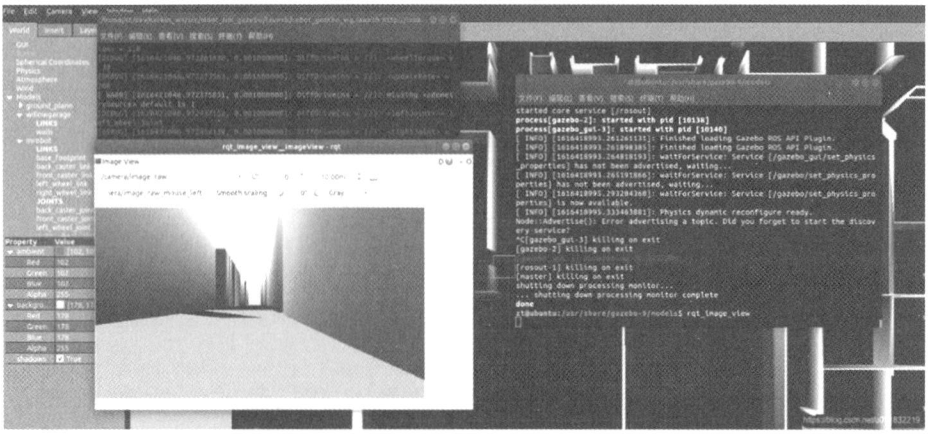

图 4.20　Gazebo 中地图模型下的摄像头仿真效果

此时，通过如下命令，可以查看激光雷达的数据，如图 4.21 所示。

```
rostopic echo /scan
```

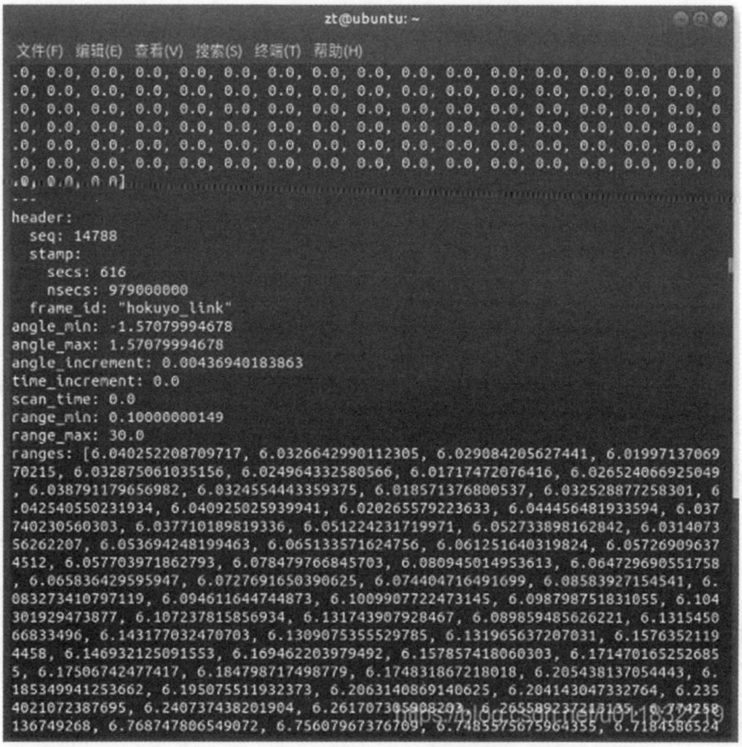

图 4.21　激光雷达数据

在这一小节自定义了机器人模型,添加了摄像头和激光雷达,又为其添加了地图,之后即可通过发布话题来控制机器人的移动,进行相关的实验测试工作。

第 5 章　CoppeliaSim 仿真

5.1　CoppeliaSim 概述

CoppeliaSim(原 V - REP)是一款基于分布式控制架构,具有集成开发环境的,基于物理引擎的动力学机器人模拟仿真器:

①跨平台(Windows、MacOS、Linux);

②六种编程方法(嵌入式脚本、插件、附加组件、ROS 节点、远程客户端应用编程接口、BlueZero 节点);

③6 种编程语言(C/C + + 、Python、Java、Lua、Matlab 和 Octave);

④超过 400 种不同的应用编程接口函数;

⑤4 个物理引擎(ODE、Bullet、Vortex 和 Newton);

⑥Integratedray-tracer(POV - Ray);

⑦完整的运动学解算器(对于任何机构的逆向运动学和正向运动学);

⑧Mesh、OCtree、pointcloud——网孔干扰检测;

⑨Mesh、OCtree、pointcloud——网孔最短距离计算;

⑩路径规划(在 2 到 6 维中的完整约束、对于车式车辆的非完整约束);

⑪嵌入图像处理的视觉传感器(完全可拓展);

⑫现实的接近传感器(在检测区域中的最短距离计算);

⑬嵌入式地定制用户接口、包括编辑器;

⑭完全集成的第四类 Reflexxes 运动库 + RRS - 1Interface Specifications;

⑮数据记录与可视化(时距图、*X/Y* 图或三维曲线);

⑯整合图形编辑模式;

⑰支持水/气体喷射的动态颗粒仿真;

⑱带有拖放功能的模型浏览器(在仿真中依旧可行);

⑲多层取消/重做、影像记录、油漆的仿真、详尽的文档等。

CoppeliaSim 广泛应用于机器人、机器人学、仿真器、仿真、运动学、动力学、路径规划、最短距离计算、碰撞检测、视觉传感器、图像处理、接近传感器、油漆分散仿真等领域。本节讲解如何安装、设置 CoppeliaSim,以及如何安装 ROS 通信工具,讨论一些初级代码并了解其工作原理。还将展示如何使用服务和话题与 CoppeliaSim 进行交互,以及如何导入和连接新的机器人模型。

5.2 CoppeliaSim 安装与启动

在开始使用 CoppeliaSim 之前,需要在系统中安装它,并且编译相关的 ROS 包来建立 ROS 和仿真场景之间的通信桥梁。CoppeliaSim 是一种跨平台的软件,可用于不同的操作系统,如 Windows、macOS 和 Linux。它由 CoppeliaRobotics GmbH 开发,并且附免费教育版和商业版使用许可。可以从 CoppeliaRobotics 公司的下载网页下载最新版本的 CoppeliaSim 仿真器,选择 Linux 版本的 CoppeliaSim PRO EDU 软件。

下载网址:http:// www. coppeliarobotics. com/ downloads。

在本节将使用 CoppeliaSim 的 3.6.2 版本。Coppelia Robotics 公司还提供其他版本的 CoppeliaSim,截止到本书出版,最新版本为 4.4.0,大家可以自行选择,本书仅就3.6.2版本展开介绍。

5.2.1 下载 CoppeliaSim

首先,需要下载 CoppeliaSim,有两种下载方式。

在 Ubuntu 系统中打开终端,输入以下命令来下载此版本:

```
wget https://www.coppeliarobotics.com/files/V-REP_PRO_EDU_V3_6_2_Ubuntu16_04.tar.xz
```

另一种,可以去官网下载,选择 Linux 版本(教育版),如图 5.1 所示。

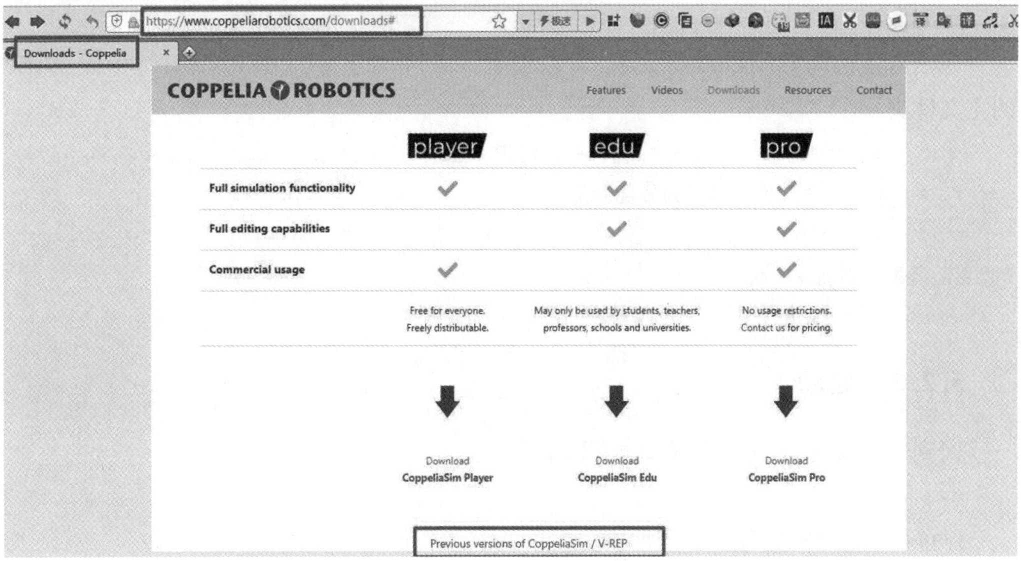

图 5.1 下载地址

在官网下载界面，选择 CoppeliaSim 3.6.2 的 ubuntu 16.04 版本，并选择教育版，如图 5.2 所示。

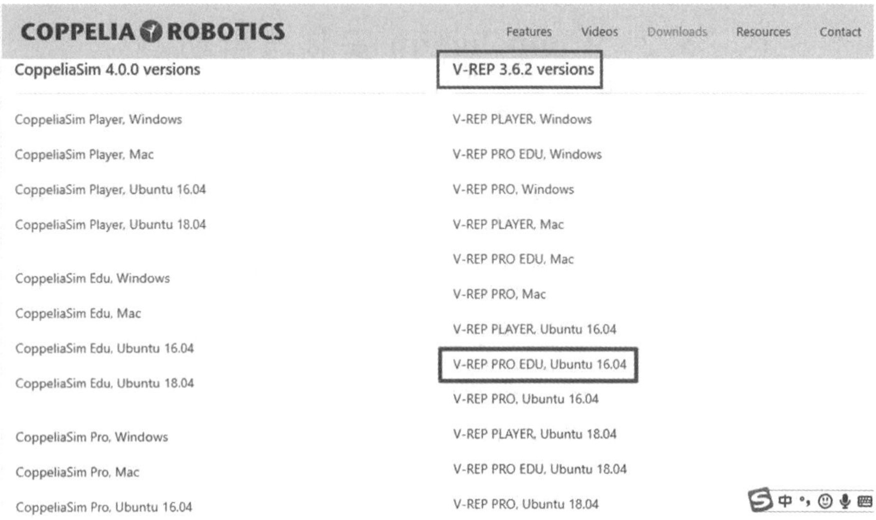

图 5.2　Ubuntu 16.04 版本下载界面

5.2.2　解压安装

下载完成后，使用以下命令提取存档：

```
tar -xvJf V-REP_PRO_EDU_V3_6_2_Ubuntu16_04.tar.xz
```

或者直接到目前用户目录下找到压缩文件 V-REP_PRO_EDU_V3_6_2_Ubuntu16_04.tar.xz 解压。

为了方便访问 CoppeliaSim 资源，可以设置一个环境变量（VREP_ROOT）指向 VREP 的主文件夹：

```
echo 'export VREP_ROOT="~/V-REP_PRO_EDU_V3_6_2_Ubuntu16_04"' >> ~/.bashrc #设置 VREP 文件夹目录为环境变量
echo alias vrep=~/V-REP_PRO_EDU_V3_6_2_Ubuntu16_04/vrep.sh >> ~/.bashrc #设置运行程序别名 vrep
source ~/.bashrc
```

5.2.3　启动

回到安装文件，进入文件夹，输入以下指令：

```
vrep
```

CoppeliaSim 启动，如图 5.3 所示。

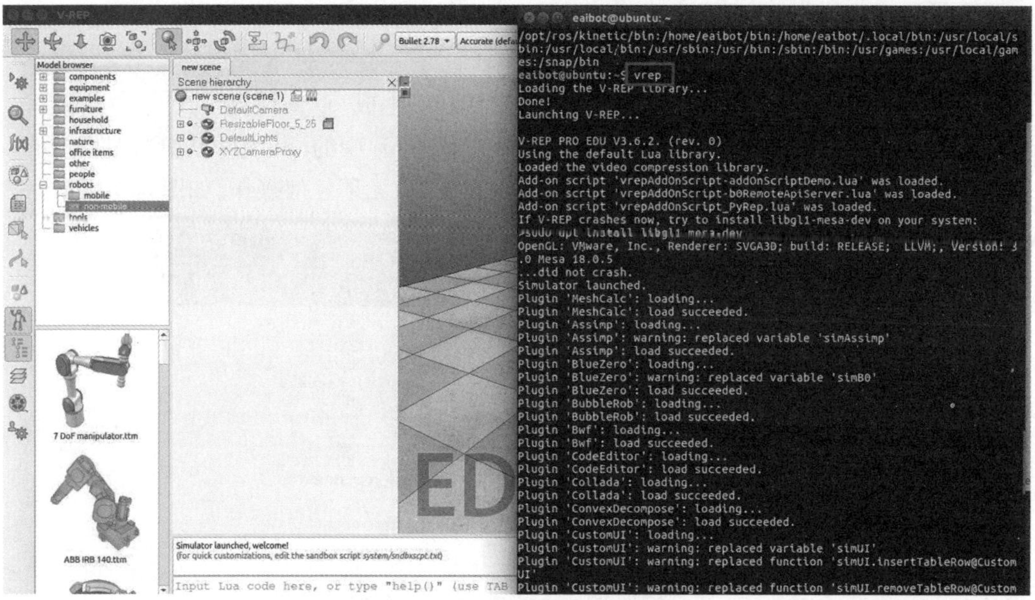

图 5.3 CoppeliaSim 启动界面

5.2.4 与外部应用通信

CoppeliaSim 提供以下模式用于从外部应用控制仿真机器人。

(1)Remote API:CoppeliaSim 远程 API 由若干函数组成,这些函数可以由 C/C + + 、Python、Lua 或者 Matlab 开发的外部应用调用。远程 API 与 CoppeliaSim 交互使用套接字通信。为了将 ROS 和仿真场景连接起来,可以将 CoppeliaSim 远程 API 集成到 C + + 或者 Python 节点中。用户可以在 Coppelia Robotics 网站上:https:// www. coppeliarobotics. com/helpFiles/en/ remoteApiFunctions. htm。找到 CoppeliaSim 中所有可调用的远程 API。要使用远程 API,就必须同时实现客户端和服务器端。

①CoppeliaSim 客户端:客户端位于外部应用中。它可在 ROS 节点中实现,也可在由 CoppeliaSim 支持的编程语言所编写的标准程序中实现。

②CoppeliaSim 服务器端:服务器端由 CoppeliaSim 脚本实现。它允许仿真器接收外部的数据来与仿真场景进行交互。

(2)RosPlugin:CoppeliaSim 的 ROS 插件实现了一个高级抽象,可直接将仿真物体与场景和 ROS 通信系统连接起来。使用此插件,用户可以自动使用订阅的消息,并发布来自场景物体的话题,从而获取信息或控制仿真机器人。

(3)RosInterface:最新版的 CoppeliaSim 中引入了 RosInterface,在以后的版本中该接口将替换 RosPlugin。与 RosPlugin 不同,该模块复制 C + + API 函数,从而允许 ROS 与 CoppeliaSim 通信。

RosInterface 是 CoppeliaSim 官方推荐的用来跟 ROS 通信的插件。本书中,将讨论如何使用 RosInterface 与 CoppeliaSim 进行交互。

对于不同版本的 CoppeliaSim，启用 RosInterface 有一定区别，但是基本一致。

①对于低版本，可能需要使用者从源码进行编译，生成.so 文件。

②对于高版本使用者需要将安装文件下 compiledRos 中的.so 文件复制到根目录下。本书选用 3.6.2 版本，.so 文件已放置于根目录下，无须任何操作，如图 5.4 所示。

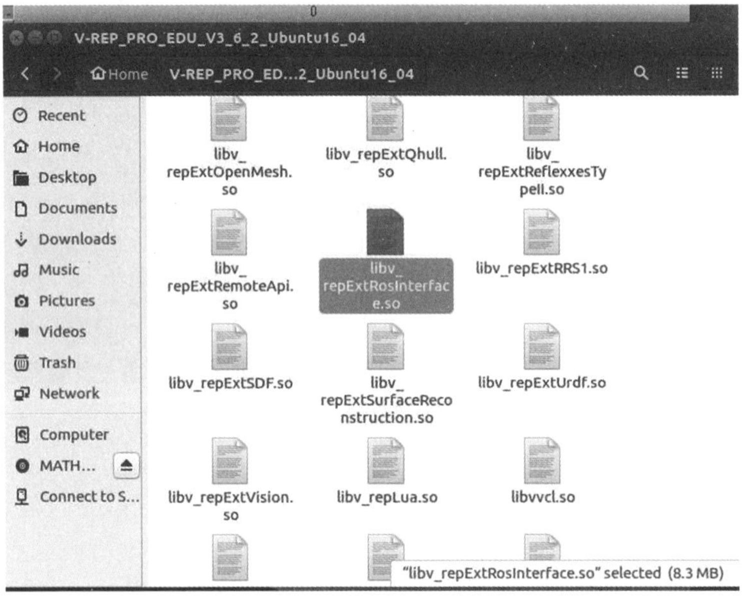

图 5.4　RosInterface 文件

RosInterface 是 CoppeliaSim API 框架的一部分，由 Federico Ferri 提供。要确保不要将 RosInterface 与 RosPlugin 混淆，后者是 CoppeliaSim 中较旧的，已弃用的接口。RosInterface 具有很好的保真度，它复制了 C/C++ ROS API。这使其成为通过 ROS 进行非常灵活的通信的理想选择，但可能需要了解更多消息和 ROS 的运行方式。

CoppeliaSim 可以充当 ROS 节点，其他节点可以通过 ROS 服务、ROS 发布者和 ROS 订阅者与之进行通信。

启动 CoppeliaSim 时会加载该插件，但是只有当 roscore 正在运行时，加载操作才会成功。确保检查 CoppeliaSim 的控制台窗口或终端以获取有关插件加载操作的详细信息。如图 5.5 所示。

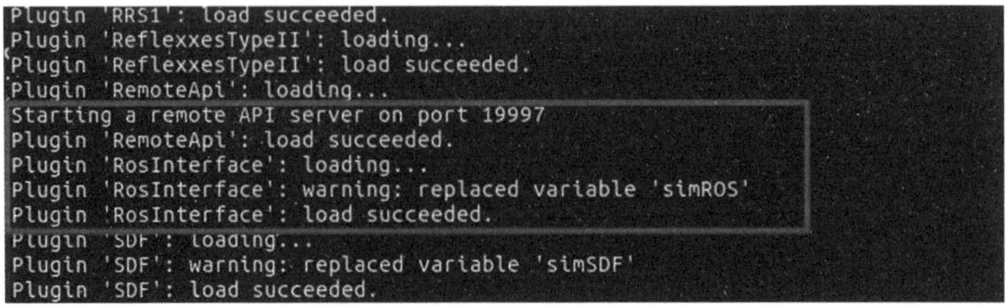

图 5.5　ROS 加载成功

5.3 CoppeliaSim 的简单使用

前文中讲述了如何下载和安装 CoppeliaSim 到计算机中。在本节中将熟悉软件的基本使用方法。

5.3.1 软件启动界面

与大多数开发软件一样，CoppeliaSim 软件的主界面分为几个部分，如图 5.6 所示。

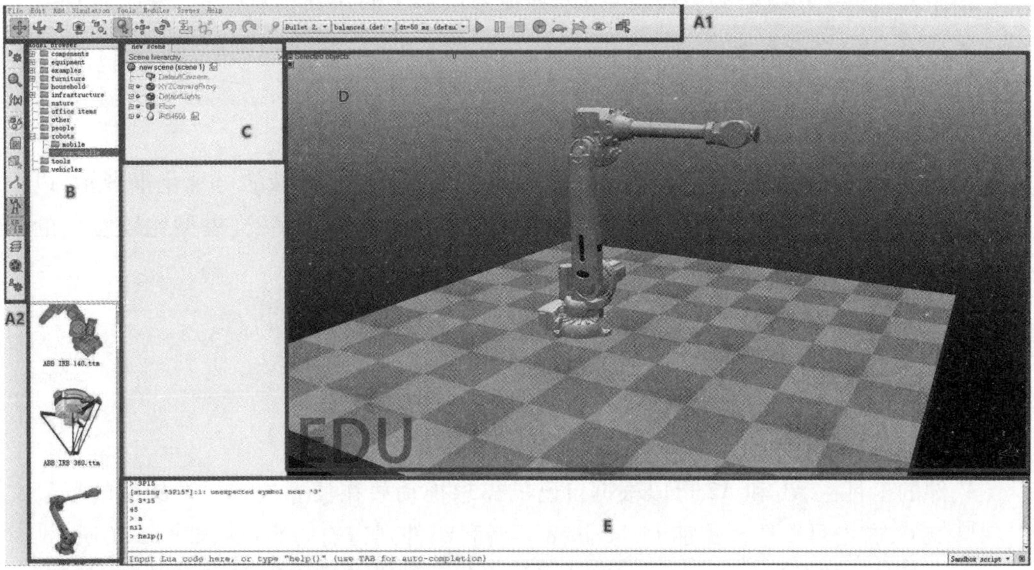

图 5.6 软件界面

A1：顶部菜单栏和工具栏。其中，工具栏中的选项是一些对环境和模型的基本操作，包括视图转换、视图放大缩小、机器人模型的平移、旋转等，还包括物理引擎的选择、仿真程序的启动、暂停和加减速等基本功能。

A2：侧边栏工具栏用于展开/隐藏模型文件树和场景文件树(Scene)。Scene 是一个工程环境，使用新建 Scene 来新建仿真环境，在里面添加所需的模型即可。

B：模型文件树。用于管理和展示软件自带的各种模型以及自定义的模型，里面包括了各种现成的机器人模型和桌子、沙发、门等一些基本的模型组件，组合这些组件可以构造用户需要的仿真环境。

C：场景文件树(Scene)。用户每次执行一个仿真的任务时，所有的模型组件都被放置到这个文件目录下，在新建一个 Scene 时软件会自带一个 Camera 和 3 个基本模型：Floor、Light 和 Camera。

（1）Floor 就是一个放置模型的“地板”。

因为 CoppeliaSim 是一个物理仿真环境，所有有质量的物体在该环境中都会受到重力的作用，如果没有 Floor，模型就会“掉下去”，大家可以试着拖动一个模型到 Floor 以外的区域，然后单击开始试一试。

（2）Light 就是光源。

在三维场景中，如果没有光源，就无法看见物体，也没有立体的感觉，所以需要光源。更重要的，如果用户要在仿真环境中使用光学类传感器（如 Camera），没有光源是无法使用的。用户可以根据需要自行添加 Light，包括点状的、线性的光源等。

（3）Camera 就是摄像机。

用于在机器人仿真时候，从各个角度来观察机器人的运动仿真情况，默认的 Camera 包含了从 $X-Y-Z$ 坐标系的各个平面进行观察的 Camera，也可以同时进行多个窗口的观察，这一点在后文中会看到。

（4）仿真环境的可视化。

所有的模型在实际仿真过程中是如何运动的都要通过该区域的可视化来展示，以便用户直观地观察。当然，渲染复杂的三维模型需要的计算比较多，当模型比较复杂的时候用户可以通过关闭可视化来提升仿真的速度。

（5）状态栏。

用于显示当前仿真环境的状态。

5.3.2 一些基础操作

软件的工具栏 A1 和 A2 可以根据自己的需求拖动放在任意位置。在软件的场景文件树区域 C，右击可以选择添加 Light、Joint 等各种组件到当前的 Scene，如图 5.7 所示。

在软件的可视化区域 D，右击可以选择可视化的模式，如是否显示网格线等，如图5.8 所示。

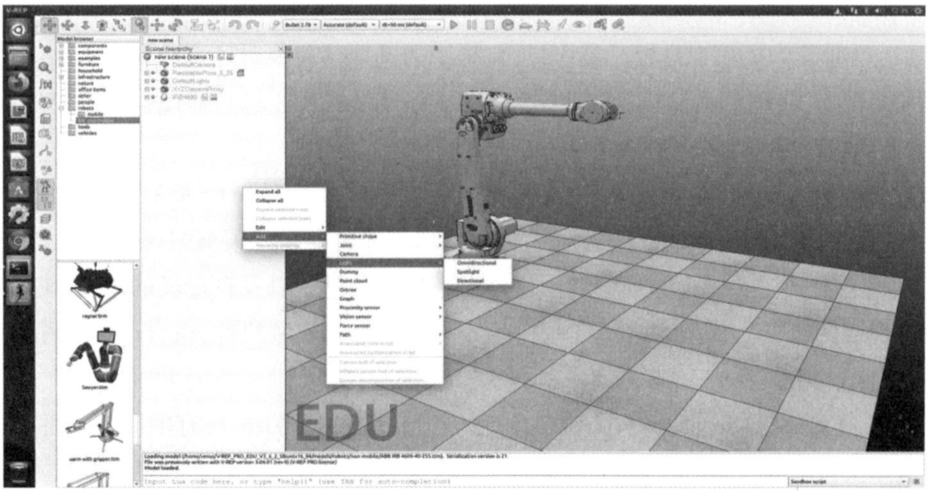

图 5.7　添加组件

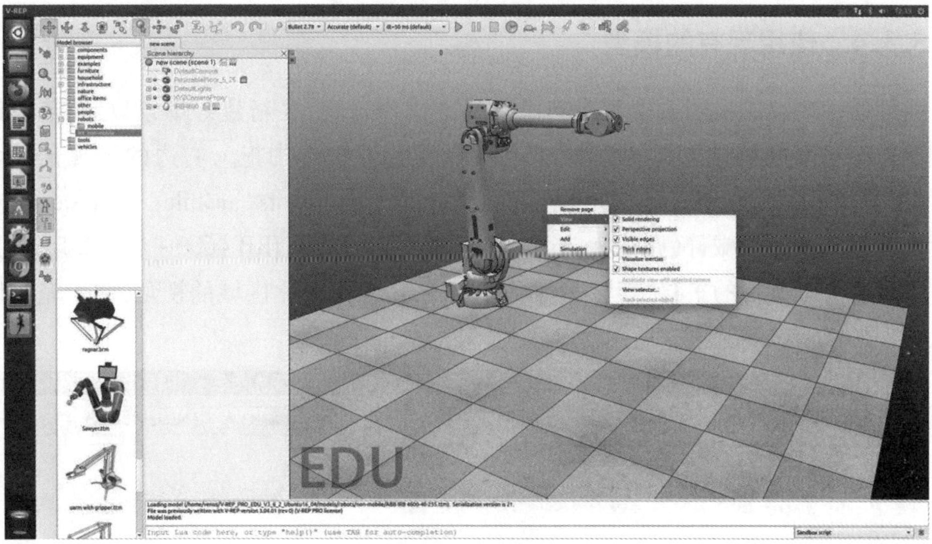

图 5.8　可视化选择

5.3.3　场景介绍

场景(Scene)是一个基本的工程环境,相当于一个容器,在这个容器里面放置各种模型来进行仿真。新建、保存和关闭当前场景在菜单栏可以找到,场景文件后缀名为.ttt,名字可以自行设定,保存位置也可以自定义。所有加入仿真环境的模型和传感器等都会在场景中展现,所以在实际仿真操作过程中,场景是一个基本操作台,如图 5.9 所示。

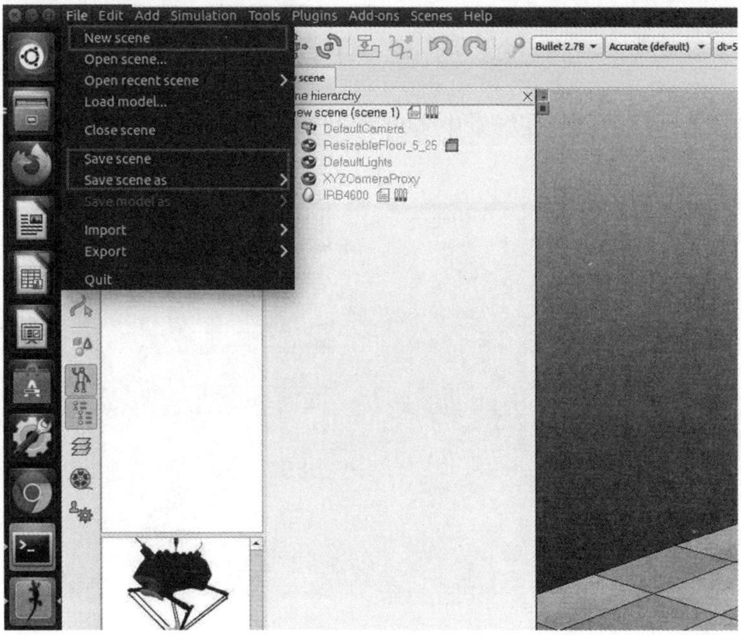

图 5.9　scence 工程环境

5.3.4 使用现有的模型

我们使用现有的机器人模型来熟悉软件的操作过程，在新建好场景以后，从左边的模型文件树里面选择要仿真的模型，直接使用鼠标左键选中拖入右边的可视化区域即可，这里选择了一个移动式的多足爬行机器人（路径为：robots/ mobile/ant hexapod. ttm）和一个非移动式的机械臂（路径为：robots/non - mobile/ABB IRB 4600 - 40 - 255. ttm）。

可以通过工具栏的平移、旋转、缩放等按钮来转移可视化区域的视角，便于完整地观察机器人的模型，如图 5. 10 所示。

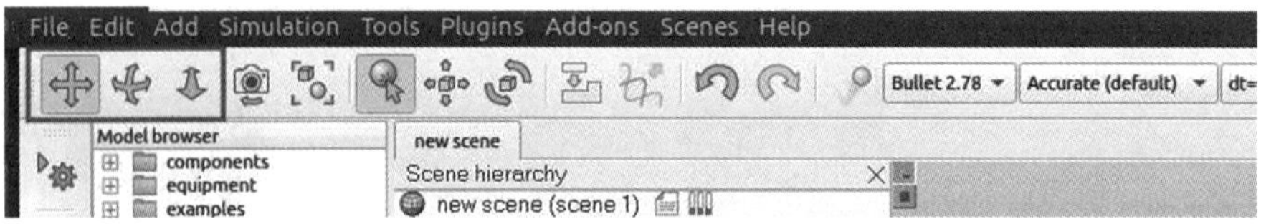

图 5. 10 转移可视化区域的视角

放置好机器人模型以后，如果觉得机器人放置的位置不是很好，可以通过工具栏的模型平移、旋转等操作来移动机器人模型，确保机器人处于一个比较好的位置和姿态，如图 5. 11 所示。

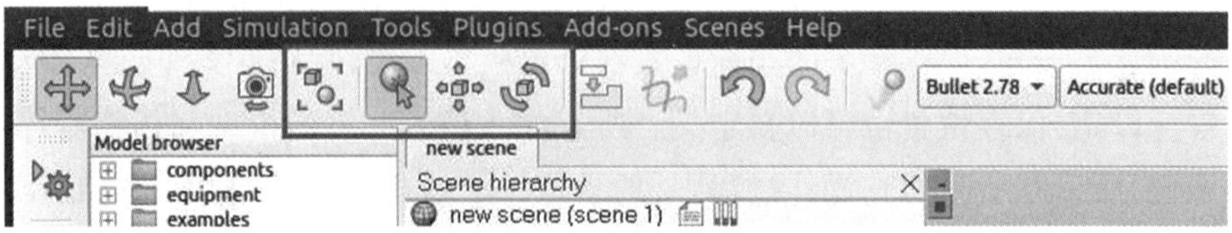

图 5. 11 调整姿态

一切就绪以后可以发现，在场景中多出来 2 个模型文件，它们分别对应刚刚加入的 2 个模型，如图 5. 12 所示。

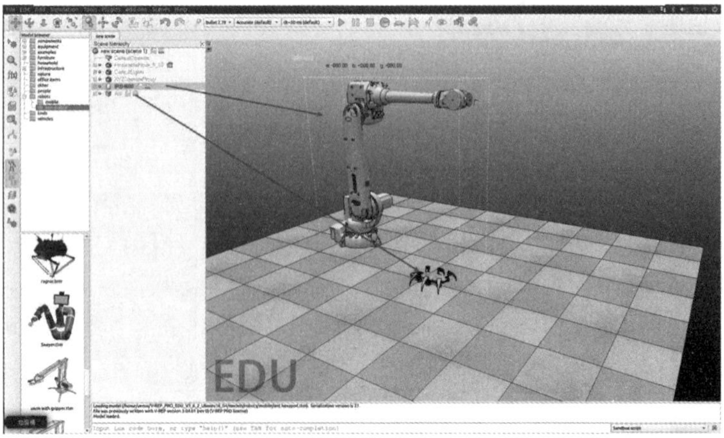

图 5. 12 ABB 4600 & ANT

单击模型文件左边的加号,可以展开模型文件。单击模型文件中对应的部分,CoppeliaSim 软件会指示该部分文件对模型的哪一部分,如图 5.13 所示。

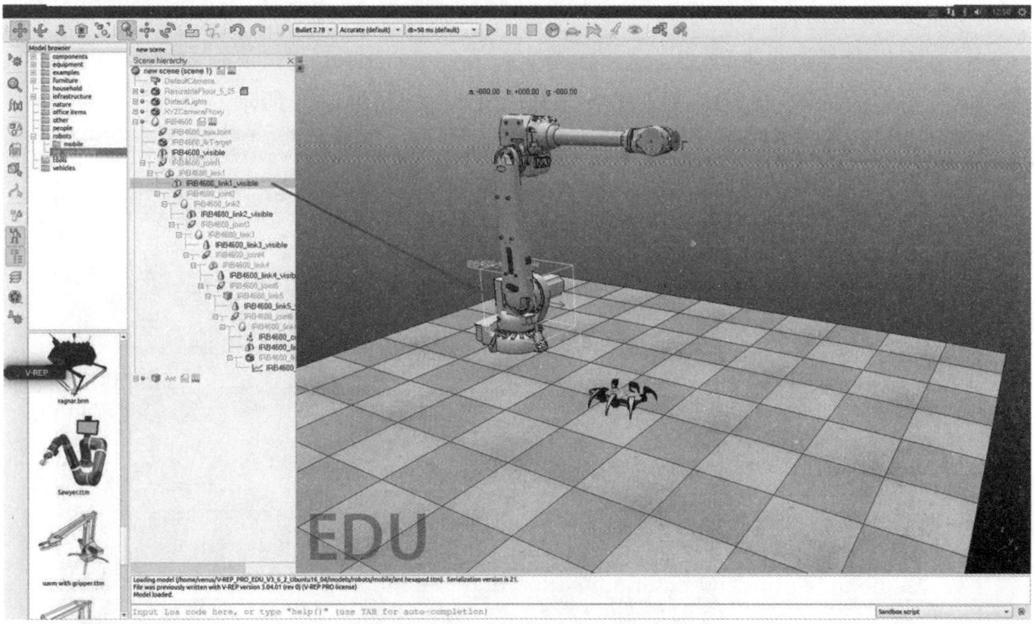

图 5.13 ABB 被选结构显示

此外,双击场景文件树中对应模型名称后面的那个文件符号,可以获取得到该模型的控制代码,使用 Lua 语言编写。如果是想要使用 Lua 语言编写自己的控制代码,可以在此处编写。

5.3.5 仿真过程

由前面的步骤可知,已经新建好了自己的仿真环境,加载了对应的模型,接下来就可以利用模型自带的控制代码进行仿真了。首先熟悉一下工具栏中跟仿真相关的部分,如图 5.14 所示。

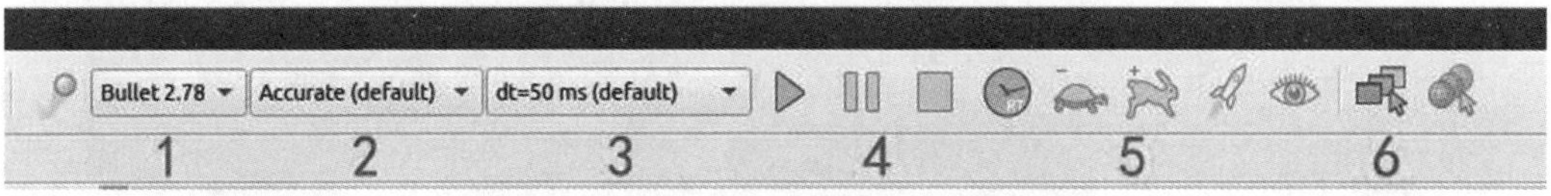

图 5.14 仿真界面

①物理引擎的选择。CoppeliaSim 自带 Bullet、ODE、Newton 等几种基本的物理引擎,用户可以自行选择,对于初学者来说,这几个物理引擎的差别不大,默认即可。

②仿真精度。由于高精度的仿真计算和跟踪过程需要消耗大量的计算力,因此用户可以根据自己的需求选择合适的精度,初学者默认即可。

③仿真周期。即仿真循环的时间周期,不同的时间对应不同的仿真速度,初学者默

认即可。

④开始/暂停/停止。

⑤加速/减速仿真过程。

⑥多窗口观测仿真过程。

单击仿真后，可以看到机械臂及机器人开始运动，如图 5.15 所示。

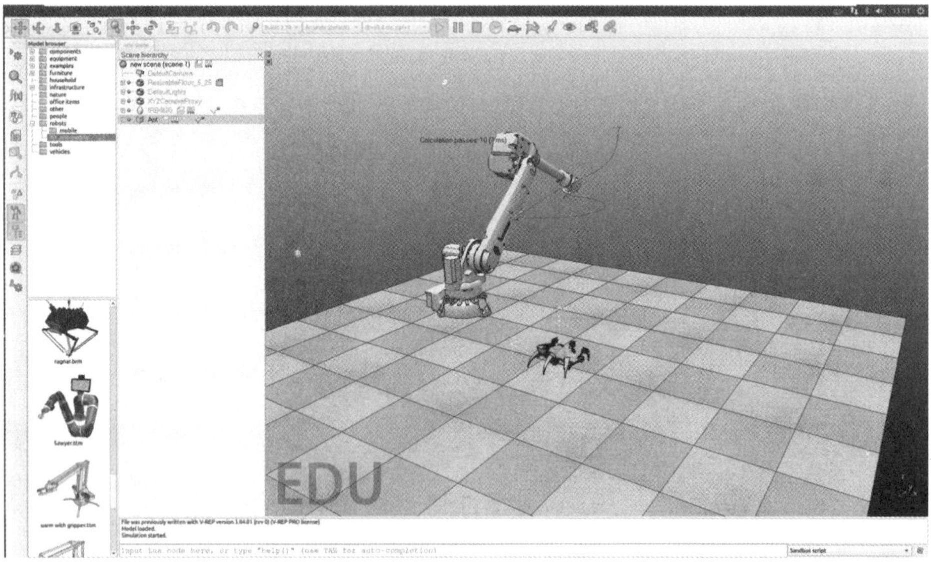

图 5.15　仿真效果

同理再以 DobotMagician. ttm 为例运行仿真。

启动 vrep 后会进入一个新的默认场景，将该模型拖入右侧场景内，点击 Start 运行仿真即可，如图 5.16 所示。

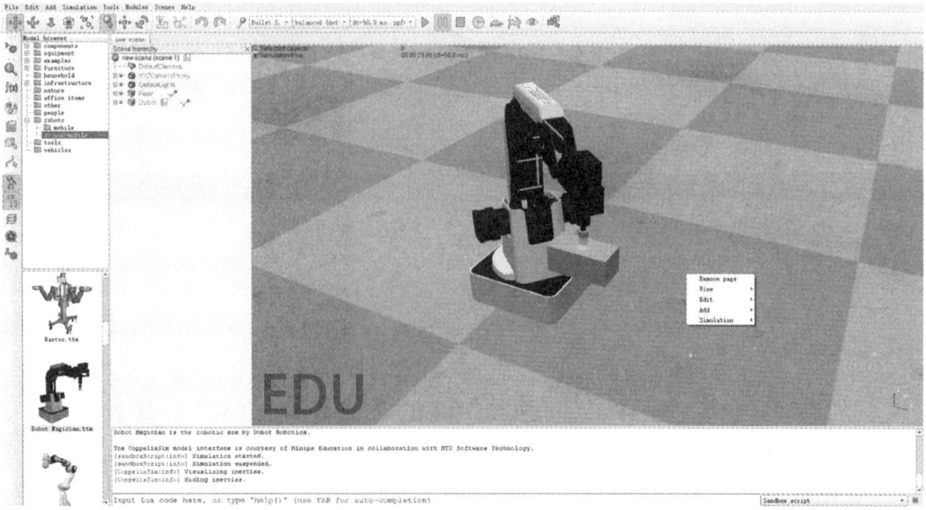

图 5.16　dobot 机械臂仿真

下面可以通过调整一些配置和修改脚本来实时查看修改后的结果,如图 5.17 所示。

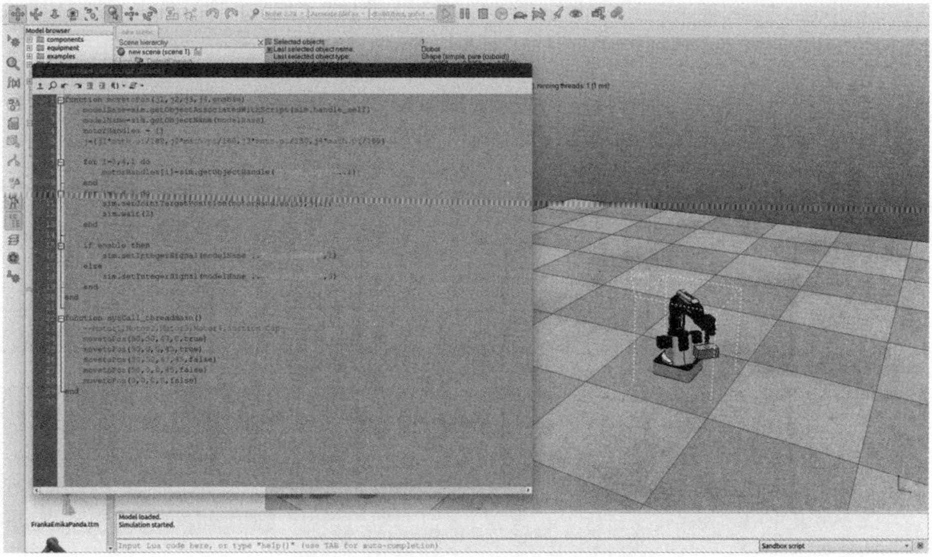

图 5.17 dobot 机械臂程序修改

到此为止,CoppeliaSim 软件的基本使用过程已经介绍完了,更多关于 CoppeliaSim 的使用说明,读者可以通过以下网址查看 CoppeliaSim 的官方手册,网址如下:

https:// www. coppeliarobotics. com/helpFiles/ index. html。

5.4 CoppeliaSim 仿真实践

5.4.1 BubbleRob 机器人初探

本实践通过设计简单的移动机器人 BubbleRob 来介绍更多的 CoppeliaSim 功能。与本实践相关的 CoppeliaSim 场景文件位于软件安装目录 →【tutorials】→【BubbleRob】→【bubbleRob. ttt】。图 5.18 呈现了即将设计的模拟场景。

由于本实践涉及许多方面,因此请务必学习其他教程,主要是有关构建模拟模型的教程。

首先,重新打开 CoppeliaSim,模拟器显示一个默认场景,下面将从 BubbleRob 的结构创建开始。使用【Menubar】→【Add】→【Primitive shape】→【Sphere】向场景中添加一个直径为 0.2 m 的原始球体。将 X 大小项目调整为 0.2,然后单击 OK,如图 5.19 所示。

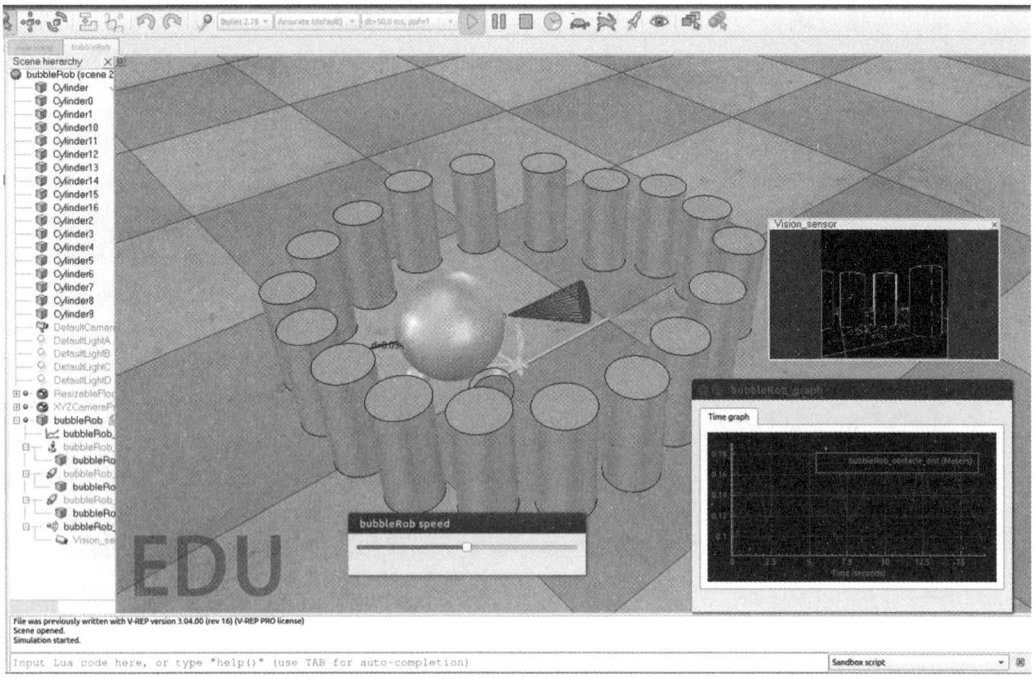

图 5.18　BubbleRob 机器人

默认情况下，如图 5.20 所示。创建的球体将显示在可见性图层 1 中，并且是动态且可响应的（因为启用了“创建动态和可响应形状”项）。其含义是小球具有物理特性，它会受到重力影响碰撞反应等特性。

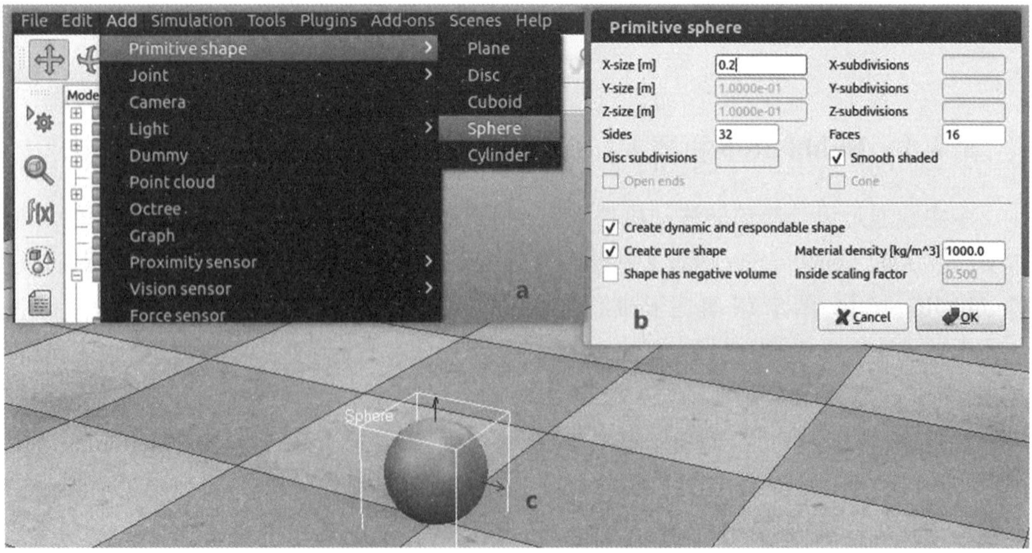

图 5.19　创建小球

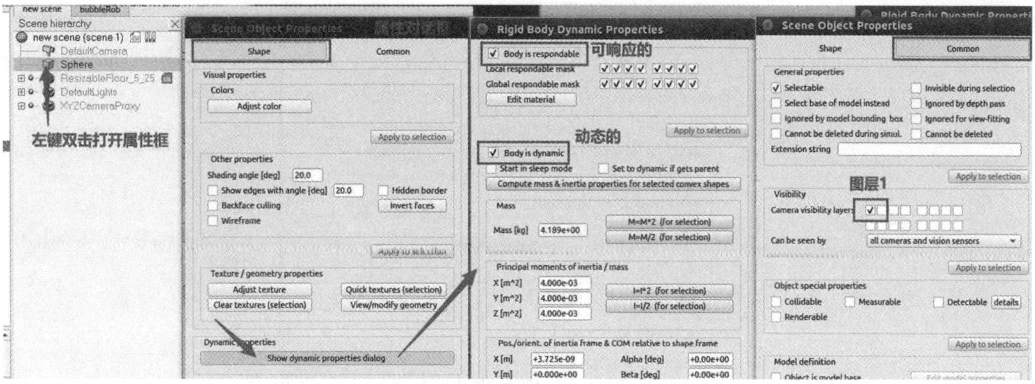

图 5.20 小球默认创建属性

启动模拟(通过工具栏按钮,或按下场景窗口中的【Ctrl】+【Space】),然后鼠标选中小球,复制并粘贴创建的球体(使用【Menubar】→【Edit】→【Cope selected objects】,然后依次点击【Menubar】→【Edit】→【Paster buffer】,或者按下【Ctrl】+【C】和【Ctrl】+【V】组合键):两个球体将对碰撞做出反应,如图 5.21 所示。接下来停止模拟:复制的球体将自动删除。

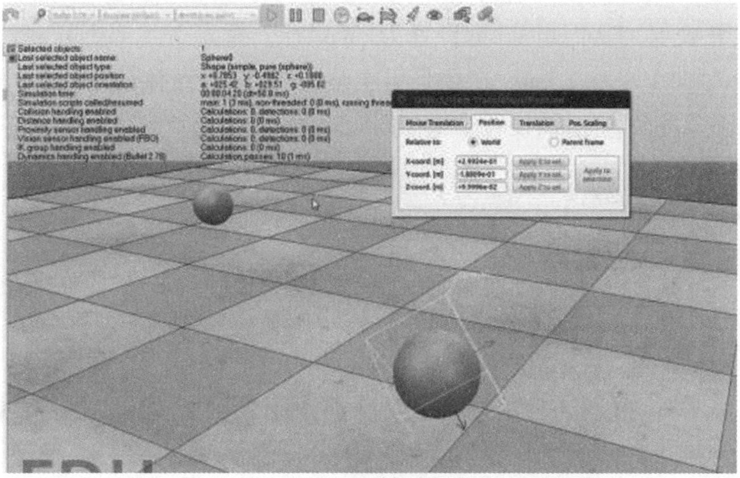

图 5.21 两球碰撞反应

另外,小球还可以设置其他属性(如距离计算)。因此,在该形状的对象公共属性中启用可碰撞、可测量、可渲染和可检测的选项,可按如图 5.22 所示的提示勾选这些选项。如果需要,还可以在形状属性中更改球体的视觉外观。

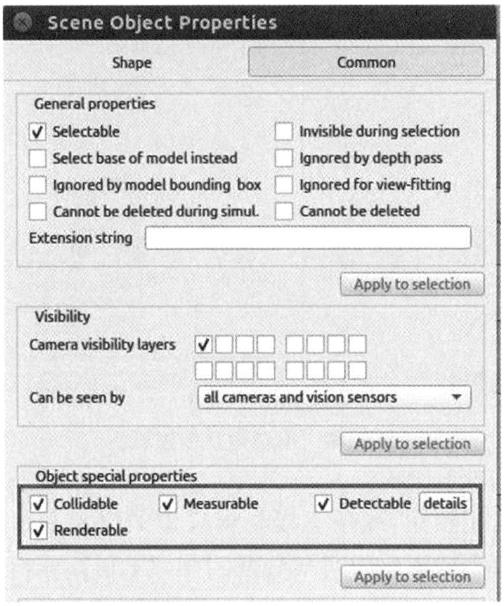

图 5.22　可碰撞、可测量、可渲染和可检测属性

接下来，在小球被选中的状态下，在平移选项卡上打开位置对话框，然后在“Along Z”项输入 0.02，并确保“Translation”项设置为“World”。再点击 Translate selelection 按钮。此时小球沿 Z 轴向上平移 2 cm。在场景层次结构中，双击球体的名称，输入 BubbleRob 并按回车键，小球重命名完成，设置结果如图5.23所示。

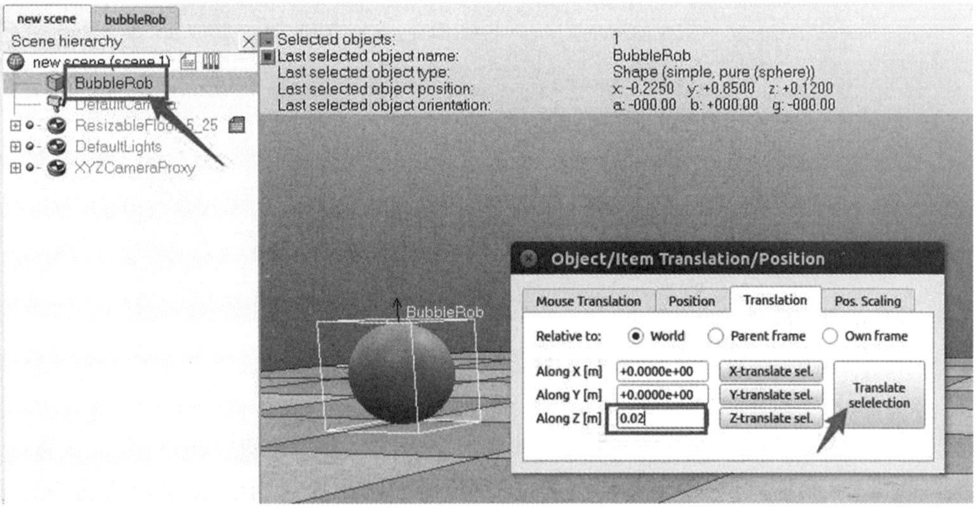

图 5.23　BubbleRob Z 轴位置上移

接下来，将添加一个接近传感器，以便 BubbleRob 知道离障碍物的距离。依次选择【Menubar】→【Add】→【Proximity sensor】→【Cone type】。在旋转选项卡上的旋转页选框中，“围绕 Y”和“围绕 Z”项输入 90，然后单击 Rotate selection 按钮。在平移选项卡上

"Position"页选框上,X 坐标输入 0.1,Z 坐标输入 0.12。设置完成后如图 5.24 所示。

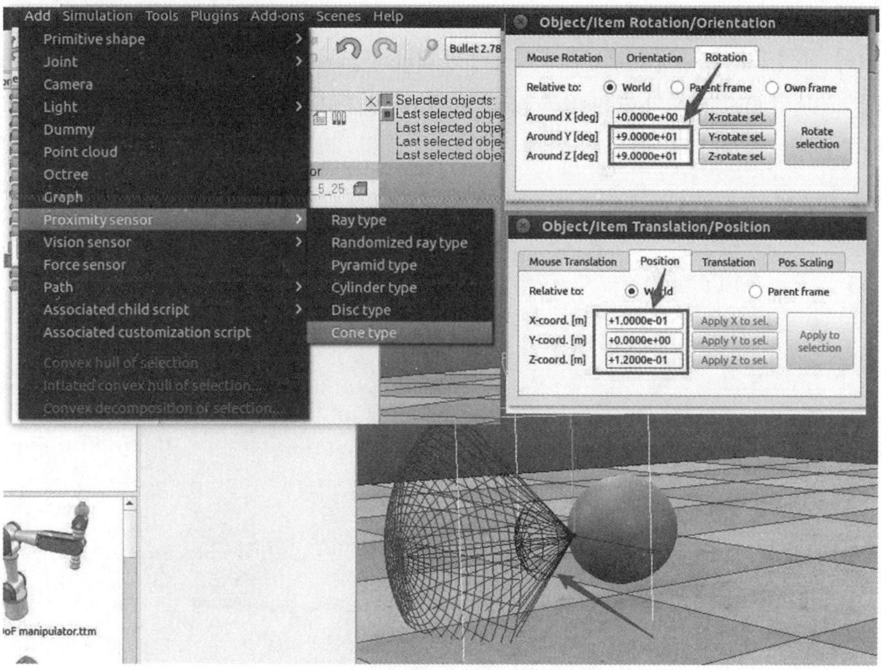

图 5.24　接近传感器位置参数

双击场景层次结构中接近传感器的图标,打开其属性对话框。单击"Show volume parameters"以打开接近传感器参量对话框。将偏移量调整为 0.0050,角度调整为 30.00,范围调整为0.1500。然后,在接近传感器属性中,单击显示检测参数。这将打开接近传感器检测参数对话框。取消选中"Dont allow detection if distance smaller than [m]"选项,然后再次点击 OK 关闭该对话框,如图 5.25 所示。

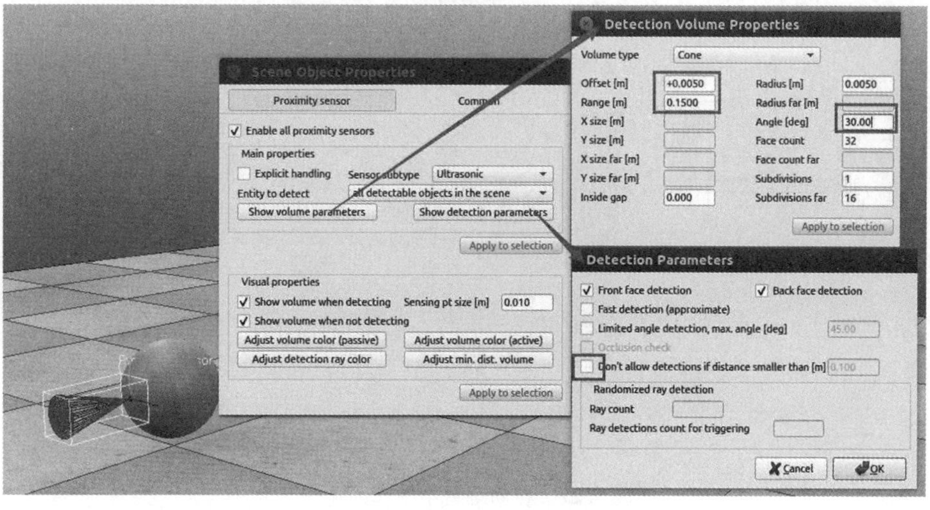

图 5.25　接近传感器属性参数

在场景层次结构中，双击接近传感器的名称，输入 bubbleRob_sensingNose，然后按回车键。鼠标点选 bubbleRob_sensingNose，然后按住 Ctrl 键，鼠标点选 BubbleRob，再依次单击【Menubar】→【Edit】→【Make last selected object parent】，传感器将连接到机器人的主体小球上。或者直接按住 bubbleRob_sensingNose 图标拖到场景层次结构中的 BubbleRob 上，结果如图 5.26 所示。

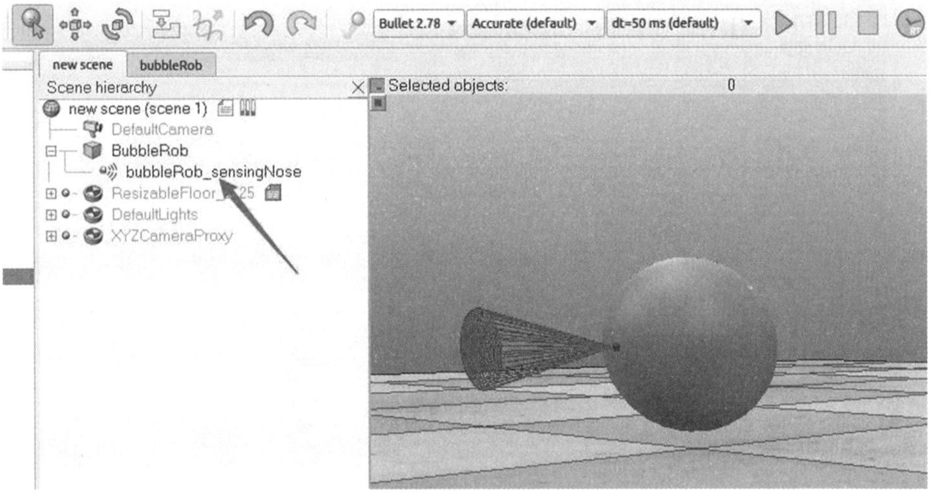

图 5.26　传感器连接机器人的主体

接下来，创建 BubbleRob 的车轮。依次鼠标点击【Menubar】→【File】→【New - scene】，创建一个新场景。然后，在场景中添加一个尺寸为(0.08,0.08,0.02)的圆柱体，在“Common”公共属性中启用 Collidable、Measureable、Renderable 和 Detectable。然后，将圆柱体的绝对位置设置为(0.05,0.1,0.04)，将其绝对方旋转向设置为(-90,0,0)，并将名字重命名为 bubbleRob_leftWheel。复制并粘贴轮子，并将副本的绝对 Y 坐标设置为 -0.1，重命名为 bubbleRob_rightWheel。结果如图 5.27 所示。

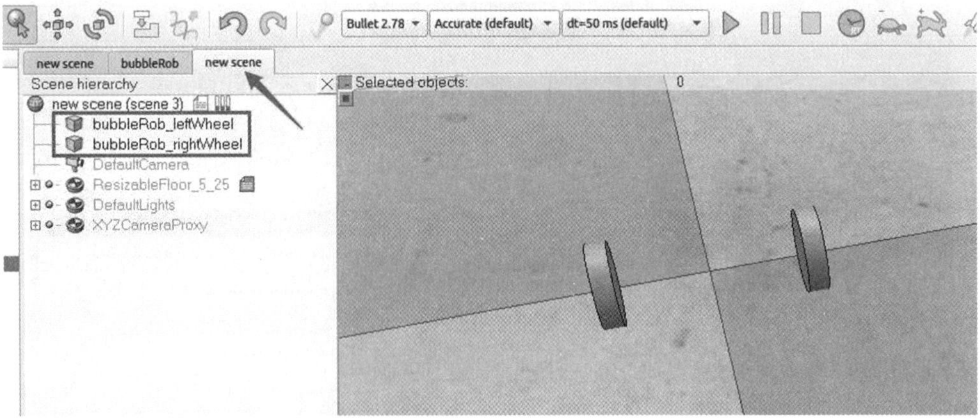

图 5.27　在新场景中制作的轮子

选择两个轮子，复制它们，然后切换回场景 1，再粘贴轮子。

接下来为车轮添加关节。依次点击【Menubar】→【Add】→【Joint】→【Revolute】，将关节添加到场景中。大多数情况下，当向场景中添加新对象时，该对象将出现在世界坐标系的原点。保持关节处于选中状态，然后按住 Crtl 选择 bubbleRob_leftWheel。在平移对话框的“Position”选项卡上，单击“Apply to selection”关节将定位到左轮的中心，如图 5.28 所示。

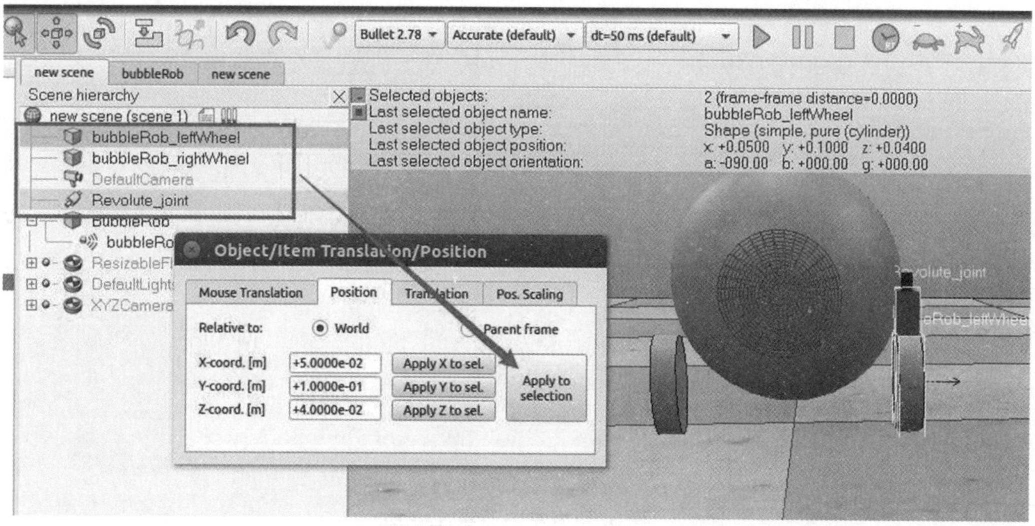

图 5.28 关节与轮子定位

然后，在旋转对话框的“Rotation”选项卡上，如图 5.29 所示执行操作，关节旋转轴将与左轮轴重合。

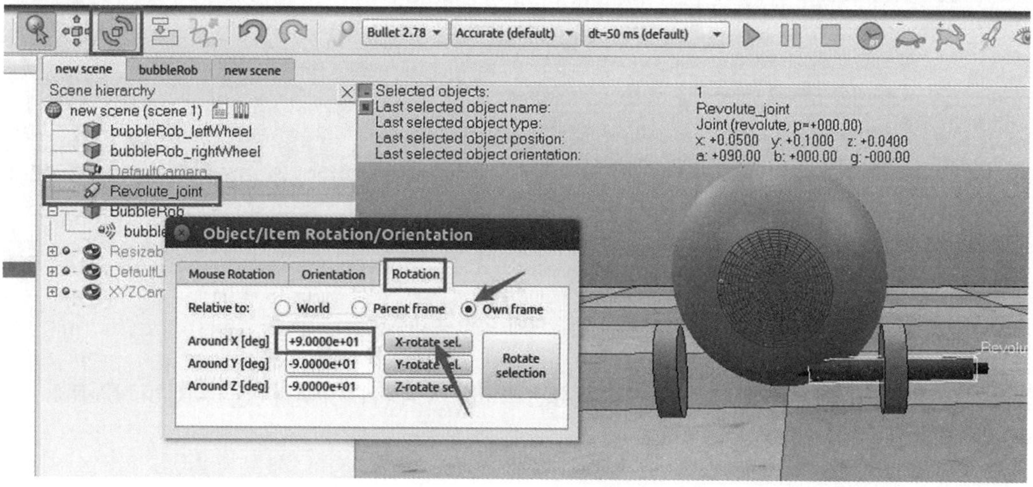

图 5.29 左轮关节定位

将关节重命名为 Revolute_leftMotor,然后,双击场景层次结构中的关节图标以打开关节属性对话框。再单击“显示动态参数”打开关节动力学属性对话框,如图 5.30 所示,勾选两个框,以启用电机、速度为 0 时锁住电机。

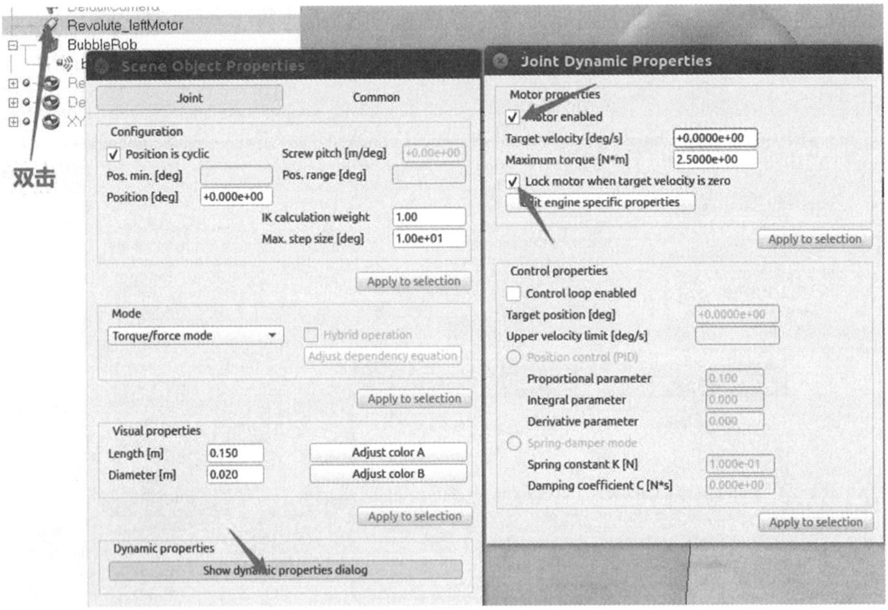

图 5.30　左关节属性设置

同理,对右边的关节重复相同的设置,先复制粘贴左关节,打开平移对话框,设置绝对位置 Y 轴坐标为 -0.1,并将关节重命名为 Revolute_rightMotor,如图 5.31 所示。

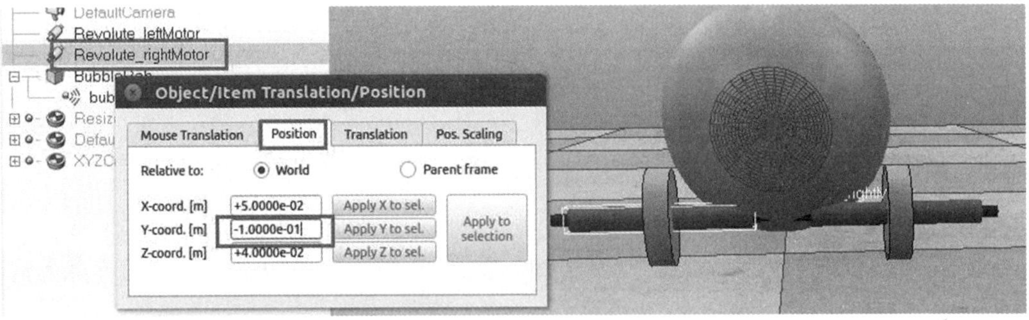

图 5.31　右关节属性设置

将左轮连接到左电机,将右轮连接到右电机,然后将两个电机连接到 BubbleRob,如图 5.32 所示。

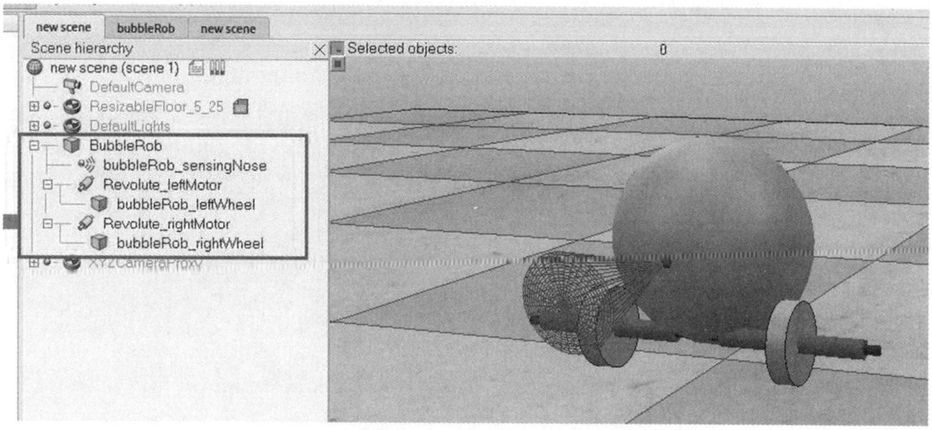

图 5.32　接近传感器、电机和车轮的关系

此时运行模拟，机器人会向后翻滚，因此需要给机器人底部做第三个支撑点，添加一个小滚球。新建一个场景，添加一个直径为 0.05 的球体，并设置该球体为可碰撞、可测量、可渲染和可检测，然后将其重命名为 bubbleRob_slider。在刚体动力学属性中将材质设置为 noFrictionMaterial，如图 5.33 所示。

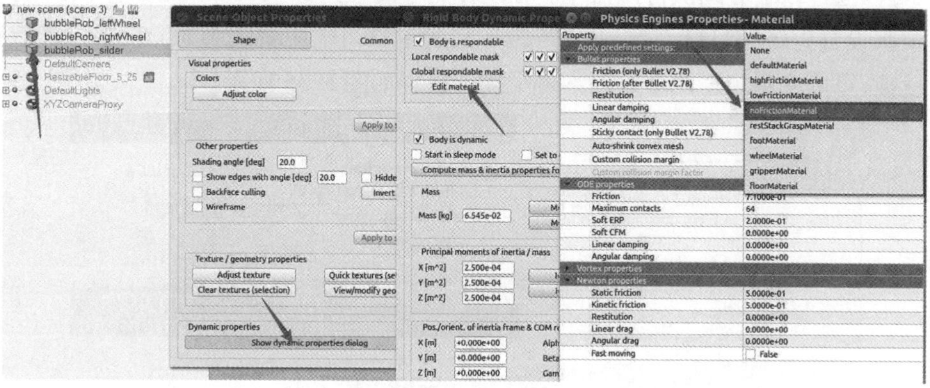

图 5.33　**bubbleRob_slider 属性**

为了将小滚球与机器人连接紧密，可以添加一个力传感器对象，依次点击【Menubar】→【Add】→【Force sensor】。将其重命名为 bubbleRob_connection，并将其向上移动 0.05，如图 5.34 所示。

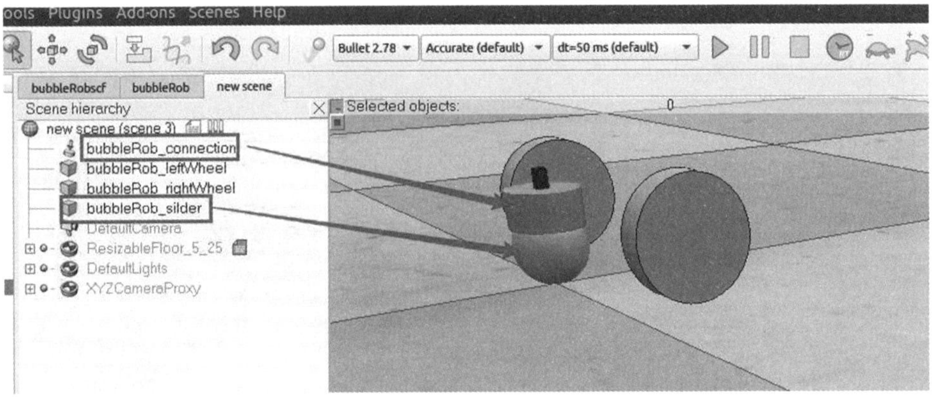

图 5.34 小滚球与力传感器对象

将小滚球连接到力传感器，然后复制这两个对象，切换回场景 1 并粘贴它们。再将两者沿 X 轴移动 -0.07，将其连接到机器人主体上。如果现在运行模拟，小滚球相对于机器人身体略有移动，这是因为两个物体(即 bubbleRob_slider 和 BubbleRob)相互碰撞。为了避免在动力学模拟过程中出现奇怪的效果，必须设置 CoppeliaSim 两个对象不会相互碰撞，可以通过以下方式执行此操作。在刚体力学属性中，对于 bubbleRob_slider，将局部响应蒙版设置为 00001111，对于 BubbleRob，设置局部可响应蒙版为 11110000。然后再次运行模拟，可以注意到这两个对象不再干扰。设置如图 5.35 所示。

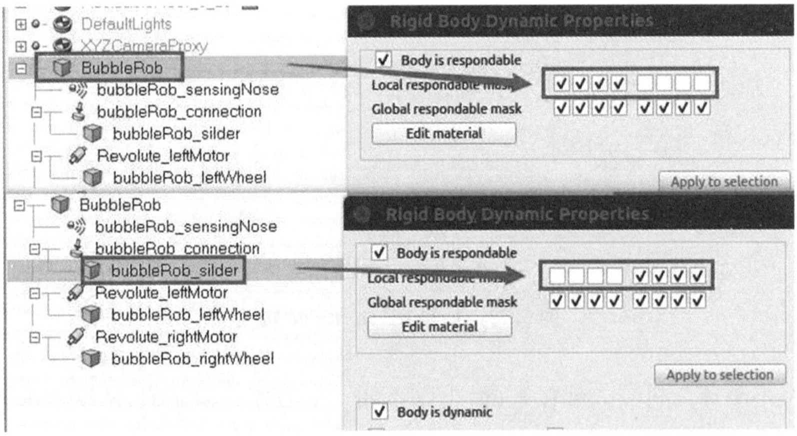

图 5.35 两刚体局部响应蒙版设置

再次运行模拟，并注意到 BubbleRob 略有移动，即使电机锁定也是如此。尝试使用不同的物理引擎运行仿真，结果也会有所不同。动态仿真的稳定性与所涉及的运动物体的质量和惯性密切相关。现在解决微移动的问题，先选择小滚球，然后在刚体动态对话框中单击三次 M = M * 2，使小球的质量乘以 8。如图 5.36 所示为 bubbleRob_silder 的结果。两个轮子的质量属性同样执行相同的操作，然后再次运行模拟，小车不再漂移。

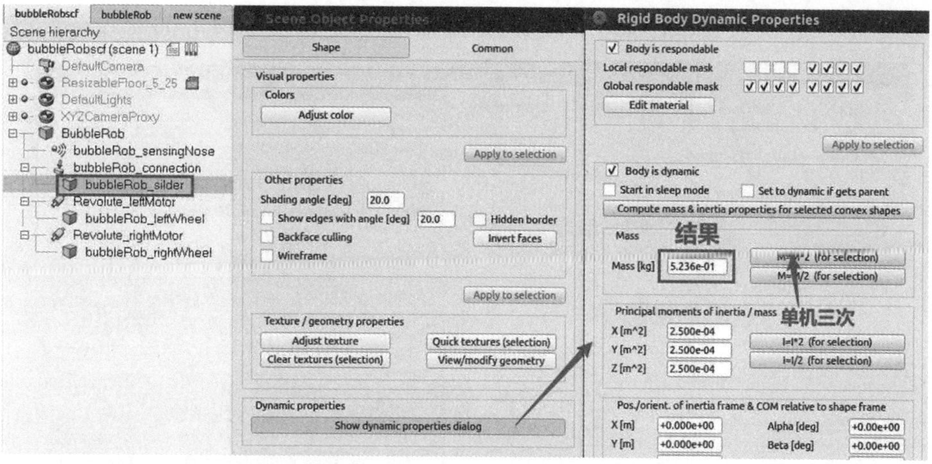

图 5.36 **bubbleRob_silder 质量增加至原来的 8 倍**

在关节动力学对话框中,将两个关节机的目标速度设置为 50。运行模拟,BubbleRob 将向前移动,最终从地板上掉下来。将两个电机的目标速度重置为 0,小车模拟时,静止不动。现在 BubblecRob 下的所有模型作为一个整体创建一个集合,对象通过该集合可以很方便的计算机器人与外界的物体之间的最小距离。依次点击【Menubar】→【Tools】→【Collections】,打开集合对话框。也可以通过单击左边工具栏按钮,打开该对话框。

其操作如图 3.57 所示。双击集合名称,并将其重命名为 bubbleRob_collection。

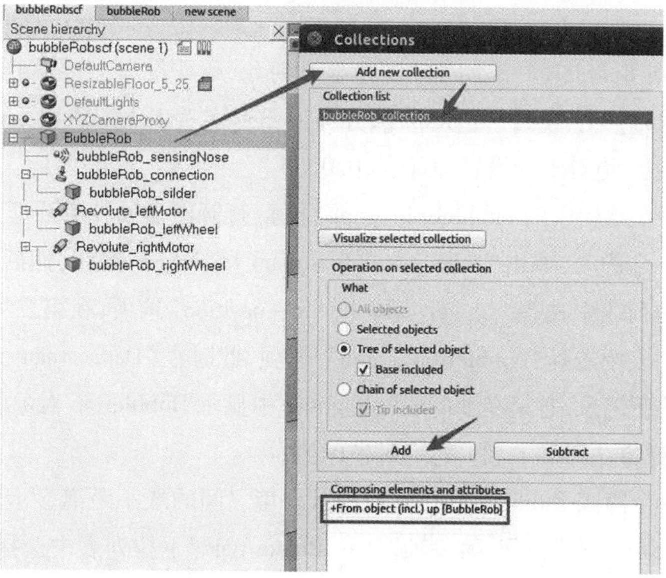

图 5.37 **bubbleRob_collection**

在这个阶段,希望能够跟踪 BubbleRob 和任何其他对象之间的最小距离。依次点击【Menubar】→【Tools】→【Calculation module properties】,点选"Distance"页选框。或者,

也可以使用左边工具栏按钮打开该模块对话框。余下操作如图 5.38 所示。

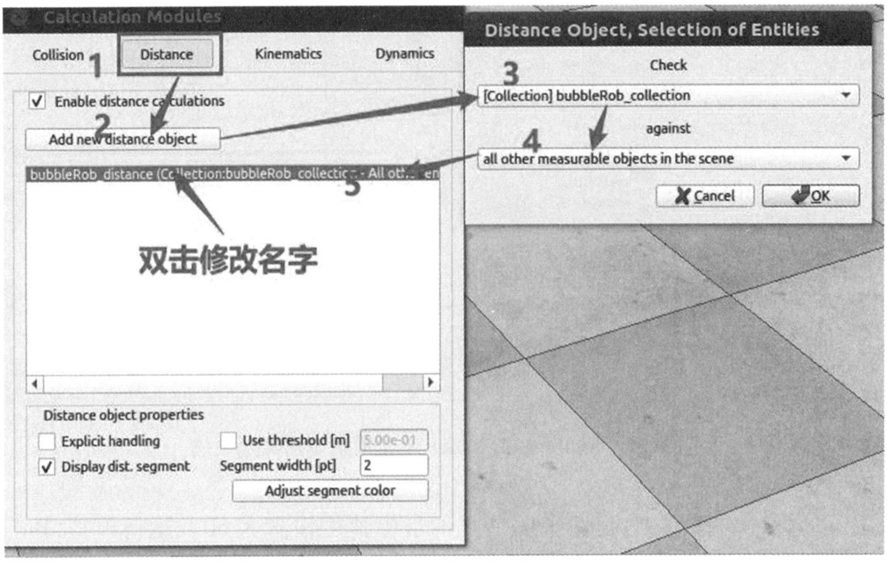

图 5.38　添加集合的距离对象

双击 distance，将其重命名为 bubbleRob_distance，然后关闭该对话框。此时运行模拟，不会看到任何差异，因为场景中没有其他可测量的对象。如果场景中添加一个物体，并设置物体可测量，最小距离就会显示。当然在本教程的后期阶段，会在场景中添加一些障碍。

接下来，将向 BubbleRob 添加一个图形显示对象，以跟踪其与外界物体的最小距离。我们单击【Menubar】→【Add】→【Graph】，并将其重命名为 bubbleRob_graph，设置图形附加到 BubbleRob 上，绝对坐标设置为(0,0,0.005)。

双击场景层次结构中的 bubbleRob_graph 图标，打开图形属性对话框，取消选中“Display XYZ - planes”选项，单击“Add new data stream to record”按钮，然后在第一项“Data stream type”下拉列表中选择“Object: absolute x - position”选项，在第二项“Object / item to record”下拉列表中选择“bubbleRob_graph” 选项，此时在“Data stream recording list”列表中出现了一条新记录，它是在 bubbleRob_graph 中显示 BubbleRob 对象的 x 坐标的绝位值。同理，以同样方法添加 y 和 z 的绝对坐标值。

继续添加一个跟踪 BubbleRob 机器人与其环境之间的最小距离显示选项，单击“Add new data stream to record”按钮，第一项“Data stream type”下拉列表中选择“Distance: segment length”选项，在第二项“Object / item to record”下拉列表中选择“bubbleRob_distance”选项。如图 5.39 所示。在“Data Stream recording list”中，现在将 Data 重命名为 bubbleRob_x_pos，将 Data0 重命名为 bubbleRob_y_pos，将 Data1 重命名为 bubbleRob_z_pos，将 Data2 重命名为 bubbleRob_obstacle_dist。为了在图形中只显示最小距离值，不显示 x、y、z 坐标值，需

依次在“Data Stream recording list”中，选择 bubbleRob_x_pos、bubbleRob_y_pos、bubbleRob_z_pos 选项后，在“Time graph properties”选项中把“Visible”选项前的勾取消。

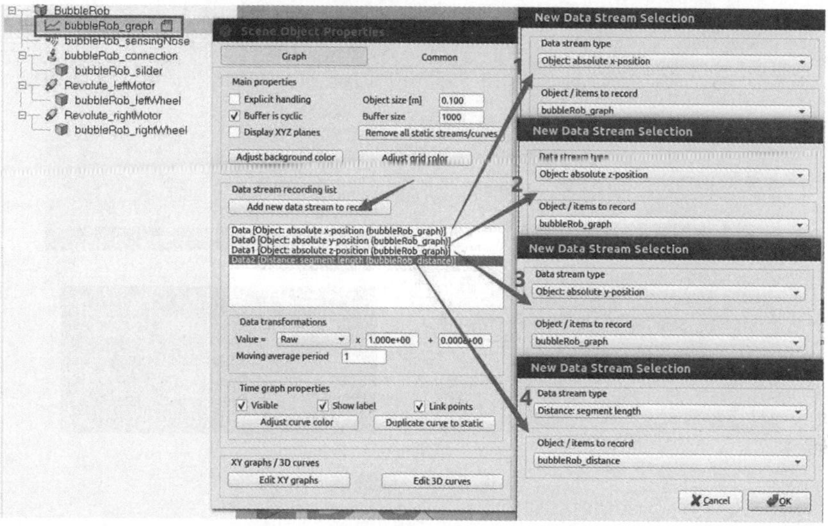

图 5.39　**bubbleRobGraph** 显示内容

接下来，设置一个显示 BubbleRob 轨迹的 3D 曲线，操作如图 5.40 所示，并将新添加的曲线由 Curve 重命名为 bubbleRob_path。然后，单击“Relative to world”选项，在“Curue with[pt]”后设置曲线宽度为 4。最后关闭与图形相关的所有对话框。

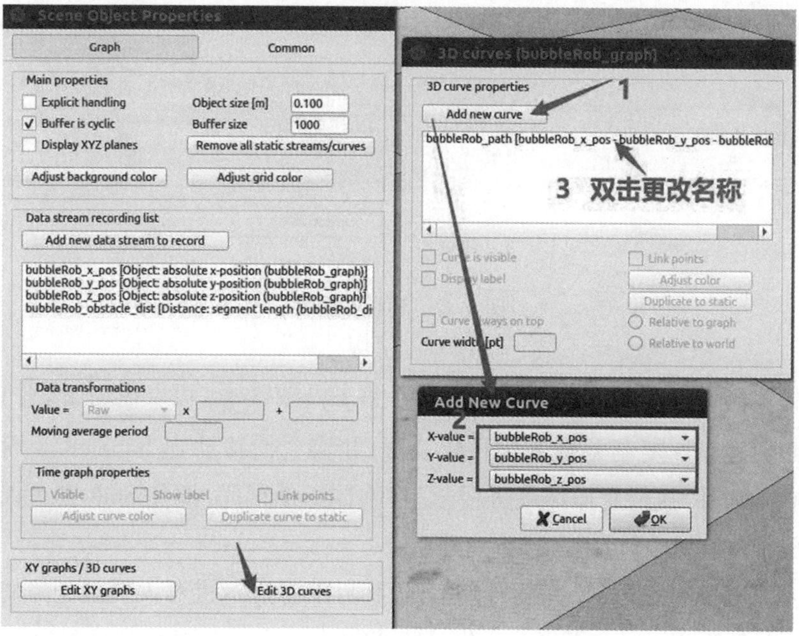

图 5.40　**BubbleRob** 轨迹的 **3D** 曲线设置

将电机目标速度设置不同值,运行模拟,并将看到场景中显示的 BubbleRob 轨迹线,如图 5.41 所示。然后,停止仿真并将电机目标速度重置为零。

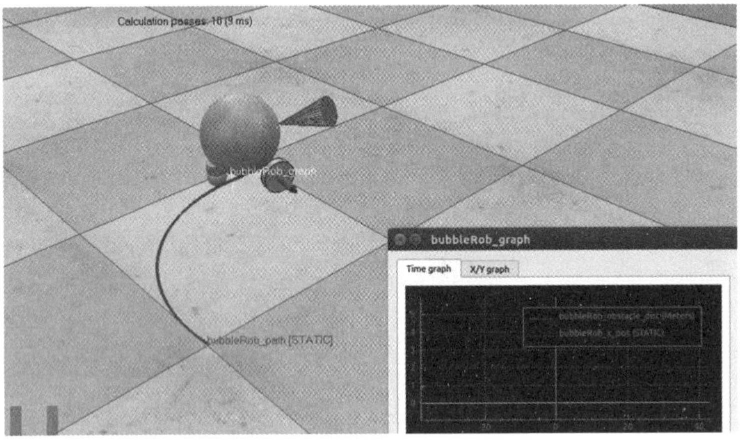

图 5.41　轨迹线

添加一个尺寸为(0.1,0.2)的圆柱体。设置这个圆柱体是静态的(即不受重力或碰撞的影响),但可碰撞响应的。在公共属性中设置可碰撞的、可测量的、可渲染的和可检测的,如图 5.42 所示。

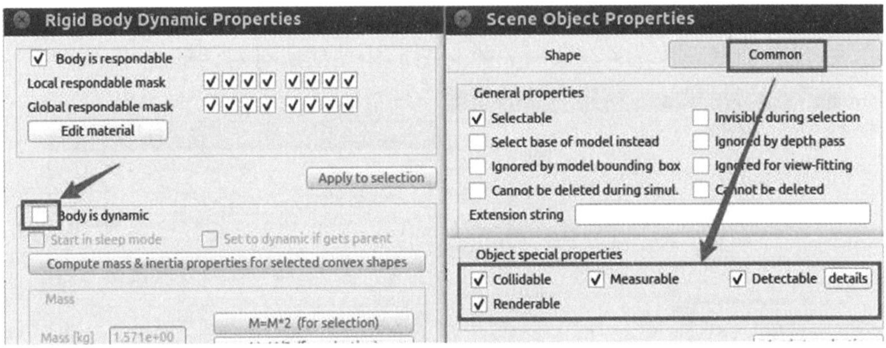

图 5.42　圆柱体属性

当圆柱体仍处于选中状态时,单击对象平移工具按钮,可以拖动场景中的任何点,圆柱体将跟随运动。复制并粘贴圆柱体几次,并将它们移动到 BubbleRob 周围的位置(从顶部查看场景时执行此操作最方便)。在物体移动期间,按住 Shift 键可以执行较小的偏移步骤,按住 Ctrl 键可沿 Z 轴方向移动。

设置左侧电机速度为 50,并运行模拟,仿真界面将显示机器人到最近障碍物的距离(图 5.43),并且距离线段在不停的变化,最后停止仿真并将目标速度重置为零。

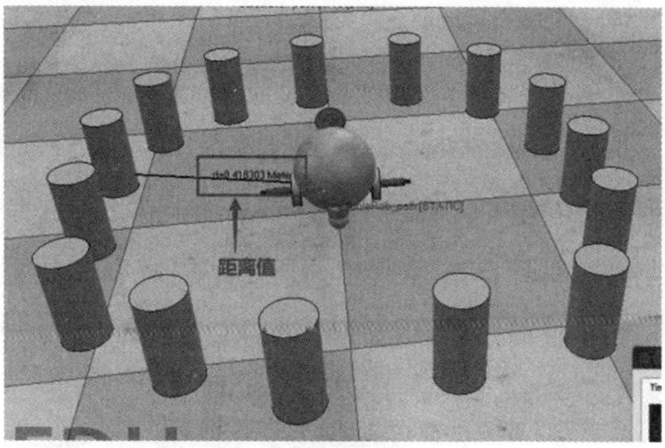

图 5.43　小车与障碍物之间的距离

接下来续继完善 BubbleRob 模型定义。选择 BubbleRob 小球对象作为模型基础，如图 5.44(a)所示，双击 BubbleRob 图标，打开属性对话框，在“Common”页选框中，勾选“Object is model base”选项，此时会在 BubbleRos 图标前出现一个小圆点图标。在“other”下面勾选“Object/model can transfer or accept DNA”选项。此时选中 BubbleRob 时，场景中会有一个虚线边界框，如图 5.44(b)所示，现在边界框包含了所有模型，边界过大，不利于仿真，因此要取消接近传感器和两个关节包含在内。同时选中两个关节和接近传感器，在“Common”页选相中勾选“Ignored by model bounding box”选项，再单击“Apply to selection”按钮，如图 5.44(c)所示，此时选中 BubbleRob，线框缩小，如图 5.44(d)所示。

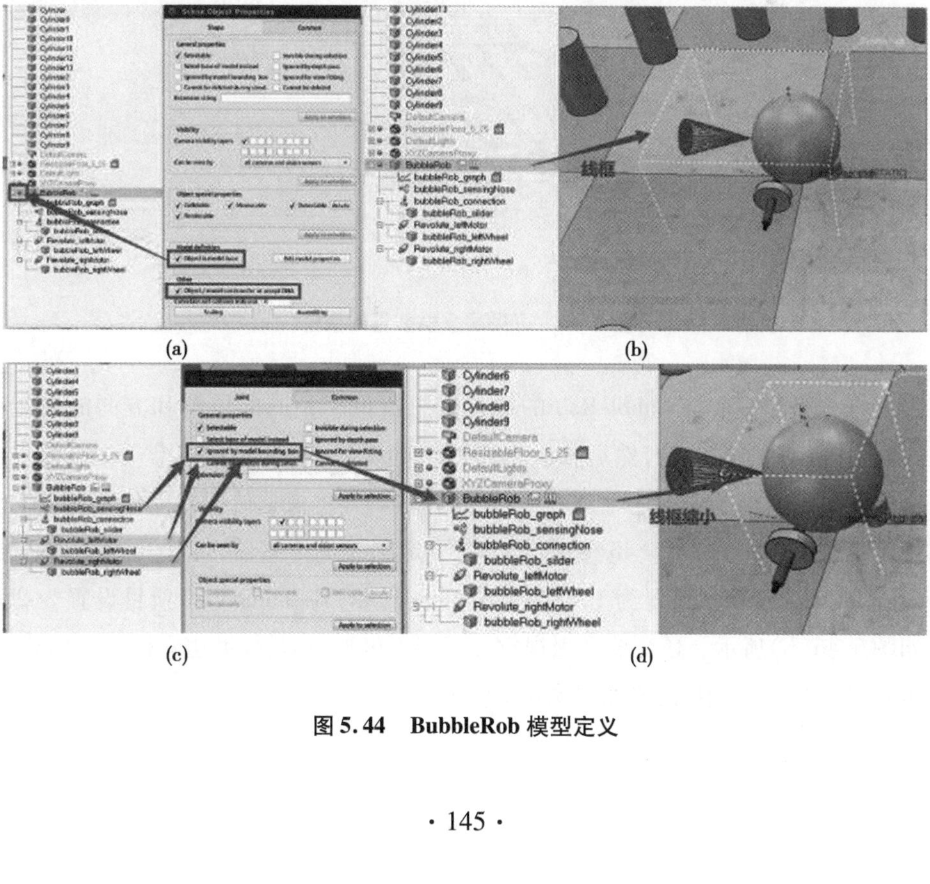

(a)　(b)　(c)　(d)

图 5.44　BubbleRob 模型定义

为了仿真外观更真实，需要隐藏两个关节和力传感器，点选两个关节和力传感器，取消可见层 2，勾选可见层 10，如图 5.45(a)所示。为了完成模型定义，选择接近传感器、两个轮子、小滚球和图形，然后启用“select base of modle instead”选项，如图 5.45(b)所示。如果在场景中选择模型中的以上对象，则自动选择整个模型，这是一种将整个模型作为单个对象进行处理和操作的便捷方法。此外，这种方法可以防止模型被无意修改。若要选中模型中的单个对象仍可通过按住 Ctrl + Shift 组合键单击选择即可，或者在场景层次结构中选择它们来选择单个对象。

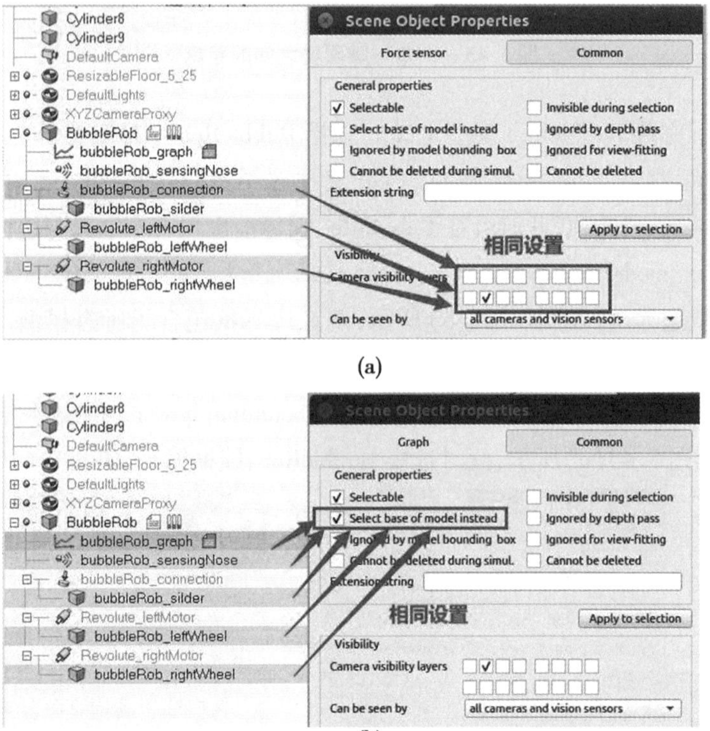

(a)

(b)

图 5.45　可见层及模型基础设置

接下来将添加一个与 BubbleRob 的接近传感器位于相同的位置和方向的视觉传感器。再次打开模型层次结构，然后依次单击【Menubar】→【Add】→【Vision sensor】→【Perspective type】，将视觉传感器连接到接近传感器，并将视觉传感器的位置和方向调整至与接近传感器一样，如图 5.46(a)所示。为了定制视觉传感器，打开其属性对话框，将“Far clipping plane”项目设置为 1，将“Resolution x”和“Resolution y”项目设置为 256 和 256，如图 5.46(b)所示。还需要确保视觉传感器不可见，不是模型边界框的一部分，并且被点击时，模型将被选中，设置如图 5.46(c)所示。

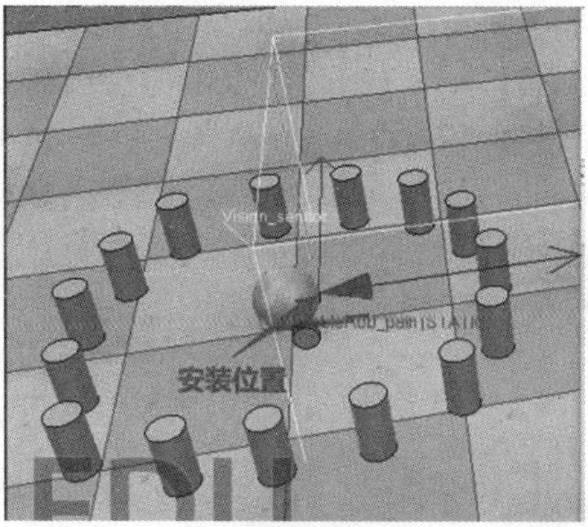

(a)

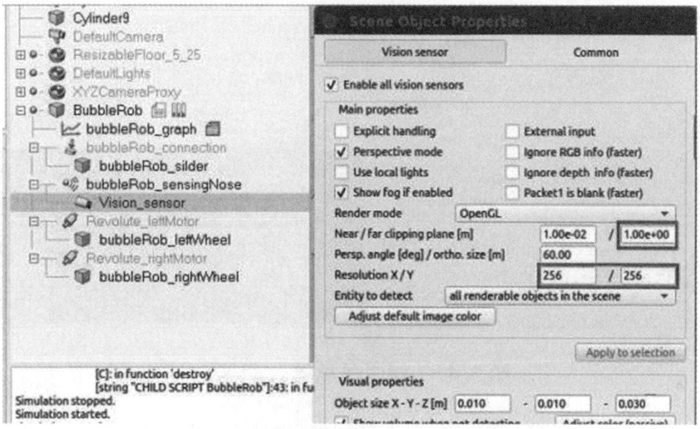

(b)

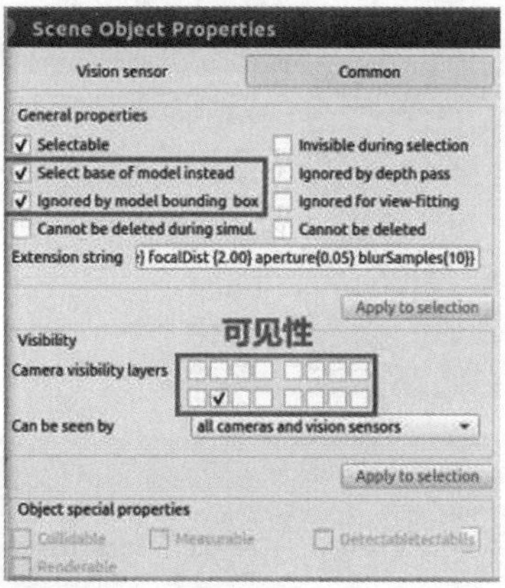

(c)

图 5.46　视觉传感器位置及相关参数

然后,单击“Show filter dialog”按钮,打开视觉传感器过滤器对话框,如图 5.47(a)所示,在下接到表中选择“Edge deteetion on work image”选项,单击“Add filter”按钮。将新添加的过滤器通过右边的向上按钮点击放于第二位。双击新添加的过滤器组件在打开的对话框中将其阈值调整为 0.2，然后单击 OK。

在场景中右键单击选择【Popup menu】→【Add】→【Floating view】，添加一个浮动视图，如图 5.48(a)所示，然后在新添加的浮动视图上，右键单击选择【Popup menu】→【View】→【Associate view with selected vision sensor】，关联视觉传感器，如图 5.48(b)所示。

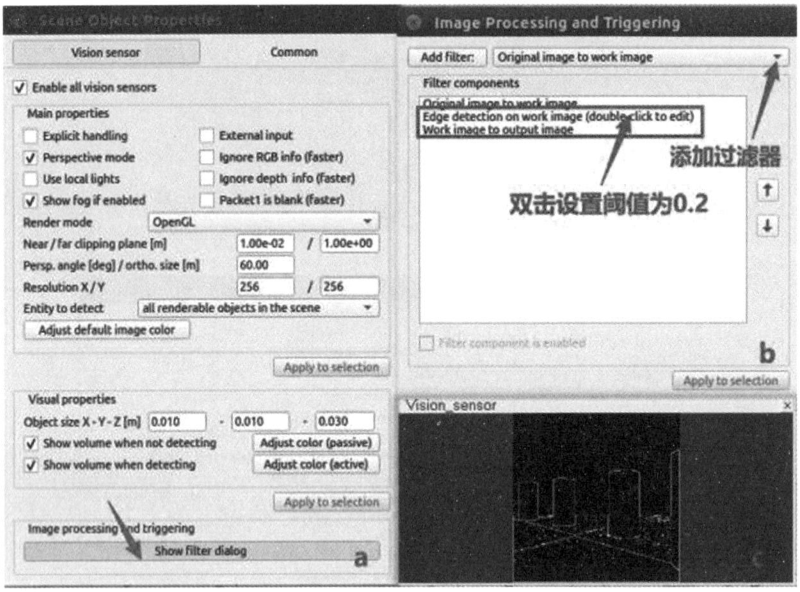

图 5.47　视觉传感器过滤器

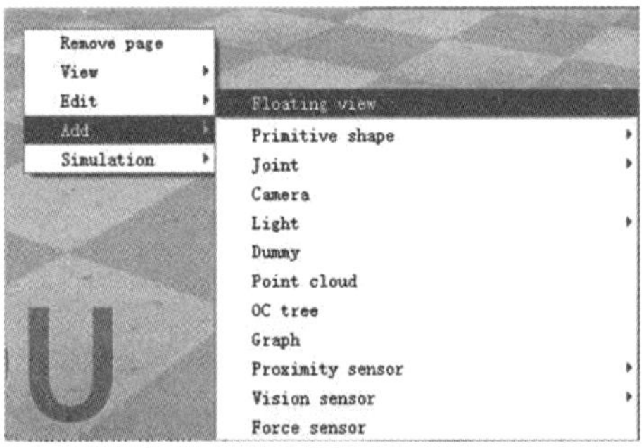

(a)

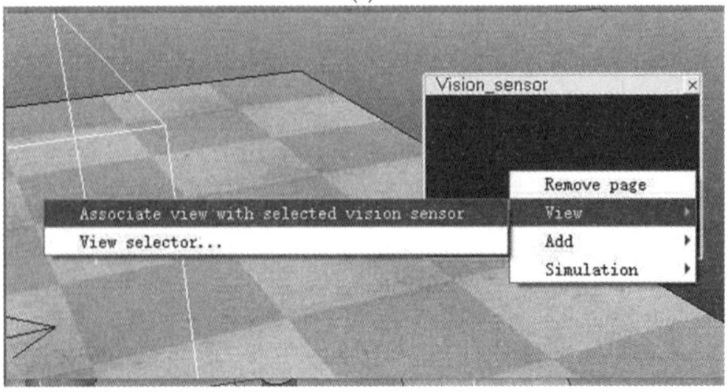

(b)

图 5.48　视觉传感器的浮动视图

视觉传感器的图像需要打开模拟才能看到,读者可以自行运行。

场景中最后需要添加一个子脚本来控制 BubbleRob 的运动。选择 BubbleRob 并依次单击【Menubar】→【Add】→【Associated child script】→【Non threaded】。双击场景层次结构中 BubbleRob 名称旁边出现的脚本图标,将以下代码复制并粘贴到脚本编辑器中,之后将其关闭:

```
function sysCall_init()
    -- This is executed exactly once, the first time this script is executed
    bubbleRobBase = sim.getObjectAssociatedWithScript(sim.handle_self) -- this is bubbleRob's handle
    leftMotor = sim.getObjectHandle("Revolute_leftMotor") -- Handle of the left motor
    rightMotor = sim.getObjectHandle("Revolute_rightMotor") -- Handle of the right motor
    noseSensor = sim.getObjectHandle("bubbleRob_sensingNose") -- Handle of the proximity sensor
    minMaxSpeed = {50 * math.pi/180,300 * math.pi/180} -- Min and max speeds for each motor
    backUntilTime = -1 -- Tells whether bubbleRob is in forward or backward mode
    -- Create the custom UI:
    xml = '<ui title="'..sim.getObjectName(bubbleRobBase)..' speed" closeable="false" resizeable="false" activate="false">'..[[
                <hslider minimum="0" maximum="100" on-change="speedChange_callback" id="1"/>
            <label text="" style="* {margin-left: 300px;}"/>
        </ui>
        ]]
    ui = simUI.create(xml)
    speed = (minMaxSpeed[1] + minMaxSpeed[2]) * 0.5
    simUI.setSliderValue(ui,1,100 * (speed - minMaxSpeed[1])/(minMaxSpeed[2] - minMaxSpeed[1]))

end
function speedChange_callback(ui,id,newVal)
    speed = minMaxSpeed[1] + (minMaxSpeed[2] - minMaxSpeed[1]) * newVal/100
end
function sysCall_actuation()
    result = sim.readProximitySensor(noseSensor) -- Read the proximity sen-
```

```
sor
        -- If we detected something, we set the backward mode:
        if (result >0)then backUntilTime = sim.getSimulationTime() +4 end

        if (backUntilTime < sim.getSimulationTime())then
            -- When in forward mode, we simply move forward at the desired speed
            sim.setJointTargetVelocity(leftMotor,speed)
            sim.setJointTargetVelocity(rightMotor,speed)
        else
            -- When in backward mode, we simply backup in a curve at reduced speed
            sim.setJointTargetVelocity(leftMotor, -speed/2)
            sim.setJointTargetVelocity(rightMotor, -speed/8)
        end
    end
    function sysCall_cleanup()
        simUI.destroy(ui)
    end
```

现在运行模拟可以看到 BubbleRob 向前移动,同时试图避开障碍物,如图 5.49 所示。在模拟运行时,更改 BubbleRob 的速度,然后将其复制并粘贴几次。还可以尝试在模拟运行时缩放其中的几个。请注意,最小距离计算功能可能会严重减慢模拟速度,具体取决于计算机环境。

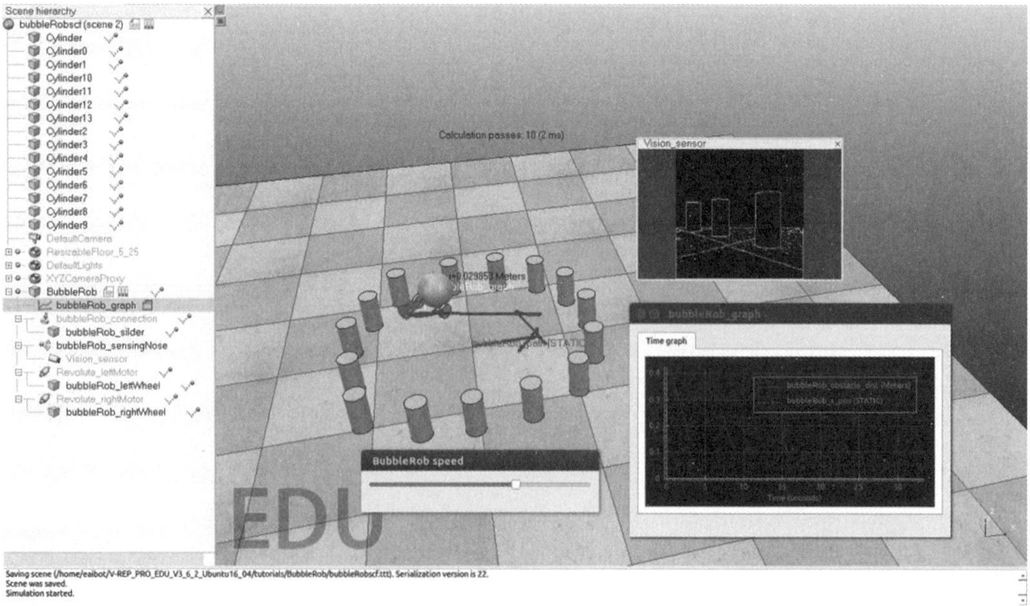

图 5.49　BubbleRob 运动模拟

使用脚本来控制机器人或模型只是其中一种方法，CoppeliaSim 提供了许多不同的方法，请查看软件的帮助文档“external controller tutorial”章节。

5.4.2 BubbleRob 机器人巡线

在本实践中，学习的目标是扩展 BubbleRob 的功能，使 BubbleRob 能够进行巡线运动。

与本实践相关的 CoppeliaSim 场景文件位于软件安装目录下→【tutorials】→【LineFollowingBubbleRob】→【lineFollowingBubbleRob. ttt】。图 5. 50 说明了下面将设计的模拟场景。

首先打开 5. 4. 1 小节“BubbleRob 机器人初探”的场景，然后创建 3 个视觉传感器中的第一个，并将其连接到 BubbleRob 对象上。依次选择【Menubar】→【Add】→【Vision sensor】→【Orthographic type】。通过双击场景层次结构中新创建的视觉传感器图标来编辑其属性，然后更改参数，如图 5. 51 所示。

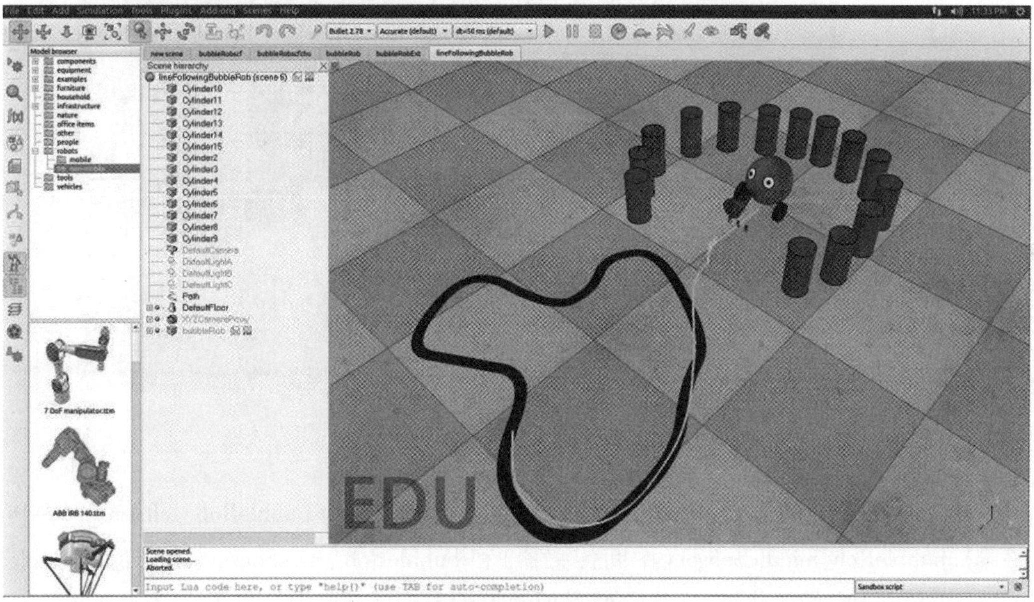

图 5. 50　BubbleRob 巡线案例

视觉传感器必须面向地面，然后在旋转对话框的“Orientation”选项卡上，将 Alpha - Beta - Gamma 项目设置为[180;0;0]，如图 5. 52 所示。

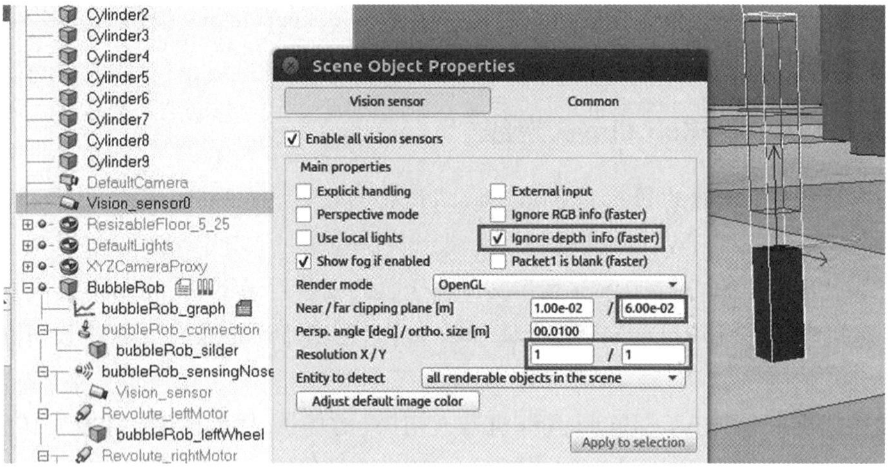

图 5.51　传感器相关属性

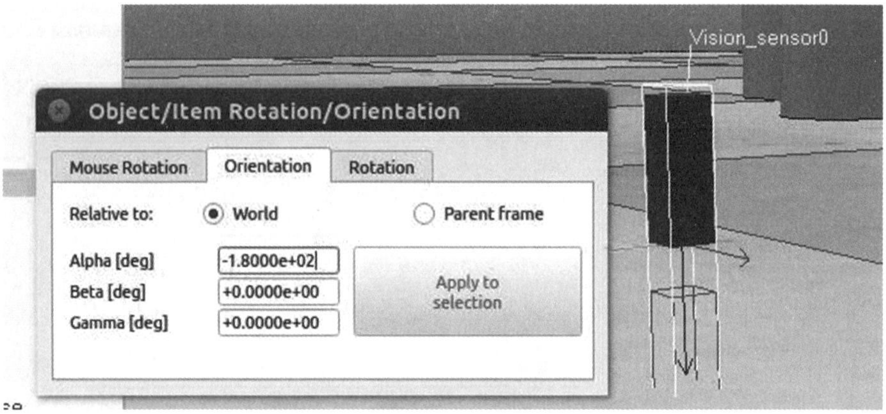

图 5.52　视觉传感器方向设置

其次,将视觉传感器复制并粘贴两次,并将其名称调整为 bubbleRob_leftSensor(左传感器)、bubbleRob_middleSensor(中间传感器)和 bubbleRob_rightSensor(右传感器)。让 BubbleRob 成为它们的父级(即将它们附加到 BubbleRob 对象中),并在位置选项卡上设置以下绝对坐标:左传感器(0.2,0.042,0.018)、中间传感器(0.2,0,0.018),右传感器(0.2,-0.042,0.018),结果如图 5.53 所示。

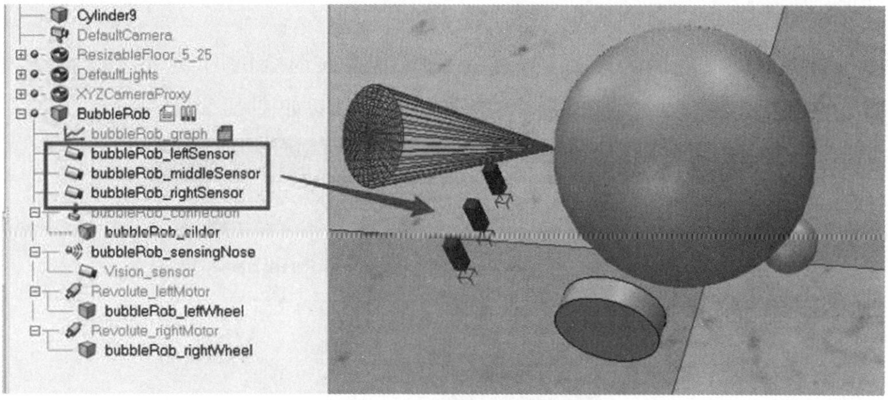

图 5.53　三个传感器的设置

接下来再设置巡线环境。在 BubbleRob 前面移除几个圆柱体，然后构建机器人将尝试巡线的路径，依次单击【Menubar】→【Add】→【Path】→【Circle type】，此时场景中会出现一个轨迹圆，点击平移工具按钮，现在有两种调整路径形状的方法。

(1)选择路径(只有路径)，按 Ctrl 键点击其中的一个控制点，松开 Ctrl 键，然后，可以用鼠标拖动控制点到任意位置。

(2)选择路径后，单击左边工具栏按钮 进入路径编辑模式。此时，可以灵活调整各个路径控制点。

将路径的几何形状调整到满意位置时，打开其属性对话框，取消如图 5.54(a)所示三个选项前的勾选。然后单击"Show path shoping dialog"对话框，勾选"Path shoping enabled"选项，在"Type"下拉列表框中，选择"horizontal segment"选项，并设置"Scalling factor"值为 4，如图 5.54(b)所示。最后将颜色调整为黑色，操作如图 5.54(c)、5.54(d)所示。

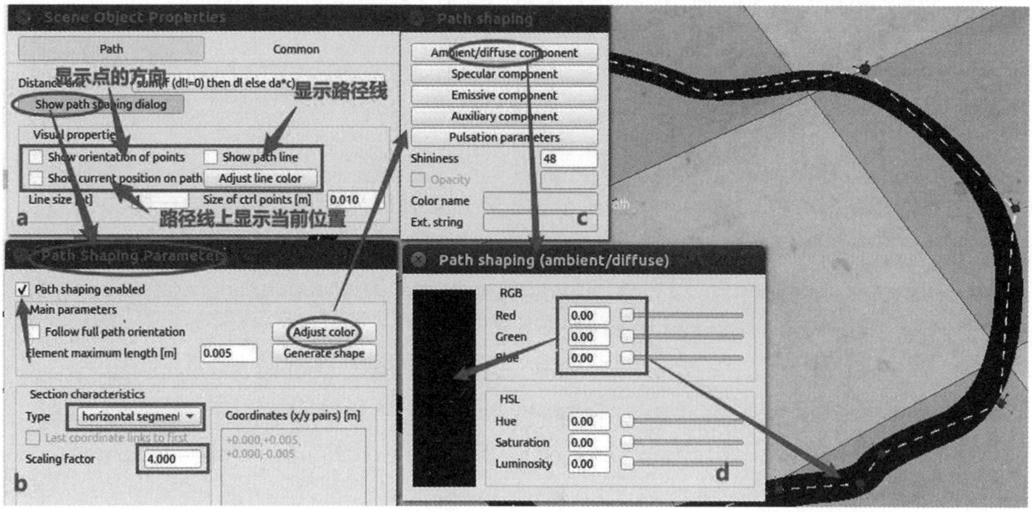

图 5.54　路径属性更改

目前,由于路径跟地板是贴齐的,这会导致机器人巡线的时候,传感器会检测到地板,为了不影响传感器检测线路,路径对象需上移 5 mm,如图 5.55 所示。

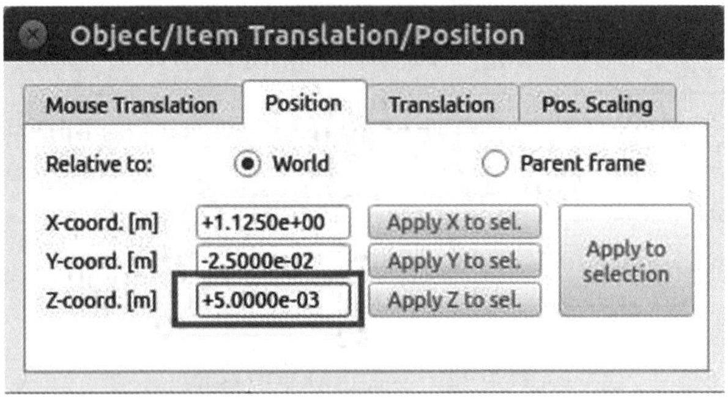

图 5.55　路径上移 5 mm

最后一步是编制 BubbleRob 机器人的巡线程序。右键单击 BubbleRob 机器人,打开快捷菜单→【add】→【Associated child scropt】→【Non threaded】添加一个巡线程序脚本,然后打开子脚本代码,并用以下代码替换它:

```
    function speedChange_callback(ui,id,newVal)
    speed = minMaxSpeed[1] + (minMaxSpeed[2] - minMaxSpeed[1]) * newVal/100
end
function sysCall_init()
    -- This is executed exactly once, the first time this script is executed
    bubbleRobBase = sim.getObjectAssociatedWithScript(sim.handle_self)
    leftMotor = sim.getObjectHandle("Revolute_leftMotor")
    rightMotor = sim.getObjectHandle("Revolute_rightMotor")
    noseSensor = sim.getObjectHandle("bubbleRob_sensingNose")
    minMaxSpeed = {50 * math.pi/180,300 * math.pi/180}
     backUntilTime = -1 -- Tells whether bubbleRob is in forward or backward mode
    floorSensorHandles = {-1,-1,-1}
    floorSensorHandles[1] = sim.getObjectHandle("bubbleRob_leftSensor")
    floorSensorHandles[2] = sim.getObjectHandle("bubbleRob_middleSensor")
    floorSensorHandles[3] = sim.getObjectHandle("bubbleRob_rightSensor")
    -- Create the custom UI:
        xml = '<ui title = "'..sim.getObjectName(bubbleRobBase)..' speed" closeable = "false" resizeable = "false" activate = "false">'..[[
        <hslider minimum = "0" maximum = "100" onchange = "speedChange_callback" id = "1"/>
        <label text = "" style = "* {margin-left: 300px;}"/>
```

```
        </ui>
        ]]
    ui = simUI.create(xml)
    speed = (minMaxSpeed[1] + minMaxSpeed[2]) * 0.5
    simUI.setSliderValue(ui,1,100 * (speed - minMaxSpeed[1])/(minMaxSpeed
[2] minMaxSpeed[1]))
end
function sysCall_actuation()
    result = sim.readProximitySensor(noseSensor)
    if (result >0)then backUntilTime = sim.getSimulationTime() +4 end
    -- read the line detection sensors:
    sensorReading = {false,false,false}
    for i =1,3,1 do
        result,data = sim.readVisionSensor(floorSensorHandles[i])
        if (result > =0)then
            sensorReading[i] = (data[11] <0.3) -- data[11] is the average of
intensity of the image
        end
        print(sensorReading[i])
    end
    -- compute left and right velocities to follow the detected line:
    rightV = speed
    leftV = speed
    if sensorReading[1] then
        leftV =0.03 * speed
    end
    if sensorReading[3] then
        rightV =0.03 * speed
    end
    if sensorReading[1] and sensorReading[3] then
        backUntilTime = sim.getSimulationTime() +2
    end
    if (backUntilTime < sim.getSimulationTime())then
        -- When in forward mode, we simply move forward at the desired speed
        sim.setJointTargetVelocity(leftMotor,leftV)
        sim.setJointTargetVelocity(rightMotor,rightV)
    else
        -- When in backward mode, we simply backup in a curve at reduced speed
        sim.setJointTargetVelocity(leftMotor, -speed/2)
```

```
        sim.setJointTargetVelocity(rightMotor, -speed/8)
    end
end
function sysCall_cleanup()
    simUI.destroy(ui)
end
```

如果要查看巡线传感器的检测图像,可以如下操作:选择一个视觉传感器,然后在场景视图中右键单击,依次点击【Add】→【Floating view】,在新添加的浮动视图中右键单击,依次点击【View】→【Associate view with selected vision sensor】,结果如图 5.56 所示。

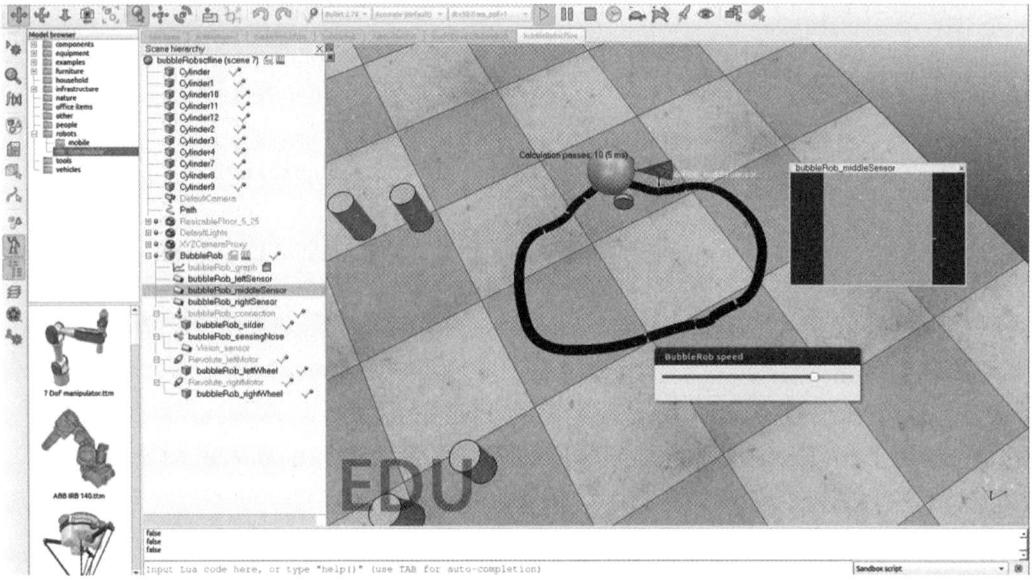

图 5.56 巡线场景

5.4.3 7 自由度机械臂逆向运动学仿真

本实践将介绍构建 7 自由度机械臂,如何使用 CoppeliaSim 的逆运动学解析器功能。但在此之前,请务必查看软件安装目标下 scenes/ik_fk_simple_examples 文件夹下涉及 IK 和 FK 相关的各种示例场景。

在本实践中,将构建一个非动态机械手,它只使用逆向运动学,而不使用任何物理引擎功能。与本实践相关的 CoppeliaSim CAD 数据(redundantManipulator. stl)位于 CoppeliaSim 的安装文件夹 cadFiles 中。与本实践相关的 CoppeliaSim 场景位于软件安装目标下【tutorials】→【Inlersekinermatics】→【redundantRobot. ttt】。依次单击【Menubar】→【File】→【Impor】→【Mesh…】,然后选择要导入的文件"redundantManipulator. stl"。将弹出一个对话框,其中包含各种导入选项和默认选项,单击"import"按钮,图 5.57 显示了导入的形状。

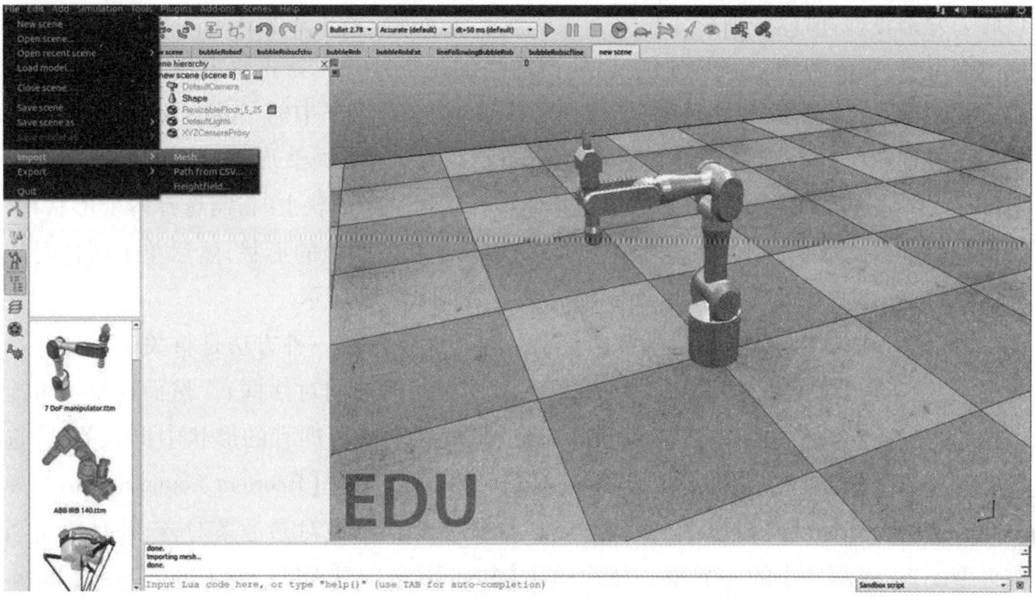

图 5.57　模型导入

此时导入的模型是一个整体，需要如下操作对它要进行拆分。在场景层次结构中，单击模型对象，然后依次单击【Menubar】→【Edit】→【Grouping/Merging】→【Divide selected shapes】，仿真如图 5.58 所示。

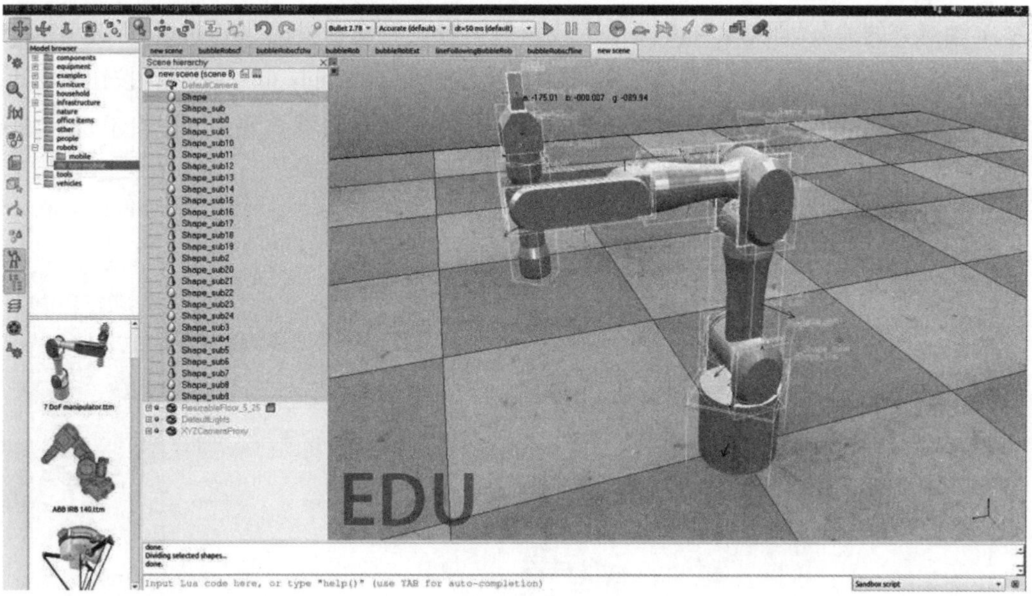

图 5.58　形状分割

原始形状被分为 26 个子形状（请参阅场景层次结构）。形状分割算法是通过对由公共边连接的所有三角形进行分组来运行的。但根据原始网格的创建或导出方式，无法执行此类分割过程，所以必须在三角形编辑模式或外部编辑器中手动提取形状。

接下来，更改各种对象的颜色，以获得漂亮的视觉外观。首先双击场景层次结构中的形状图标。打开形状属性对话框，选择形状后，单击对话框中的“Adjust color”，这将调整用户所选形状的外部表面的各种颜色分量。现在，只需调整形状的“Ambient/diffuse component”分量即可。要将一个形状的颜色转移到另一个形状上时，需选择两个形状，并确保最后选择的形状（用白色边界框指示）是要从中获取颜色的形状，然后单击属性对话框的“Colors”部分中的“Apply to selection”按钮，如图 5.59 所示。

在下一步中，将添加机械手的 7 个关节。执行此操作的一种方法是将关节添加到场景中，然后指定其适当的位置和方向（通过位置对话框和方向对话框）。然而这是不可能实现的，在这种情况下，不知道关节的确切位置，就必须从所拥有的形状中提取关节，选择所有导入的形状，然后依次单击【Menubar】→【Edit】→【Reorient bounding box】→【with reference frame of world】。此操作可以保证边界框与绝对参考系对齐，并且给定当前模型配置，表示最小的边界框。依次单击【Menubar】→【Add】→【Joint】→【Revolute】，将旋转关节插入到场景中。默认位置位于（0;0;0），其默认方向为垂直，此时关节被机械手的基础圆柱体隐藏。当关节仍处于选中状态时，按住 Ctrl 键选择基本圆柱体，然后打开平移对话框上的“Position”页选框，单击“Applyto selection”按钮，关节将定位在与底座完全相同的坐标上。现在对机械手中的所有其他关节重复上述过程（总共有 7 个）。所有关节就位后，可以发现，其中一些关节的方向不正确。选择所有应与世界坐标系 Y 轴对齐的关节（即第 2、4、6 关节旋转），然后在旋转对话框的“Orientation”选项卡上为“Alpha”“Beta”和“Gamma”项输入（90,0,0），然后单击“Apply to selection”按钮。接下来，选择应与世界坐标系的 X 轴对齐的关节（即第 5 关节），然后输入（0,90,0）的“Alpha”“Beta”和“Gamma”，现在，所有关节都有正确的位置和方向了。

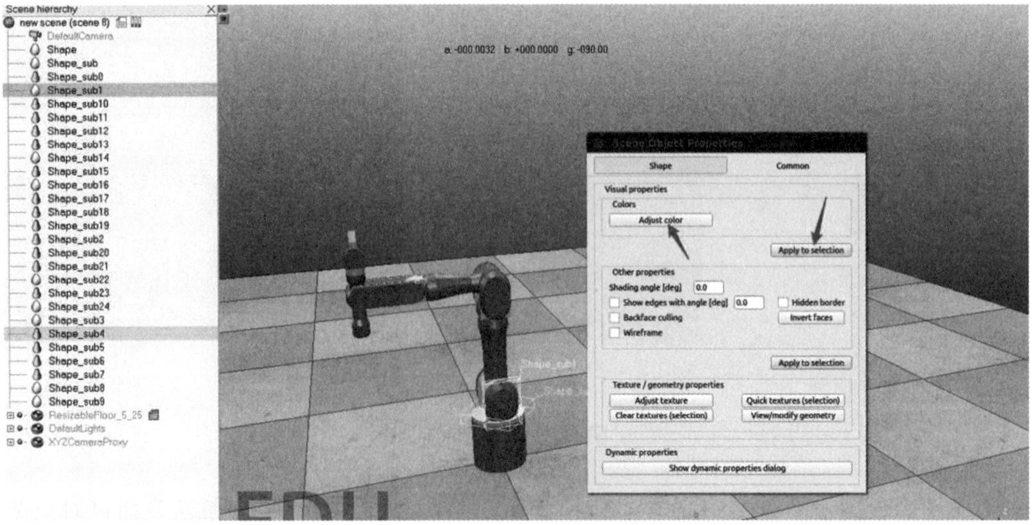

图 5.59　颜色调整

接下来，可以在关节属性对话框中调整关节大小（选中长度和直径项目）（可通过双击场景层次结构中的关节图标来打开该对话框），确保所有关节都清晰可见，如图 5.60 所示。

本实践的下一步是对属于同一连杆实体的形状进行分组。选择属于第一连杆的 Shape_sub0 到 Shape_sub4 的 5 个部件，然后依次单击【Menubar】→【Edit】→【Grouping/Merging】→【Group selected shapes】。将 5 个软件组合为复合形状后，可以将其边界框与世界坐标系重新对齐，但此步骤不是必须的（并且只有视觉效果）。对逻辑上属于一起的所有连杆部件重复相同的过程。在本实践中，不会启动夹具的手指，因此只需将它们与最后一个连杆组合在一起即可。当连杆部件要分组的所有形状其有相同的视觉属性时，可以将它们合并在一起，依次单击【Menubar】→【Edit】→【Grouping/Merging】→【Merge selected shapes】。

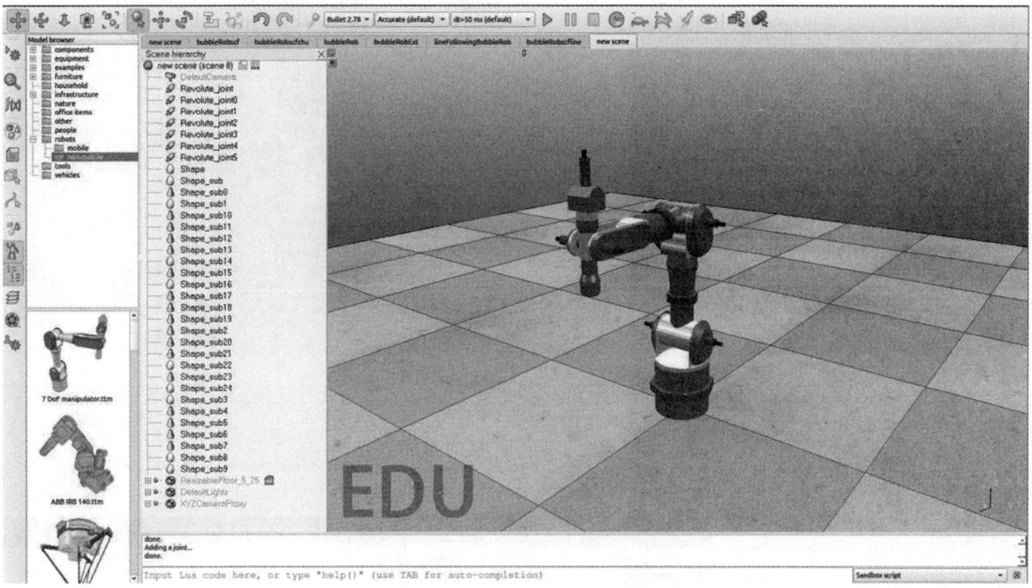

图 5.60　7 个关节的位置

此时，当机械臂从底座到末端时，可以通过以下方式重命名场景中的所有对象，其中圆柱体 shape_sub 为底座。【redundantRobot】→【redundantRob_joint1】→【redundantRob_link1】→【redundantRob_joint2】等，只需双击场景层次结构中对象的名称即可对其进行编辑。

现在可以从末端到底座构建运动链：选择对象 redundantRob_link7，然后按住 Ctrl 选择对象 redundantRob_joint7，再依次单击【Menubar】→【Edit】→【Make last selected object parent】。或者，将一个对象拖动到场景层次结构中的另一个对象上，以实现类似的操作。接下来，对对象 redundantRob_joint7 和对象 redundantRob_link6 执行相同的操作。以同样的方式继续，直到机械手的整个运动学链建成，如图 5.61 所示。

选择所有关节,然后在关节属性对话框中的关节“mode”域中选择“Inverse kinematics mode”,再单击“Apply to selection”按钮。然后打开“Common”属性,在可见性图层部分,禁用第 2 层并启用第 10 层,再单击“Apply to selection”按钮,如图 5.62 所示。

现在为机械操纵臂定义一个逆向运动学任务。在 VREP 中,IK 任务至少需要指定以下元素:

(1)用“末端”虚拟点和“底座”来描述的运动链;

(2)“末端”虚拟点将被“目标”虚拟点约束跟随。

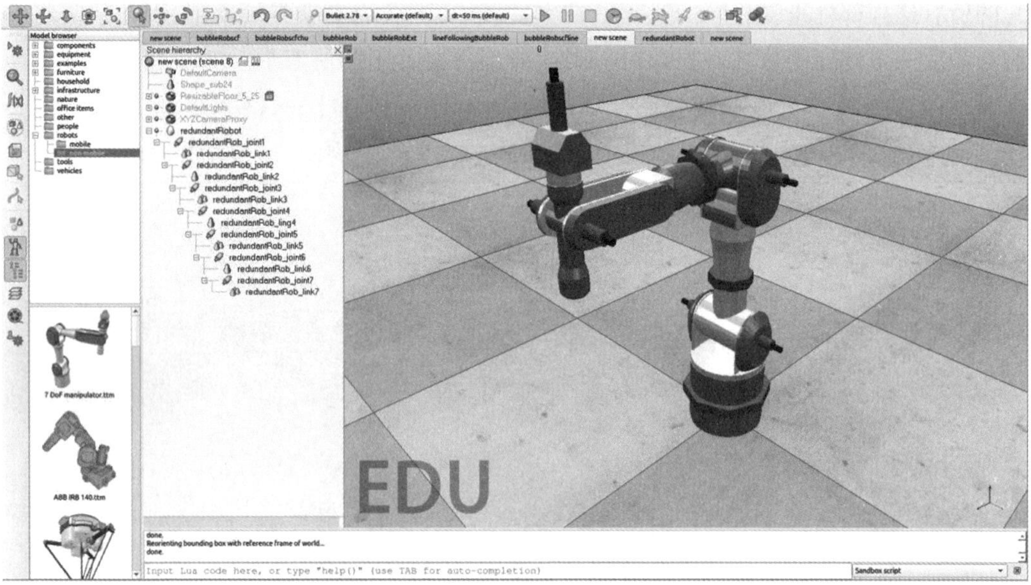

图 5.61　从尖端到底座构建的运动链

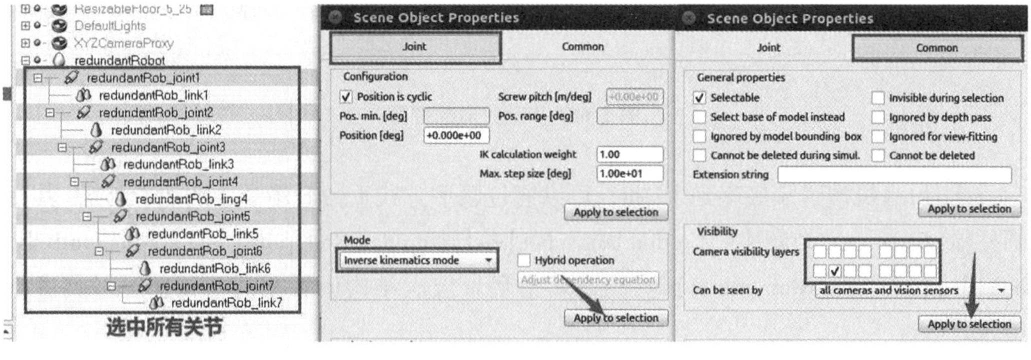

图 5.62　关节参数设置

现在已经有“底座”对象(即对象“redundantRobot”),再添加一个虚拟点,将其重命名为“redundantRob_tip”,并在坐标和变换对话框中将其位置设置为(0.324,0,0.62)。接下来,将虚拟点与“redundantRob_link7”连接起来(先选择“redundantRob_tip”,然后选择

“redundantRob_link′7”,再依次单击【Menubar】→【Edit】→【Make last selected object parent】,“末端”虚拟点就好了,如图5.63(a)所示。

现在准备“目标”虚拟点,复制粘贴“redundantRob_tip”,并重命名为“redundantRob-target”。

接下来,设置“redundantRob_target”用于逆向运动学解析的链接关系。

双击场景层次结构中“redundantRob_tip”的虚拟点图标,打开虚拟点属性对话框。在虚拟点链接部分中,将“redundantRob_target”指定为链接虚拟点,如图5.63(b)所示。此时这两个虚拟点在场景层次结构中通过一条红色双向箭头点画线连接起来,而在场景中由于这两个虚拟点是重合的,所以不能看到这条线,只要移动redundantRob_target到不重合的地方就能看到,如图5.63(c)所示)。

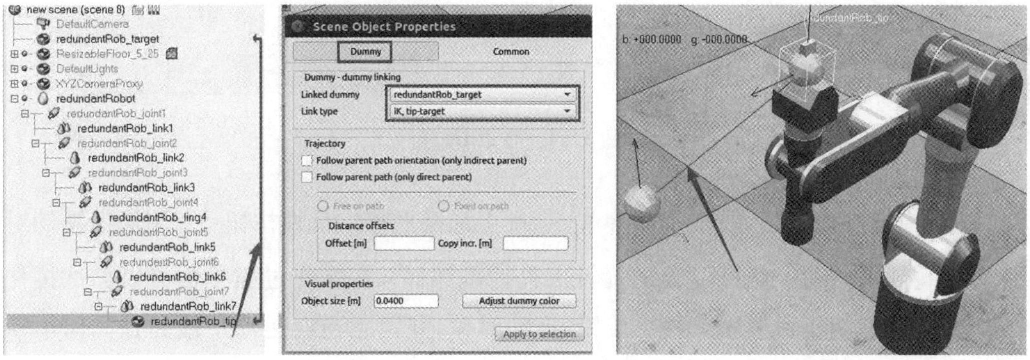

(a) (b) (c)

图5.63 两个虚拟点设置

现在,所有用于定义逆向运动学任务的元素都已经准备就绪,只需要将该任务登记为IK组即可。依次单击【Menunbar】→【Tooks】→【Calculation Module properties】→【kinematics】,打开逆向运动学对话框,然后单击“Add New IK group”。一个新项目出现在IK组列表中:“IK_Group”。选择该项目,单击“Edit IK elememts”按钮打开IK元素对话框。接下来在“Add new IK element with tip:”的下拉框中选择“redundantRob_tip”,然后单击“Add new IK element with tip:”按钮,这只是添加了列表中出现的IK元素。继续向下,将“redundantRobot”显示设置为“Base”。最后,确保在“Constraints”部分中勾选所有项目(勾选Alpha－Beta和Gamma)。如图5.64所示。

在逆向运动学对话框中,勾选“Mechanism is redundant”选项,但是在这个阶段,由于没有定义关节限制或障碍物回避参数,因此不会有任何区别。

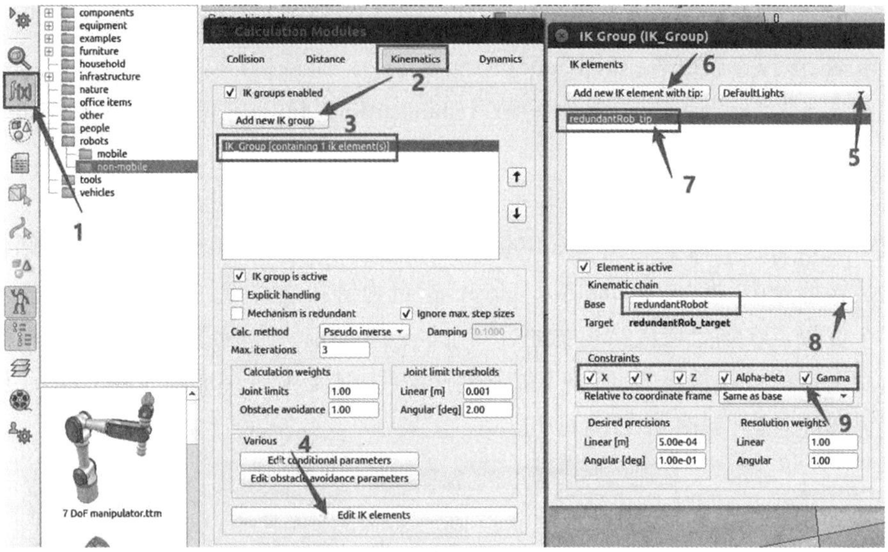

图 5.64　登记 IK 组

运行模拟，然后选择"redundantRob_target"，选择平移工具栏按钮，用鼠标拖动对象，机械臂随之而动。也可以尝试旋转工具栏按钮，在操作过程中也可以尝试按住 Ctrl 或 Shift 键，切换到平移工具栏按钮，拖动对象，并留意逆向运动学任务是如何中断的。实际上，当配置是奇异点或不可到达时，会发生这种情况，这种行为的解决方法如下：模拟运行时，在逆向运动对话框列表中选择"IK_Group"，然后 Calc. method 项目选择"DLS"，如图 5.65 所示，将对象拖到机械臂无法到达的位置，并留意逆向运动学解算如何变得更加稳定，尝试来回调节阻尼项。当阻尼大时，解算变得更稳定但却更慢。实际上，可以利用两种解决方法的优势，即定义两个相同的"IK 组"，其中第一个无阻尼，第二个有阻尼。然后，对于第二个"IK 组"，可以指定条件解决。下面将 Calc. method 项设置为伪逆项，在 IK 元素对话框中，选择"redundantRob_tip"，然后尝试禁用一些约束项，并注意当拖动或旋转"redundantRob_target"时机械臂如何运转。只要进行足够的实验，就可以重新设置所有约束项为选中，然后停止模拟。

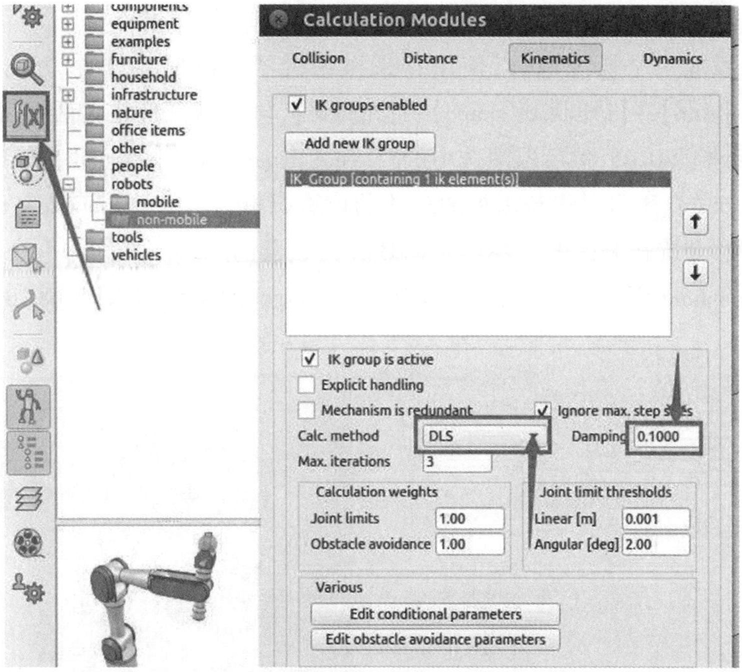

图 5.65　Calc. method 项目

接下来添加一种方式来操纵机器人，将其定义为一个模型。首先，将“redundantRob_tip′”和“redundantRob_target”移动到第 11 层，使两个虚拟点变量都不可见。然后在场景视图中按 Shift 键选择所有可见对象，按 Ctrl 键单击场景层次结构中的“redundantRobot′”，将其从选项中删除，然后打开对象“command”属性对话框，勾选“Select base of model instead”项，然后单击“Apply to selection”按钮，按“Esc”键退出对话框，模型设置如图 5.66 所示。

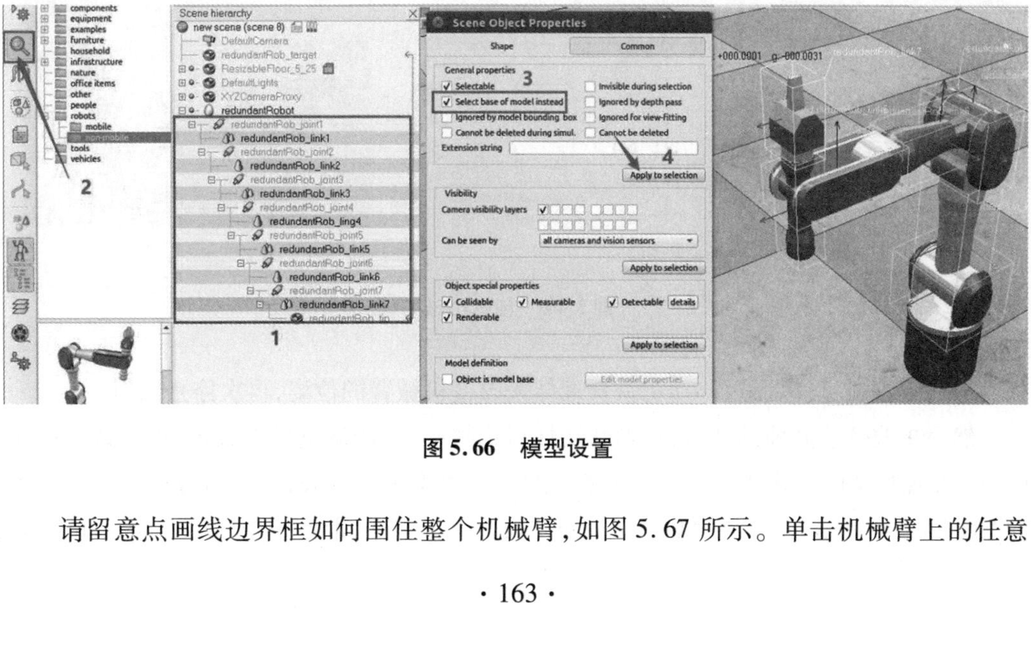

图 5.66　模型设置

请留意点画线边界框如何围住整个机械臂，如图 5.67 所示。单击机械臂上的任意一个对象，并注意基础底座（“redundantRobot”）总是被选中。

接下来，添加一个操纵球体，使用它来操纵机器人的抓手位置/方向。依次单击【Menubar】→【Add】→【Primitive shape】→【Sphere】，打开基元形状对话框，将 X 大小、Y 大小和 Z 大小指示 0.05，然后取消选中的“Create dynamic and respondable shape”并单击确定，如图 5.68(a)所示。将新添加的球体的位置调整为与 redundantRob_target 的位置相同（使用平移和旋转对话框），球体将出现在操纵器的末端。将球体重命名为 redundantRob_manipSphere，然后将其设为 redundantRob_target 的父级，如图 5.68(b)所示。

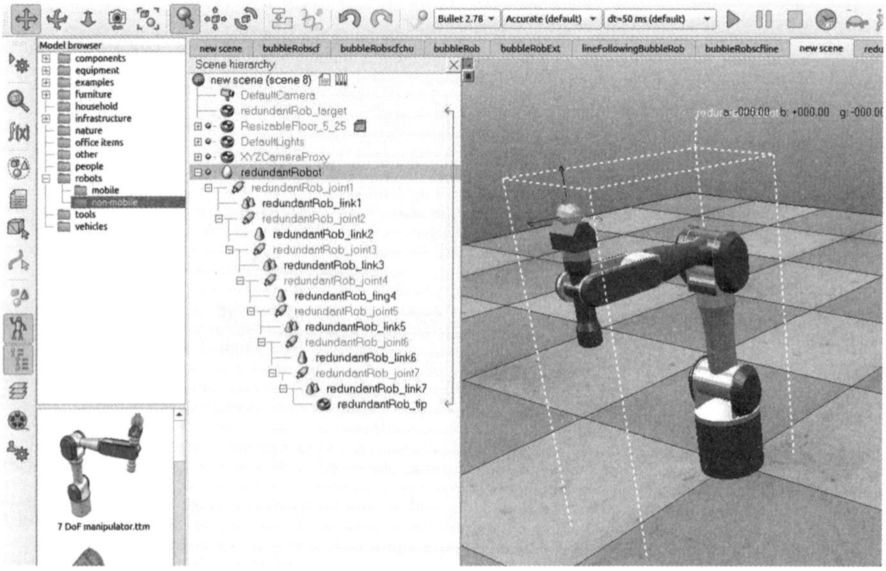

图 5.67　整体模型框

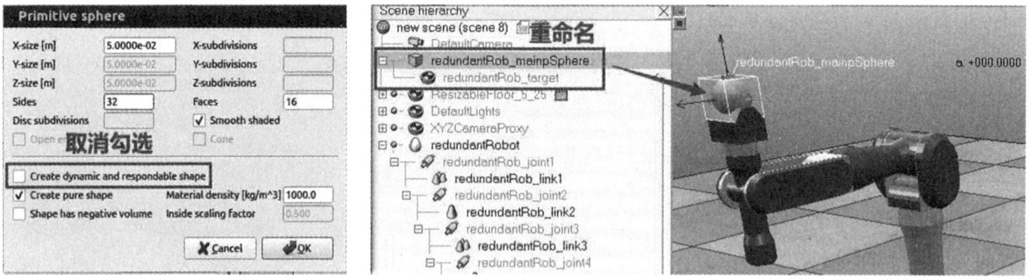

(a)　　(b)

图 5.68　创建小球

运行模拟时，可以通过移动机械臂球体来改变机械臂的位姿，再次停止模拟。

然后更改一些其他的细节，在形状属性对话框中，单击调整外部颜色，再勾选“opacity”项，并观察球体外观如何改变。为了得到一个更美观的外表，可以检查形状对话框中的“Backface culling”项。在对象“command”属性对话框中，取消选中“object special properties”的所有项目。现在使“redundantRobot”成为“redundantRob_manipSphere”的父级，以上操作选项如图 5.69 所示。

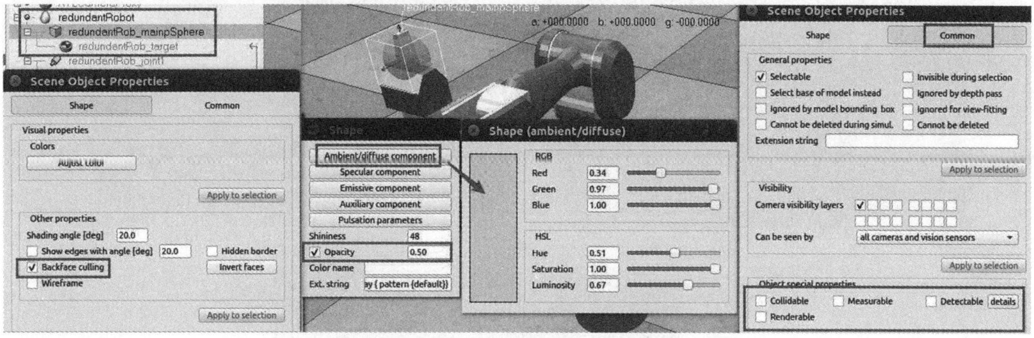

图 5.69　小球其他细节属性

运行模拟，就可以拖动小球位姿，观察机械臂各轴的运动姿态。

5.5　CoppeliaSim ROS 交互

如果正确配置 CoppeliaSim，需要先启动 ROS，再启动 CoppeliaSim，即可查看到 RosInterface 已启动，操作指令如下：

```
roscore
vrep
rosnode list
```

如图 5.70 所示，功能正常。

正确加载 RosInterface 并启动 CoppeliaSim 后，CoppeliaSim 将以一个名称为/ vrep_ros_interface 的 ROS 节点方式运行。根据官方提供案例，查看以下模拟场景/模型，可以快速开始使用 RosInterface：

（1）rosInterfaceTopicPublisherAndSubscriber. ttt；

（2）controlTypeExamples. ttt；

（3）Models/tools/rosInterface helper tool. ttm。

下面，看几个简单的例子，使大家对 RosInterface 有一定的认识。

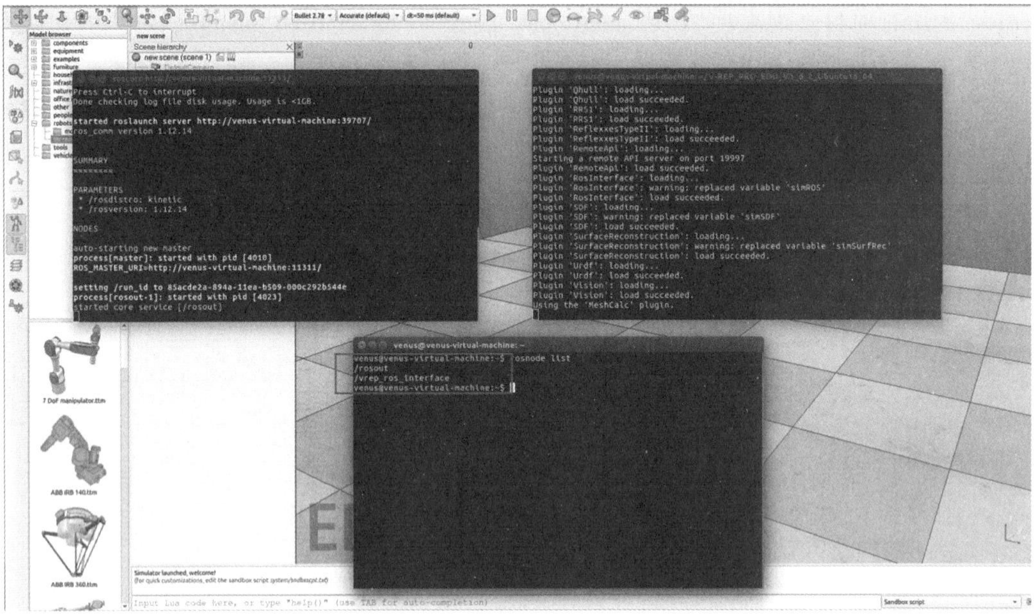

图 5.70　interface 节点

5.5.1　模拟时间案例

在空的 CoppeliaSim 场景中，选择一个对象，然后依次单击【Menubar】→【Add】→【Associated child script】→【non threaded】，将非线程的子脚本附加到该对象。打开该脚本的脚本编辑器，然后将内容替换为以下内容：

```
function subscriber_callback(msg)
    -- This is the subscriber callback function
    sim.addStatusbarMessage('subscriber receiver following Float32: '..msg.
data)
end
function getTransformStamped(objHandle,name,relTo,relToName)
    -- This function retrieves the stamped transform for a specific object
    t = sim.getSystemTime()
    p = sim.getObjectPosition(objHandle,relTo)
    o = sim.getObjectQuaternion(objHandle,relTo)
    return {
        header = {
            stamp = t,
            frame_id = relToName
        }
        child_frame_id = name,
```

```
            transform = {
                translation = {x = p[1],y = p[2],z = p[3]},
                rotation = {x = o[1],y = o[2],z = o[3],w = o[4]}
            }
        }
    end
    function sysCall_init()
        - - The child script initialization
        objectHandle = sim.getObjectAssociatedWithScript(sim.handle_self)
        objectName = sim.getObjectName(objectHandle)
        - - Check if the required RosInterface is there:
        moduleName = 0
        index = 0
        rosInterfacePresent = false
        while moduleName do
            moduleName = sim.getModuleName(index)
            if (moduleName = = 'RosInterface')then
                rosInterfacePresent = true
            end
            index = index + 1
        end
        - - Prepare the float32 publisher and subscriber (we subscribe to the top-
ic we advertise):
        if rosInterfacePresent then
            publisher = simROS.advertise('/simulationTime','std_msgs/Float32')
            subscriber = simROS.subscribe('/simulationTime','std_msgs/Float32','
subscriber_callback')
        end
    end
    function sysCall_actuation()
        - - Send an updated simulation time message, and send the transform of the
object attached to this script:
        if rosInterfacePresent then
            simROS.publish(publisher,{data = sim.getSimulationTime()})
            simROS.sendTransform(getTransformStamped(objectHandle,objectName,
-1,'world'))
            - - To send several transforms at once, use simROS.sendTransforms in-
stead
        end
```

```
    end
    function sysCall_cleanup()
        -- Following not really needed in a simulation script (i.e. automatical-
ly shut down at simulation end):
        if rosInterfacePresent then
            simROS.shutdownPublisher(publisher)
            simROS.shutdownSubscriber(subscriber)
        end
    end
```

上面的脚本将发布模拟时间,并同时订阅它。它还将发布脚本附加到的对象的转换,如图 5.71 所示。

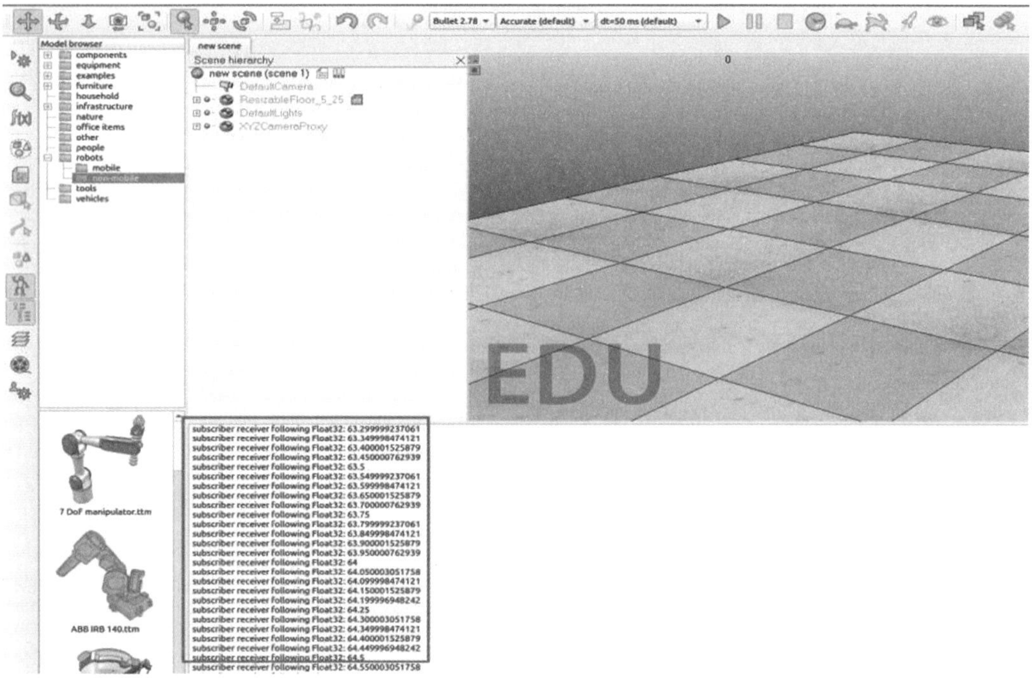

图 5.71 模拟时间

终端中输入如下指令,查看话题(图 5.72):

```
rostopic list
```

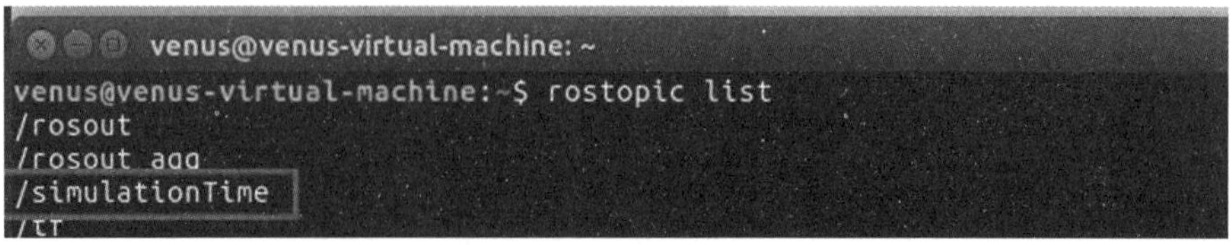

图 5.72 rostopic list

为了查看消息的内容,可以输入以下内容,结果如图 5.73 所示。

```
rostopic echo /simulationTime
```

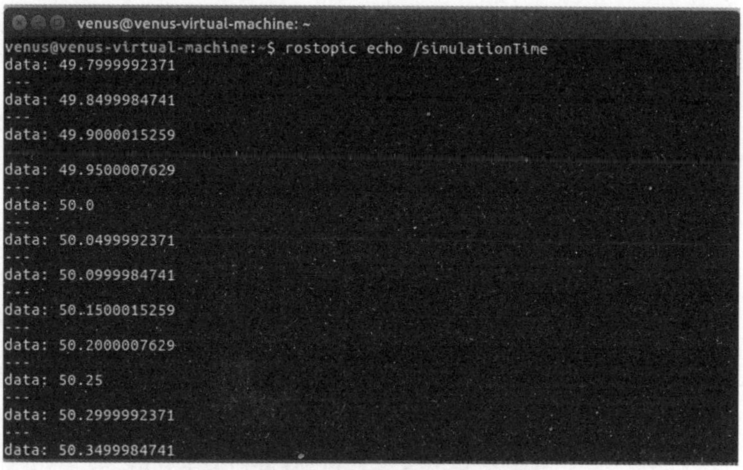

图 5.73 SimulationTime

5.5.2 图像视觉传感器案例

在 CoppeliaSim 自带的例子中还有一个场景模型“rosInterfaceTopicPublisherAndSubscriber. ttt”,附加到 Vision_sensor 的子脚本中的代码将使发布者能够传输视觉传感器的图像,还使订阅者能够接收相同的图像信息。订阅者将读取的数据应用于接收视觉传感器,接收视觉传感器仅用作数据容器,即视觉传感器捕获的图像信息用到/image 话题上,同时会自己订阅这个信息并显示出来,如图 5.74 所示。

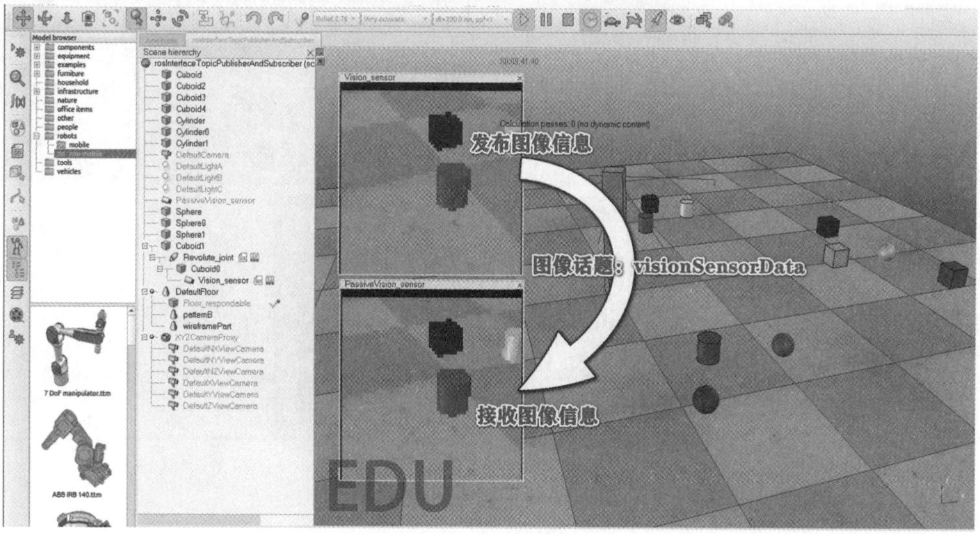

图 5.74 图像发布者和订阅者演示

可以使用以下命令可视化 CoppeliaSim 流式传输的图像,如图 5.75 所示。

```
rosrun image_view image_view image: = /visionSensorData
```

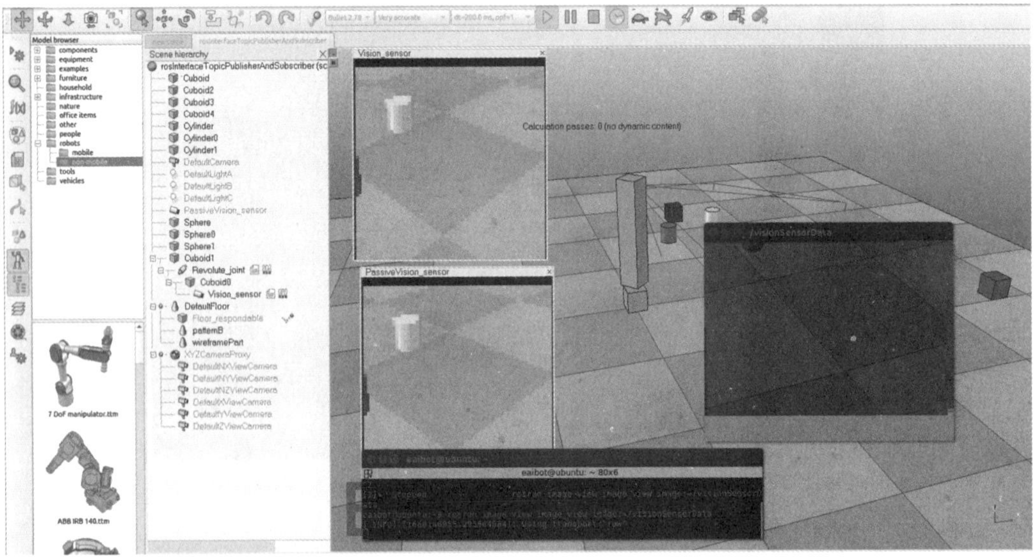

图 5.75　订阅图像

如果想传输更简单的数据,还可以通过以下方式将其可视化,如图 5.76 所示。

```
rostopic echo /visionSensorData
```

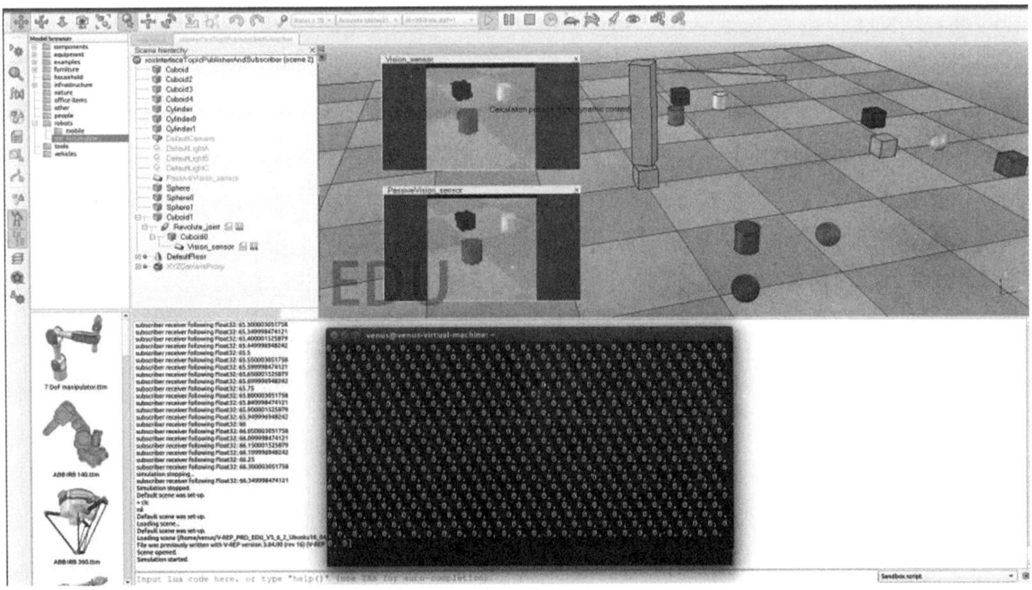

图 5.76　可视化图像数据

5.5.3 RosInterface 的帮助工具

在模型浏览器的 tools 文件夹中有一个 RosInterface 的帮助工具,将其拖入场景中可以方便实现一些控制功能,如图 5.77 所示。

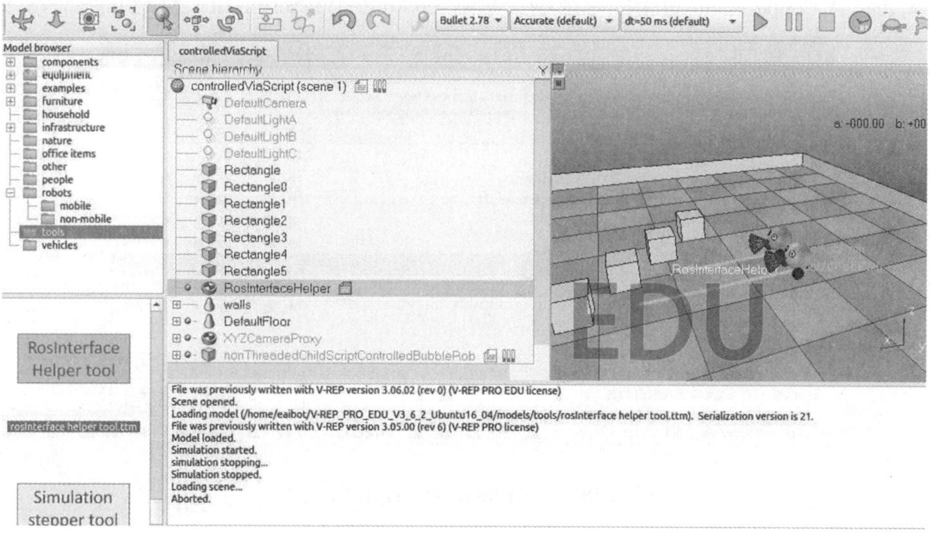

图 5.77 helper tool

主要有下面一些功能:

(1) startSimulation topic:can be used to start a simulation by publishing on this topic a std_msgs::Bool message;

(2) pauseSimulation topic: can be used to pause a simulation by publishing on this topic a std_msgs::Bool message;

(3) stopSimulation topic: can be used to stop a simulation by publishing on this topic a std_msgs::Bool message;

(4) enableSyncMode topic: by publishing a std_msgs::Bool message on this topic, you can enable/ disable the synchronous simulation mode;

(5) triggerNextStep topic: by publishing a std_msgs::Bool message on this topic, you can trigger the next simulation step, while in the synchronous simulation mode;

(6) simulationStepDone topic: a message of type std_msgs::Bool will be published at the end of each simulation pass;

(7) simulationState topic: messages of type std_msgs::Int32 will be published on a regular basis. 0 indicates that the simulation is stopped, 1 that it is running and 2 that it is paused;

(8) simulationTime topic: messages of type std_msgs::Float32 will be published on a regular basis, indicating the current simulation time。

可以在终端中输入下面的命令进行测试。

```
rostopic pub /startSimulation std_msgs/Bool true --once
```

```
rostopic pub /pauseSimulation std_msgs/Bool true --once
rostopic pub /stopSimulation std_msgs/Bool true --once
rostopic pub /enableSyncMode std_msgs/Bool true --once
rostopic pub /triggerNextStep std_msgs/Bool true --once
```

比如打开 CoppeliaSim 自带的一个场景案例“controlledViaScript. ttt”，目录如图 5.78 所示。

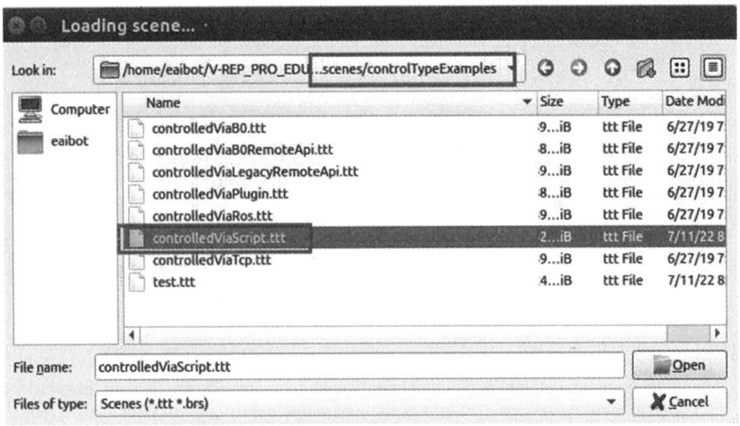

图 5.78　controlledViaScript. ttt 文件

打开场景后，在终端中输入：rostopic pub /startSimulation std_msgs/Bool true --once，就可以开始仿真，跟手动单击仿真按钮效果一样。如图 5.79 所示。

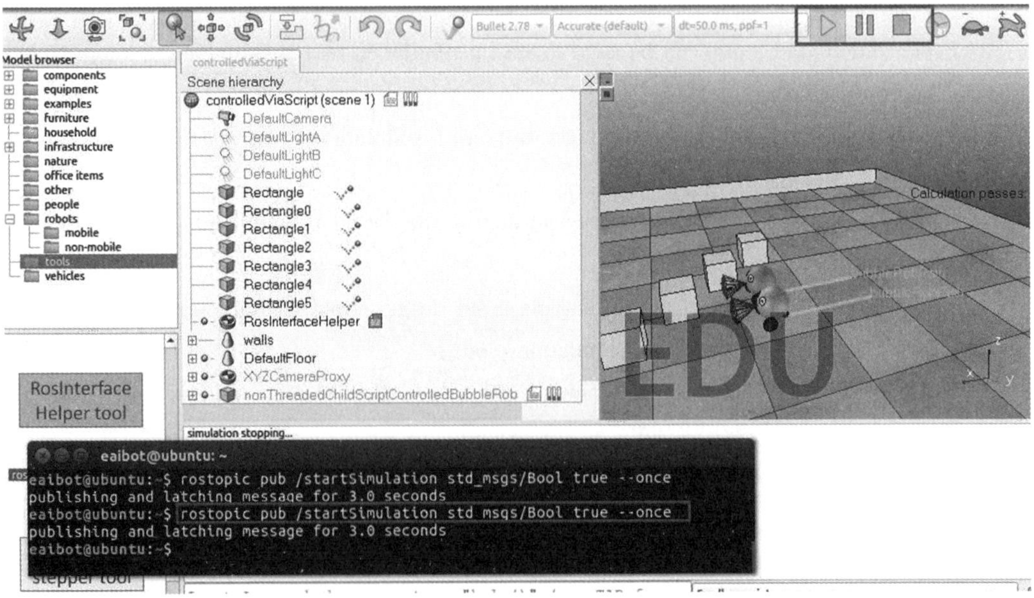

图 5.79　命令控制仿真开始

至此，CoppeliaSim 与 ROS 的通信原理已经基本了解。

第 6 章　Roban 机器人仿真

6.1　CoppeliaSim 中的 Roban

关于 CoppeliaSim 的基本使用，前文已经学习，下面将基于 Roban 机器人，完成一些 DEMO，这其中涉及 CoppeliaSim 环境中的机器人感知和控制过程，包括机器人视觉的感知、机器人运动规划和控制，以及机器人路径规划和控制等。

6.1.1　导入 Roban 机器人

首先，根据前几章的学习，知道了 Roban 机器人是通过 ROS 系统进行操作的，可以下载乐聚机器人官方提供的系统资源，进行编译。

在获得资源包之后，将其放入工作空间，通过如下指令操作新建一个工作空间：

```
mkdir -p ~/Git/rosvrep/src
cd ~/Git/rosvrep/
```

将资源包放入 src 文件夹里后，进行编译：

```
catkin_make
```

第一次编译会有一点慢，编译完成后效果如图 6.1 所示。

正常情况下，都是可以编译成功的，但是部分可能会编译失败，这可能是 ROS 系统的某些依赖包没有安装造成的，可以通过查看报错 log，对缺失的包进行下载，放入工作空间后，再进行编译。这里可能使用到的依赖包，乐聚公司提供的资源包中已内置，遇到具体情况请用户查阅官方论坛。

编译成功后，就可以开始关于 Roban - CoppeliaSim 的学习，可以看到 src 文件夹下有很多功能包，它们涉及 Roban 机器人的运动、步态、传感器等多个方面，本小节仅对 bodyhub 进行初步的展开，引导读者如何在 CoppeliaSim 中导入 Roban 机器人，后续将详细介绍 Roban 的虚拟仿真。

首先，打开终端，启用 ROS 系统（图 6.2）：

```
roscore
```

图 6.1　编译成功

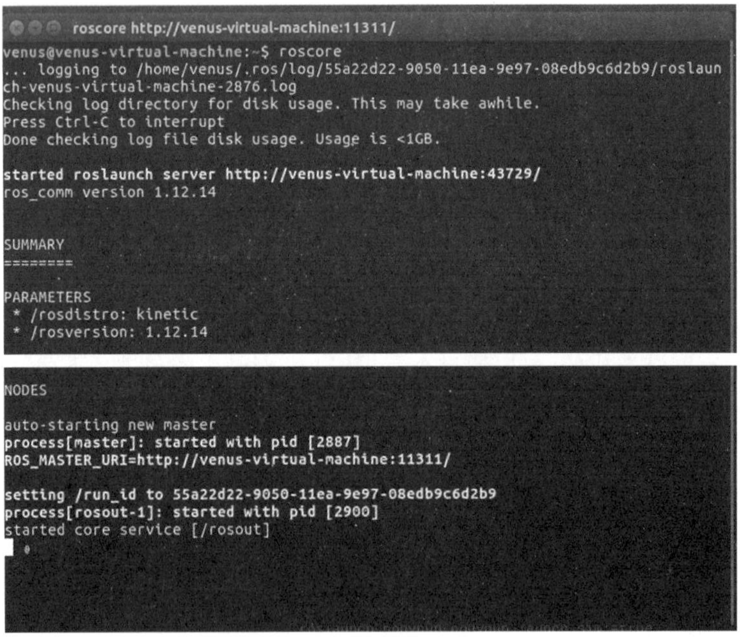

图 6.2　roscore 启动

根据第 5 章已学知识,新建终端输入命令,打开 CoppeliaSim 仿真软件(图 6.3):

```
vrep
```

然后用软件打开用户目录下/Git/ rosvrep/src/bodyhub/ vrep /Roban. ttt 场景文件。

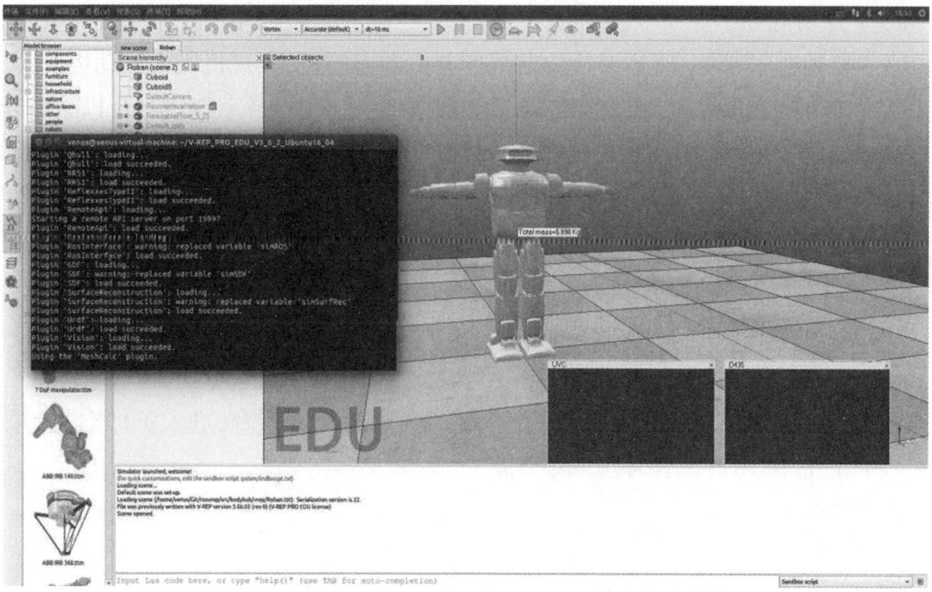

图 6.3 CoppeliaSim 导入 Roban

至此，Roban 机器人就已经导入到 CoppeliaSim 中了。

6.1.2 BodyHub 简介与启动

通过前面的学习和操作，读者肯定发现了，编译 BodyHub 的包，并从中导入了 Roban 模型，那么 BodyHub 包具体有什么作用呢？

BodyHub 是一个节点（图 6.4），是上位机其他节点与下位机通信的中间节点，机器人的所有控制指令和数据获取都通过此节点实现。BodyHub 实现一个状态机，用 BodyHub 统一管理下位机可确保如舵机这类设备在同一时刻只有一个上层节点控制，避免节点之间的干扰导致控制异常，本小节先做一个简单介绍，后续将对其进行深入的学习。另外，读者可以阅读 BodyHub 包下的说明文件对其进一步了解。

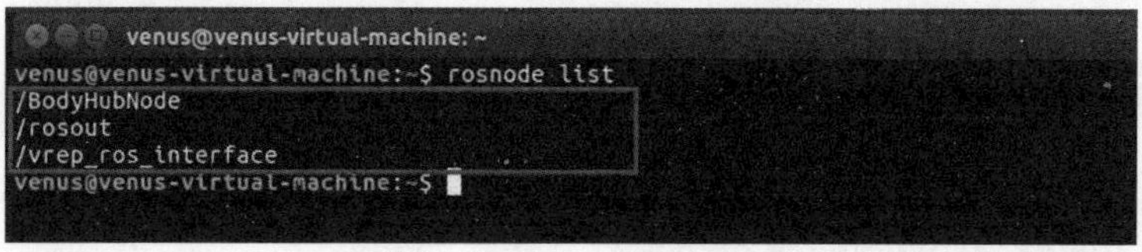

图 6.4 BodyHub 节点

在学习 BodyHub 节点之前，先了解一下状态机。状态机能够根据控制信号按照预先设定的状态进行状态转移，是协调相关信号动作，完成特定操作的控制中心。通俗地说，就是状态转移图，节点在这个图状态之间转换。

BodyHub 实现了一个自定义的状态机，用来管理上层节点对其部分服务的请求。

BodyHub 节点功能如下。

(1)主要功能:根据上层节点给的数据控制机器人舵机,实现机器人运动控制。

(2)次要功能:获取机器人传感器数据,发布数据;根据上层指令,控制机器人上的执行器。

BodyHub 节点的服务是独占的,同一时刻只能响应一个上层节点的请求,为避免 BodyHub 节点在处理某个请求时被其他节点的请求干扰,可以使用状态机进行管理。

简单来说想要控制 Roban,首先需要占用 BodyHub 节点,然后涉及 Roban 的运动、传感器等控制,则要使用状态机来操作。

6.1.3 运行 BodyHub 节点

在已经运行 roscore 的情况下,新建一个终端,通过如下指令,进入工作空间,并将当前工作空间设置在 ROS 工作环境的最顶层:

```
cd ~/Git/rosvrep/
source devel/setup.bash
```

然后,在该终端下执行以下命令,以仿真模式启动节点:

```
roslaunch bodyhub bodyhub.launch sim:=True
```

若以上命令运行 BodyHub 节点不成功,可以参考如下操作,在 rosvrep 目录中新建文件 bodyhub.sh,输入以下两条指令,然后保存文件:

```
. ~/Git/rosvrep/devel/setup.bash
roslaunch bodyhub bodyhub.launch sim:=True
```

打开一个新终端,输入指令:

```
cd ~/Git/rosvrep/
sudo bash bodyhub.sh
```

此时,BodyHub 节点被启动运行,如图 6.5 所示。

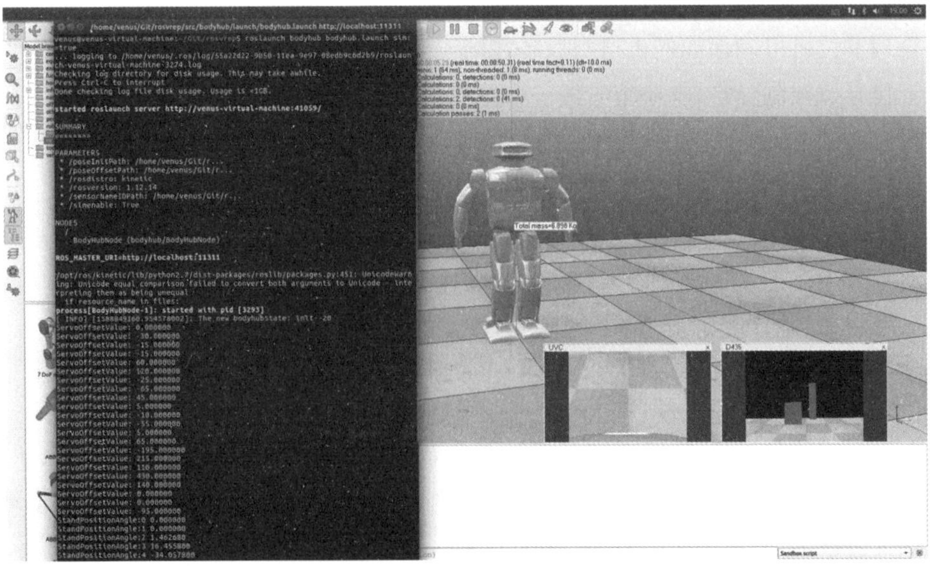

图 6.5 启动 BodyHub 节点

6.1.4 占用 BodyHub 节点

BodyHub 节点启动成功后,假设占用 ID 设置为 6,即使用 ID 为 6 的节点占用状态机,向 BodyHub 节点的/MediumSize/BodyHub/StateJump 服务发送如下请求,请求占用:

```
rosservice call /MediumSize/BodyHub/StateJump masterID: 6
> stateReq: 'setStatus'
```

或:

```
rosservice call /MediumSize/BodyHub/StateJump 6 setStatus
```

若返回以下内容,则占用成功,如图 6.6 所示。

```
stateRes: 22
```

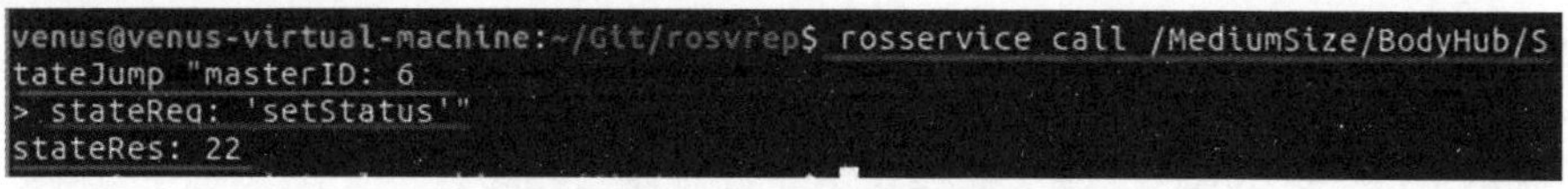

图 6.6 占用状态机

若返回其他内容,则占用失败。

另外,若 BodyHub 节点占用 ID 不为 0,则返回被占用 ID;若为 0,设置请求的占用 ID 并返回 ready 状态,此时 BodyHub 节点被占用成功。

6.1.5 使用 BodyHub 节点

BodyHub 节点被成功占用后,就可以使用 BodyHub 节点实现功能所需的一些话题和服务。

6.1.6 订阅的话题

```
Subscribed Topics
/MediumSize/BodyHub/MotoPosition (bodyhub::JointControlPoint)
```

用于所有关节的控制,消息定义如下:

```
float64[] positions
float64[] velocities
float64[] accelerations
float64[] effort
duration  time_from_start
uint16    mainControlID
```

mainControlID 占用节点的控制 ID。

```
/MediumSize/BodyHub/HeadPosition (bodyhub::JointControlPoint)
```

用于头部关节的控制。

```
/BodyHub/SensorControl (bodyhub::SensorControl)
```

用于外接执行器的控制。消息定义如下:

```
string SensorName
    uint16 SetAddr
    uint8[] ParamList
```

SensorName 为执行器名称,SetAddr 为执行器参数地址,ParamList 为执行器参数列表。

/simulationStepDone (std_msgs/Bool)

表示仿真的一帧执行完成。

/simulationState (std_msgs/Int32)

表示仿真的状态。

/sim/joint/angle (std_msgs/Float64MultiArray)

表示仿真机器人的关节角度。

/sim/joint/velocity (std_msgs/Float64MultiArray)

表示仿真机器人的关节速度。

/sim/forceTorque/leftFoot (std_msgs/Float64MultiArray)

表示仿真机器人的左脚力传感器的数值。

/sim/forceTorque/rightFoot (std_msgs/Float64MultiArray)

表示仿真机器人的右脚力传感器的数值。

6.1.7 发布的话题

Publish Topics

/MediumSize/BodyHub/Status (std_msgs/UInt16)

表示节点状态机的状态。状态定义如下:

```
enum StateStyle {
    init = 20,
    preReady,
    ready,
    running,
    pause,
    stoping,
    error,
    directOperate,
    walking
};
```

/MediumSize/BodyHub/ServoPositions (bodyhub::ServoPositionAngle)

代表机器人的关节角度。

/jointPosTarget (std_msgs/Float64MultiArray)

代表机器人关节的期望角度。

/jointPosMeasure (std_msgs/Float64MultiArray)

代表机器人关节的实际角度。

/jointVelTarget (std_msgs/Float64MultiArray)

代表机器人关节的期望速度。

/jointVelMeasure (std_msgs/Float64MultiArray)

代表机器人关节的实际速度。

/MediumSize/BodyHub/SensorRaw (bodyhub::SensorRawData)

代表外接传感器的原始数据。消息定义如下：

```
uint8[]  sensorReadID
uint16[] sensorStartAddress
uint16[] sensorReadLength
int32[]  sensorData
uint8    sensorCount
uint8    dataLength
```

sensorReadID 为外接传感器 ID 列表,sensorStartAddress 为外接传感器起始地址列表,sensorReadLength 为外接传感器数据长度列表,sensorData 为外接传感器原始数据列表,sensorCount 为外接传感器个数,dataLength 为数据总长。

/startSimulation (std_msgs/Bool)

代表开始仿真。

/stopSimulation (std_msgs/Bool)

代表停止仿真。

/pauseSimulation (std_msgs/Bool)

代表暂停仿真。

/enableSyncMode (std_msgs/Bool)

代表使能同步仿真模式。

/triggerNextStep (std_msgs/Bool)

代表触发仿真运行一帧。

/sim/joint/command (std_msgs/Float64MultiArray)

代表仿真机器人的关节角度指令。

6.1.8 提供的服务

Services Provided

/MediumSize/BodyHub/StateJump (bodyhub::SrvState)

代表节点状态机跳转。服务定义如下：

```
uint8 masterID
string stateReq
```

```
---
int16 stateRes
```

masterID 为占用节点的 ID，stateReq 为状态跳转的控制字符串，stateRes 为操作返回的状态数值。

/MediumSize/BodyHub/GetStatus (bodyhub::SrvString)

代表返回节点状态机的状态；返回关节指令队列的长度。服务定义如下：

```
string str
---
string data
uint32 poseQueueSize
```

str 为请求字符串，可任意设置，不能为空；data 为状态的字符串；poseQueueSize 为关节指令度列的长度。

/MediumSize/BodyHub/GetMasterID (bodyhub::SrvTLSstring)

返回控制节点的 ID。服务定义如下：

```
string str
---
uint8 data
```

str 为请求的字符串，可任意设置；data 为返回的 ID 值。

/MediumSize/BodyHub/GetJointAngle (bodyhub::SrvServoAllRead)

代表返回机器人关节的当前角度。

/MediumSize/BodyHub/DirectMethod/InstReadVal (bodyhub::SrvInstRead)

代表读 Dynamixel 设备寄存器。

/MediumSize/BodyHub/DirectMethod/InstWriteVal (bodyhub::SrvInstWrite)

代表写 Dynamixel 设备寄存器。

/MediumSize/BodyHub/DirectMethod/SyncWriteVal (bodyhub::SrvSyncWrite)

代表同步写 Dynamixel 寄存器。

/MediumSize/BodyHub/DirectMethod/SetServoTarPositionVal (bodyhub::SrvServoWrite)

代表设置单个舵机目标位置的值。

/MediumSize/BodyHub/DirectMethod/SetServoTarPositionValAll (bodyhub::SrvServoAllWrite)

代表设置全部舵机目标位置的值。

/MediumSize/BodyHub/DirectMethod/GetServoPositionValAll (bodyhub::SrvServoAllRead)

代表获取全部舵机位置的值。

/MediumSize/BodyHub/DirectMethod/InstRead (bodyhub::SrvInstRead)

代表读 Dynamixel 设备寄存器。

/MediumSize/BodyHub/DirectMethod/InstWrite (bodyhub::SrvInstWrite)

代表写 Dynamixel 设备寄存器。

/MediumSize/BodyHub/DirectMethod/SyncWrite (bodyhub::SrvSyncWrite)

代表同步写 Dynamixel 寄存器。

/MediumSize/BodyHub/DirectMethod/SetServoTarPosition (bodyhub::SrvServoWrite)

代表设置单个舵机目标位置的角度。

/MediumSize/BodyHub/DirectMethod/SetServoTarPositionAll (bodyhub::SrvServoAllWrite)

代表设置全部舵机目标位置的角度。

/MediumSize/BodyHub/DirectMethod/GetServoPositionAll (bodyhub::SrvServoAllRead)

代表获取全部舵机位置的角度。

/MediumSize/BodyHub/DirectMethod/SetServoLockState (bodyhub::SrvServoWrite)

代表设置单个舵机的扭矩开关。

/MediumSize/BodyHub/DirectMethod/SetServoLockStateAll (bodyhub::SrvServoAllWrite)

代表设置全部舵机的扭矩开关。

/MediumSize/BodyHub/DirectMethod/GetServoLockStateAll (bodyhub::SrvServoAllRead)

代表获取全部舵机的扭矩开关状态。

/MediumSize/BodyHub/RegistSensor (bodyhub::SrvInstWrite)

代表注册外接传感器。服务定义如下:

```
string itemName
uint8 dxlID
float64 setData
---
bool complete
```

itemName 代表注册的传感器的名称,dxlID 代表要获取的传感器数据的寄存器地址,setData 代表要获取的传感器数据的地址长度,complete 代表注册成功与否的结果。

/MediumSize/BodyHub/DeleteSensor (bodyhub::SrvTLSstring)

代表删除注册的外接传感器。服务定义如下:

```
string str
---
uint8 data
```

str 代表要删除的传感器名称,data 代表删除的结果。

6.1.9 其他参数

```
Parameter
poseOffsetPath (std::string, default:"")
```
代表机器人零点文件路径。
```
poseInitPath (std::string, default:"")
```
代表机器人初始姿势文件路径。
```
sensorNameIDPath (std::string, default:"")
```
代表机器人外接传感器的信息文件路径。
```
simenable (bool, default:false)
```
代表仿真模式的控制变量。

更多内容,可以通过阅读 BodyHub 的说明文档来了解。

6.1.10 释放 BodyHub 节点

释放节点的占用和节点的占用基本一样,向/MediumSize/BodyHub/StateJump 服务发送释放请求即可,操作如下:
```
rosservice call /MediumSize/BodyHub/StateJump masterID: 6
> stateReq: 'reset'"
```
或
```
rosservice call /MediumSize/BodyHub/StateJump 6 reset
```
若返回以下内容,则释放成功,如图 6.7 所示。
```
stateRes: 21
```

图 6.7 占用状态机

若返回其他内容,则释放失败。

至此,学习了如何启用 BodyHub 节点并占用状态机。

6.2 Roban 关节运动控制

机器人的基础就是运动,而人形机器人是所有机器人中运动控制最为复杂的一种,在控制机器人完成特定动作之前,首先要学习如何控制机器人的关节运动。根据前文讲到的知识,可以使用 ROS 系统编程,通过节点进行控制,具体编程语言包括 C + + 、Python 等。本节采用 Python 作为编程语言,通过官方提供的 ActExecPackageNode 节点,完成机器人的关节运动控制。

6.2.1　ActExecPackage 简介

在进行实际操作之前,先对 ActExecPackage 包进行一定的了解。

ActExcPackage 是动作执行功能包,可执行机器人自定义动作,通过 Python 实现,运行给定名称的动作包,完成机器人关节控制。

它所包含的 Topic,主要是 Published Topic:

```
/MediumSize/ActPackageExec/Status
#当状态发生变化时,发送新的状态
```

它所包含的 Service 有三个:

```
/MediumSize/ActPackageExec/actNameString SrvActScript.srv
```

/MediumSize/ActPackageExec/StateJump 依据节点当前状态和跳转命令变换状态 SrvState.srv,跳转命令:①StateEnum::setStatus 表示设置当前的节点占用状态;②StateEnum::break 表示如果处于 running 状态,正在运行.py,中断当前运行脚本,并跳转至状态 pause;③StateEnum::stop 表示如果处于 pause 状态,跳转至 ready 状态;④StateEnum::reset 表示从节点恢复到 pre_ready 状态,直接释放控制权。

```
/MediumSize/ActPackageExec/GetStatus SrvString.srv
#获取当前所处的运行状态
```

Topic 和 Service 如图 6.8 所示。

图 6.8　Topic 和 Service

6.2.2　ActExecPackage 话题与服务

1. 发布的话题(Topic)

```
Topic
/MediumSize/ActPackageExec/Status (std_msgs/UInt16)
```

动作执行节点当前状态的数值。状态定义命令如下:

```
self.StateStyle = {
'init':20,
```

```
    'preReady' : 21,
    'ready' : 22,
    'running' : 23,
    'pause' : 24,
    'stoping' : 25,
    'error' : 26,
}
```

2. 提供的服务(Service)

```
Service
/MediumSize/ActPackageExec/GetStatus (SrvString)
```

返回节点状态机的状态;返回关节指令队列的长度。服务定义命令如下:

```
string str
---
string data
uint32 poseQueueSize
```

str 表示请求字符串,可任意设置,不能为空;data 表示状态的字符串;poseQueueSize 表示关节指令度列的长度。

```
/MediumSize/ActPackageExec/StateJump (SrvState)
```

节点状态机跳转。服务定义命令如下:

```
uint8 masterID
string stateReq
---
int16 stateRes
```

masterID 表示占用节点的 id,stateReq 表示状态跳转的控制字符串,stateRes 表示操作返回的状态数值。

```
/MediumSize/ActPackageExec/actNameString (SrvActScript)
```

表示需要执行的动作指令字符。服务定义命令如下:

```
string actNameReq
---
string actResultRes
```

actNameReq 为指令名称,actResultRes 为执行结果。

6.2.3 TrajectoryPlanning 类

了解 ActExecPackage 的话题和服务后,如何通过 Python 来进行控制它呢? 这里,乐聚公司提供了 TrajectoryPlanning 类。

TrajectoryPlan. py 文件为使用自动贝塞尔做动作轨迹规划的代码。

TrajectoryPlanning 类中,若 i 为任意一个目标值,则$(i-1)$为初始值,$(i+1)$为下一个

目标值,(*i*-1)和*i*值之间的轨迹为第*i*段轨迹。生成第*i*段轨迹时,需要*i*-1、*i*、*i*+1三个目标值。

6.2.4 接口简介(Interface Introduction)

(1)def __init__(self, numberOfTra =22, daltaX =10.0)为类构造函数。

参数@ numberOfTra:规划的轨迹组数(关节数);

参数@ daltaX:轨迹插值的时间间隔,单位为ms。

(2)def setDaltaX(self, daltaX)设置轨迹插值的间隔。

参数@ daltaX:间隔时间,单位为ms。

(3)def setInterval(self, v)设置目标值之间的间隔。

参数@ v:间隔时间,单位为ms。

(4)def planningBegin(self, firstGroupValue, secondGroupValue)开始轨迹生成的准备,传入初始值和第一组目标值。

参数@ firstGroupValue:初始值;

参数@ secondGroupValue:第一组目标值。

(5)def planning(self, nextGroupValue)表示传入下一组目标值(*i*+1),并返回上两组目标值之间(*i*-1和*i*)的第*i*段轨迹。

参数@ nextGroupValue:下一组目标值;

返回值:list类型,上两组目标值生成的轨迹。

(6)def planningEnd(self)

为生成最后一段轨迹(*i*和*i*+1之间)。

返回值:list类型,生成的最后一段轨迹列表。

6.2.5 示例代码

Sample code

```
#创建一个实例,规划22段曲线,轨迹点插值间隔为10ms
tpObject = TrajectoryPlanning(22,10.0)


# 设置目标点之间的时间间隔为1000ms
tpObject.setInterval(1000.0)
# 传入初始值和第一组目标值
tpObject.planningBegin(poseList[0], poseList[1])


# 修改目标点之间的时间间隔为1500ms
tpObject.setInterval(1500.0)
# 传入下一组目标值,并返回上两组目标值之间的轨迹
```

```
trajectoryPoint = tpObject.planning(poseList[2])

# 修改目标点之间的时间间隔为 2000ms,若不调用此函数,目标点的间隔保持为 1500ms
tpObject.setInterval(2000.0)
# 传入下一组目标值,并返回上两组目标值之间的轨迹
trajectoryPoint = tpObject.planning(poseList[3])
...
# 返回最后一段轨迹
trajectoryPoint = tpObject.planningEnd()
```

6.2.6 ActExecPackage 运行

对 ActExecPackage 有一定认识之后,开始启动它。

首先,先启动 BodyHub 节点,这里,暂时不需要占用状态机,仅启动节点即可,如图 6.9 所示。

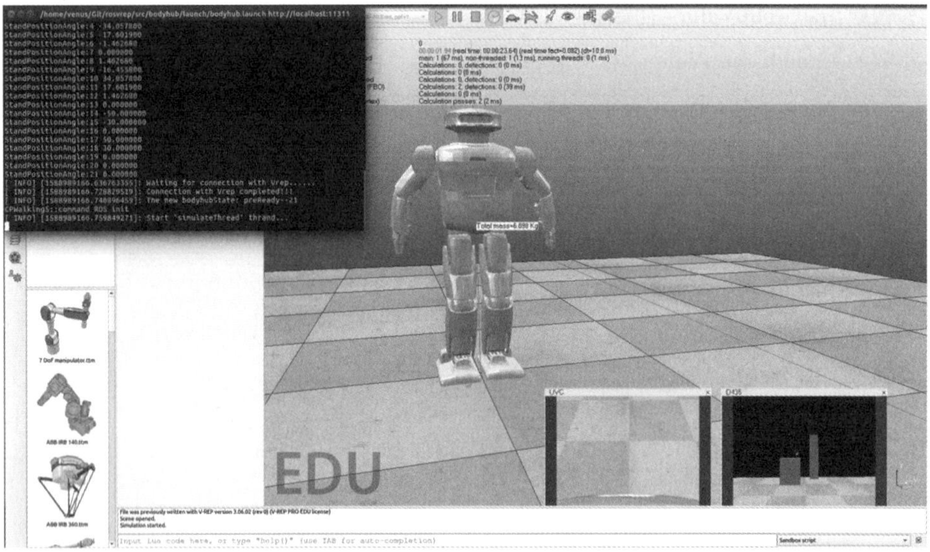

图 6.9 运行 BodyHub 节点

机器人进入仿真状态后,进入终端,输入如下命令,启动 ActExcPackageNode 节点:

```
rosrun actexecpackage ActExecPackageNode.py
```

因为 ActExecPackage 自带状态机管理,所以使用上级节点通过/MediumSize/ActPackageExec/StateJump 服务占用启动的节点。此处申请 ID 为 6,如图 6.10 所示。

图6.10 申请ID为6

```
rosservice call /MediumSize/ActPackageExec/StateJump "masterID: 6
> stateReq: 'setStatus'"
```

或

```
rosservice call /MediumSize/ActPackageExec/StateJump 6 setStatus
```

图6.11所示为占用节点界面。

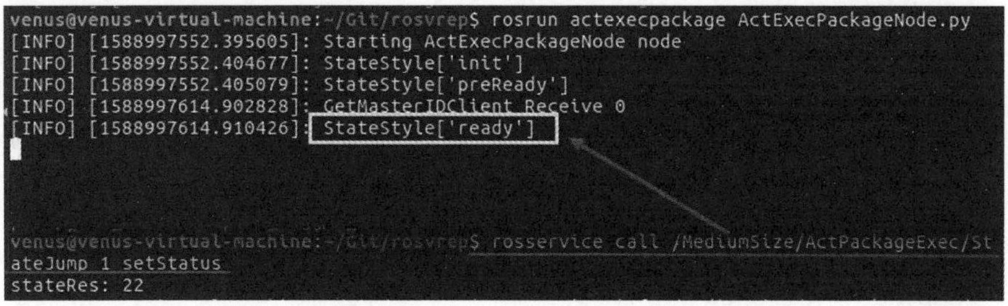

图6.11 占用节点界面

与 BodyHub 同理,返回 stateRes:22 表示占用成功,否则占用失败。

6.2.7 机器人关节控制实践

占用成功后,上级节点通过/MediumSize/ActPackageExec/actNameString 服务,运行机器人自定义动作,下面通过一个案例进行讲解。

首先,在/src/actexecpackage/config 文件夹下新建一个 Python 文件,并将如下代码复制进去,命名为 TrajectoryPlanExample. py。

```
#! /usr/bin/env python
# -*- coding: utf-8 -*-

import rospy
import time

from bodyhub.msg import *
from bodyhub.srv import *

from TrajectoryPlan import *

NodeControlId = 6

def GetBodyhubStatus():
    rospy.wait_for_service('MediumSize/BodyHub/GetStatus')
    client = rospy.ServiceProxy('MediumSize/BodyHub/GetStatus', SrvString)
    response = client('get')
    return response

def SetBodyhubStatus(id, status):
    rospy.wait_for_service('MediumSize/BodyHub/StateJump')
    client = rospy.ServiceProxy('MediumSize/BodyHub/StateJump', SrvState)
    client(id, status)

def GetbodyhubControlId():
    rospy.wait_for_service('MediumSize/BodyHub/GetMasterID')
    client = rospy.ServiceProxy('MediumSize/BodyHub/GetMasterID', SrvTLS-
string)
    response = client('get')
    return response.data
```

```
def GetJointPosition(jointIdList):
    status = GetBodyhubStatus()
    if status.data = = 'preReady':
        SetBodyhubStatus(NodeControlId, 'setStatus')
    elif status.data = = 'ready' or status.data = = 'running' or status.data =
= 'pause':
        if GetBodyhubControlId()! = NodeControlId:
            return False
    else:
        return False
    rospy.wait_for_service('MediumSize/BodyHub/DirectMethod/GetServoPosi-
tionAll')
    client = rospy.ServiceProxy('MediumSize/BodyHub/DirectMethod/GetSer-
voPositionAll', SrvServoAllRead)
    response = client(jointIdList, 0)
    SetBodyhubStatus(NodeControlId, 'reset')
    return response.getData

def ClearList(list):
    while len(list) > 0:
        list.pop()

def NumberToPoint(list,daltaX):
    xt = 0.0
    for m in range(len(list)):
        for n in range(len(list[m])):
            list[m][n] = Point(xt, list[m][n])
        xt = xt + daltaX

def SendTrajectory(pub, trajectoryPoint):
    for m in range(len(trajectoryPoint[0])):
        jointPosition = []
        for n in range(len(trajectoryPoint)):
            jointPosition.append(trajectoryPoint[n][m].y)

        pub.publish(positions = jointPosition, mainControlID = NodeControl-
Id)

def WaitTrajectoryExecOver():
```

```
    status = GetBodyhubStatus()
    while status.poseQueueSize > 5:
        status = GetBodyhubStatus()


if __name__ == '__main__':

    poseList = [
        [0,0,0,0,0,0, 0,0,0,0,0,0, 0, -75, -10, 0,75,10, 0,0, 0,0],

        [0,0,0,0,0,0, 0,0,0,0,0,0, 0,0,0, -90,75,10, 0,0, 0,0],
        [0,0,0,0,0,0, 0,0,0,0,0,0, 0, -75, -10, 90,75,10, 0,0, 0,0],

        [0,0,0,0,0,0, 0,0,0,0,0,0, 0,0,0, -90,75,10, 0,0, 0,0],
        [0,0,0,0,0,0, 0,0,0,0,0,0, 0, -75, -10, 90,75,10, 0,0, 0,0],

        [0,0,0,0,0,0, 0,0,0,0,0,0, 0,0,0, -90,75,10, 0,0, 0,0],
        [0,0,0,0,0,0, 0,0,0,0,0,0, 0, -75, -10, 0,75,10, 0,0, 0,0],
    ]

    # idList = [1,2,3,4,5,6,7,8,9,10,11,12,13,14,15,16,17,18,19,20,21,22]
    # poseList[0] = list(GetJointPosition(idList))

    jointPositionPub = rospy.Publisher('MediumSize/BodyHub/MotoPosition',
JointControlPoint, queue_size=500)

    rospy.init_node('TrajectoryPlanExample', anonymous=True)
    time.sleep(0.2)

    tpObject = TrajectoryPlanning(22,10.0)

    while not rospy.is_shutdown():

        status = GetBodyhubStatus()
        if status.data == 'preReady':
            SetBodyhubStatus(NodeControlId, 'setStatus')

        tpObject.setInterval(1000.0)
        tpObject.planningBegin(poseList[0], poseList[1])
```

```
    tpObject.setInterval(1500.0)
    for poseIndex in range(2, len(poseList)):
        trajectoryPoint = tpObject.planning(poseList[poseIndex])
        SendTrajectory(jointPositionPub, trajectoryPoint)
        WaitTrajectoryExecOver()

    trajectoryPoint = tpObject.planningEnd()
    SendTrajectory(jointPositionPub, trajectoryPoint)
    WaitTrajectoryExecOver()

    SetBodyhubStatus(NodeControlId, 'reset')

    rospy.signal_shutdown('over')
```

代码保存好后,通过如下命令,运行刚刚设计的机器人动作:

```
rosservice call /MediumSize/ActPackageExec/actNameString "actNameReq: 'rosrun actexecpackage TrajectoryPlanExample.py'"
```

或

```
rosrun actexecpackage TrajectoryPlanExample.py
```

在 CoppeliaSim 中,机器人的手部关节开始按照程序运动起来,如图 6.12 所示。

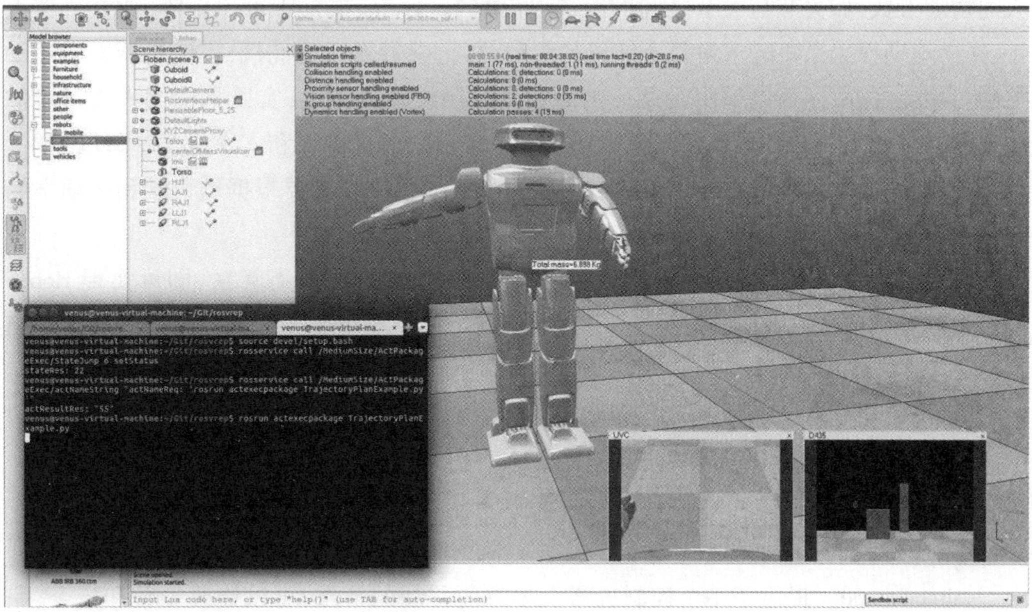

图 6.12 机器人关节控制

可以尝试修改 poseList 中的数据,即修改成想要将机器人的关节转动到的角度,然后完成机器人的关节运动。这里需要注意,关节转动到的角度是相对于机器人本体的,角度值是绝对值，正负代表方向。

下面，请读者自己尝试操作，本书提供了“金鸡独立”动作的代码，大家可以试一试，看看仿真效果如何：

```
poseList = [
    [0,0,0,0,0,0, 0,0,0,0,0,0, 0, -75, -10, 0,75,10, 0,0, 0,0],
    [0,0,0,0,0,0,0,0,0,0,0,0,0, -100, -30,0,100,30,0,0,0,0],
    [ -8,8,0,0,0,15, -8,15,0,10,7,15,0, -100, -30,0,100,30,0,0,0,0],
    [ -8,3,0,0,0,15, -8,6, -75,106,40,10,0, -10,0,0,10,0,0,0,0,0],
    [ -8,3,0,0,0,15, -8,6, -75,106,40,10,0,40, -50,0, -40,50,0,0,0,0],
    [0,8,0,0,0,15,0,15,0,0,0,15,0, -10,0,0,10,0,0,0,0,0],
    [0,0,0,0,0,0,0,0,0,0,0,0,0, -100, -30,0,100,30,0,0,0,0],
]
```

6.3 仿真中 Roban 步态运行

人形机器人的基础功能就是行走，但是如何走得好却是最困难的，目前国内外的工程师们在双足人形机器人步态算法的研究上，进行了大量的工作。主要是通过测量机器人的物理参数，如关节与关节之间的距离、舵机的转速等，根据雅可比矩阵，建立机器人正、逆向运动学关系矩阵求解每个舵机的参数，再把参数发送给舵机，完成机器人的运动控制。除此之外，还可以采用人类行走的数据控制机器人行走，实质是依据人类行走的关节数据来研究人形机器人的步态规划。但是由于人形机器人和人在运动学、动力学上存在差异性，人类行走数据不能直接利用在人形机器人上。需要根据动力学和运动学的知识，通过不同的参数优化方法来完成机器人的步态规划。

前文中已经学习了如何对机器人的关节进行控制，通过步态算法，即可实现 Roban 机器人的双足步行。由于步态算法涉及知识较多，这里不再展开。读者可以根据本书第 7 章内容，进行深入学习。

Roban 机器人的开发工程师们已经设计了其对应步态，并存储在之前编译的 ROS 包中，直接调用就可以使 Roban 机器人运动起来。

6.3.1 gaitcommander 简介

gaitcommander 提供了一个控制机器人多方向移动的节点，可以修改步数和指令，完成机器人运动控制。

它所包含的 Topic，主要是 Published Topic：

```
/gaitCommand
```

它所包含的 Service 有两个：

```
/gaitCommandNode/get_loggers
/gaitCommandNode/set_logger_level
```

运行此节点,用户即可通过键盘或者编程对机器人运动进行控制。

6.3.2 遥控案例

与调用其他节点一样,首先启动 BodyHub 节点,并且占用状态机。下面以状态机 ID 6 为例,通过以下指令,将状态机跳转到 walking。界面如图 6.13 所示。

```
rosservice call /MediumSize/BodyHub/StateJump 6 walking
```

图 6.13 指令控制状态转换到 walking

跳转成功后,会发现机器人进入到了半蹲状态。

然后,启动 gaitcommander 节点,在终端中输入如下命令:

```
rosrun gait_command gait_command_node
```

启动节点后,可以发现终端变成了待输入状态,如图 6.14 所示。此时一定要等待一会,等白色光标不闪烁时,就可以通过键盘对 Roban 机器人进行控制,完成仿真步态的运行,如图 6.15 所示。

图 6.14　启动节点

图 6.15　键盘控制机器人运动

具体控制指令如见表 6.1 所列。

表6.1 控制指令

按键	指令	动作
s	S_command	原地踏步
w	W_command	前进
a	A_command	右移
d	D_command	左移
z	Z_command	右转
c	C_command	左转
k		定制移动
q	exit(0)	退出

不过这里指令和步数是固定的，如果需要自定义，可以修改/ gaitcommander/src 文件夹下的 main. cpp 文件，然后重新编译即可。

6.3.3 自动案例

既然可以通过开启 gaitcommander 节点，使用按键控制机器人运动，那么是否可以通过 Python 脚本，让机器人按照预先设定的路径进行移动呢？

这当然是可以的，下面实践一下。

首先，需要知道 gaitcommander 节点发布的消息是什么，查看/ rosCoppeliaSim/src/ gaitcommander/src 下的 main. cpp 文件：

```
int stepCount =6;
bool start =true;
const Eigen::Vector3d S_command = Eigen::Vector3d(0.00,0.00,0.0);
const Eigen::Vector3d W_command = Eigen::Vector3d(0.07,0.00,0.0);
const Eigen::Vector3d A_command = Eigen::Vector3d(0.00,-0.04,0.0);
const Eigen::Vector3d D_command = Eigen::Vector3d(0.00,0.04,0.0);
const Eigen::Vector3d Z_command = Eigen::Vector3d(0.00,0.00,10.0);
const Eigen::Vector3d C_command = Eigen::Vector3d(0.00,0.00,-10.0);
```

然后，在 / rosCoppeliaSim/src/ gaitcommander/scripts 下新建一个 Python 文件，命名为 gait_test. py，代码如下：

```
#! /usr/bin/env python
import rospy
import time
from bodyhub.srv import SrvState
from std_msgs.msg import Bool
from std_msgs.msg import Float64MultiArray
```

```
GAIT_RANGE = 0.05
walkingPub = rospy.Publisher('/gaitCommand', Float64MultiArray, queue_size
=1)
def walking_client(walkstate):
    rospy.wait_for_service("/MediumSize/BodyHub/StateJump")
    client = rospy.ServiceProxy("/MediumSize/BodyHub/StateJump", SrvState)
    client(2, walkstate)
def slow_walk(direction, stepnum):
    """
    :param direction: "forward" or "backward"
    :param stepnum: int num
    :return:
    """
    array = [0.0, 0.0, 0.0]
    if direction == "forward":
        array[0] = GAIT_RANGE
    elif direction == "backward":
        array[0] = -1 * GAIT_RANGE
    elif direction == "leftward":
        array[1] = 1 * GAIT_RANGE
    elif direction == "rightward":
        array[1] = -1 ANGE
    else:
        rospy.logerr("error walk direction")
    for i in range(stepnum):
        if rospy.wait_for_message("/requestGaitCommand", Bool):
            walkingPub.publish(data=array)
def main():
    rospy.init_node("gait_test",)
    time.sleep(2)
    walking_client("setStatus")
    walking_client("walking")
    slow_walk("forward",6)
    slow_walk("leftward",12)
    slow_walk("backward",6)
    slow_walk("rightward",12)
if __name__ == '__main__':
    main()
```

对 ROS 工作空间编译后,进行与上一节遥控案例相同的操作,启动 Bodyhub 和 Gaitcommander 节点,如图 6.16 所示。

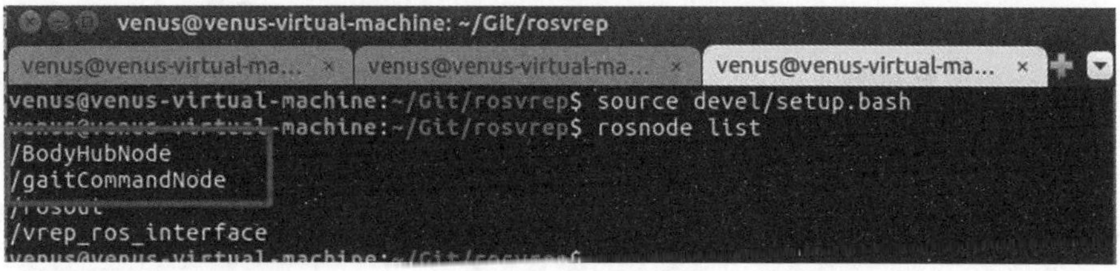

图 6.16　启动节点

然后,启动刚刚编写的 Python 文件,可以发现机器人开始运动,并且运动轨迹是按照刚刚制定的方向和步数,如图 6.17 所示。

```
python gait_test.py
```

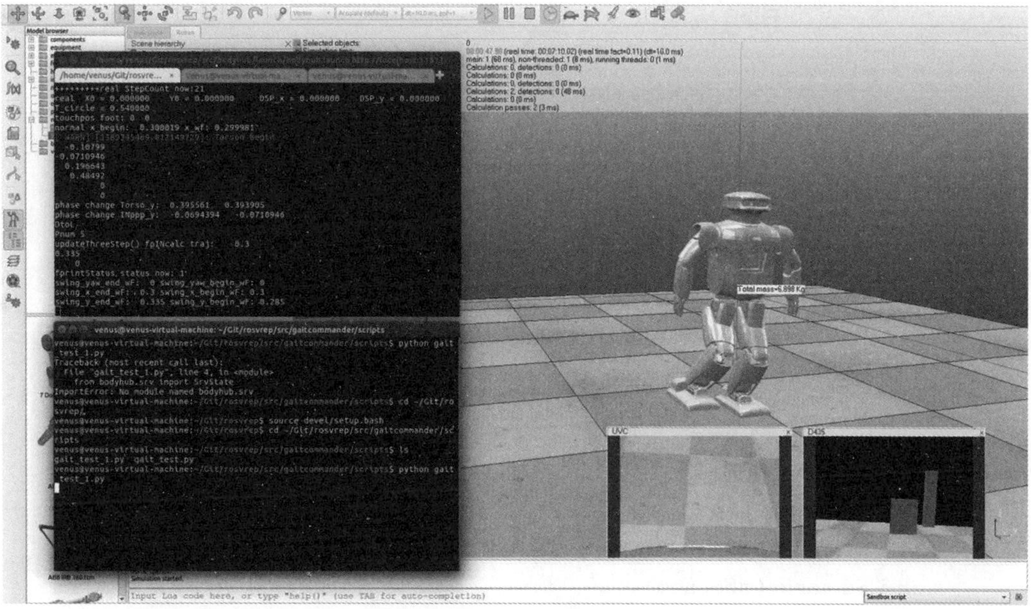

图 6.17　程序运行

下面,对刚刚的 Python 代码进行说明:

```
#! /usr/bin/env python
import rospy
import time
from bodyhub.srv import SrvState
from std_msgs.msg import Bool
from std_msgs.msg import Float64MultiArray
GAIT_RANGE = 0.05
walkingPub = rospy.Publisher('/gaitCommand', Float64MultiArray, queue_size
=1)
```

首先，引入所需要的包，及 ROS 话题和服务，并声明 GAIT_RANGE 为 0.05，这个数据，读者可以尝试修改，这对机器人后面步态仿真有一定的影响。

定义状态机跳转函数：

```
def walking_client(walkstate):
    rospy.wait_for_service("/MediumSize/BodyHub/StateJump")
    client = rospy.ServiceProxy("/MediumSize/BodyHub/StateJump", SrvState)
    client(2, walkstate)
```

定义步态运行函数，需要注意的是步态指令与参数，需要与之前.cpp 文件对应：

```
def slow_walk(direction, stepnum):
    """
    :param direction: "forward" or "backward"
    :param stepnum: int num
    :return:
    """
    array = [0.0, 0.0, 0.0]
    if direction == "forward":
        array[0] = GAIT_RANGE
    elif direction == "backward":
        array[0] = -1 * GAIT_RANGE
    elif direction == "leftward":
        array[1] = 1 * GAIT_RANGE
    elif direction == "rightward":
        array[1] = -1 * GAIT_RANGE
    else:
        rospy.logerr("error walk direction")
    for i in range(stepnum):
        if rospy.wait_for_message("/requestGaitCommand", Bool):
            walkingPub.publish(data=array)
```

最后，定义主函数，主要是完成状态机的跳转，设定步态和步数：

```
def main():
    rospy.init_node("gait_test",)
    time.sleep(2)
    walking_client("setStatus")
    walking_client("walking")
    slow_walk("forward",6)
    slow_walk("leftward",12)
    slow_walk("backward",6)
    slow_walk("rightward",12)
```

6.4 CoppeliaSim 传感器使用

机器人传感器在机器人的控制中起到非常重要的作用，正因为有了传感器，机器人才具备了类似人类的知觉功能和反应能力。CoppeliaSim 和 ROS 提供了丰富的传感器模块和通信方式，下面以视觉传感器和接近传感器为案例进行讲解。

6.4.1 视觉传感器

机器视觉是机器人进行物体操控和导航的一个重要内容。目前市场上有许多 2D/3D 的视觉传感器，而且大多数传感器在 ROS 中都有驱动程序。Roban 机器人提供了两个相机，一个是 Realsense D435 RGBD 深度摄像头位于头部，除了可以得到通常的 RGB 图像之外还可获取到分辨率为 1 280×720 的深度信息，最高可以提供 30 帧的 RGB 图像以及 90 帧的深度图像，这给机器人进行 V-SLAM 导航的可能性提供了基础；另一个是标准的 UVC 摄像头，可以提供俯视视角的图像信息。本小节将讨论如何通过话题订阅视觉，进行编程。

另外，如果读者对开源计算机视觉库（Open Source ComputerVision，OpenCV）和点云库（Point Cloud Library，PCL）感兴趣，可以阅读《ROS 机器人高效编程》和《精通 ROS 机器人编程》，里面有详细的介绍，此处不再赘述。

6.4.2 Camera 简介

首先，启动 ROS，打开 CoppeliaSim，并运行 BodyHub 节点，可以查看到话题中已经有了摄像头话题，并且 CoppeliaSim 中提供了摄像头窗口，可以直接查看，如图 6.18、6.19 所示。

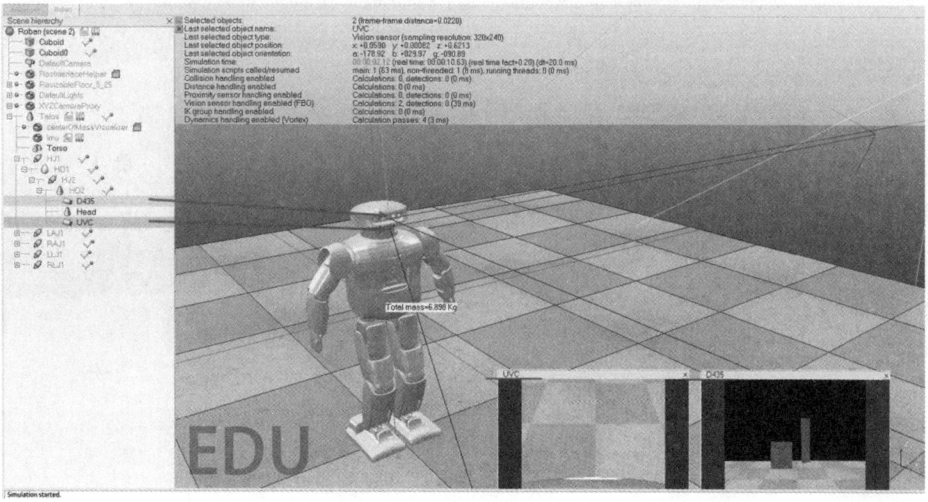

图 6.18 D435 & UVC

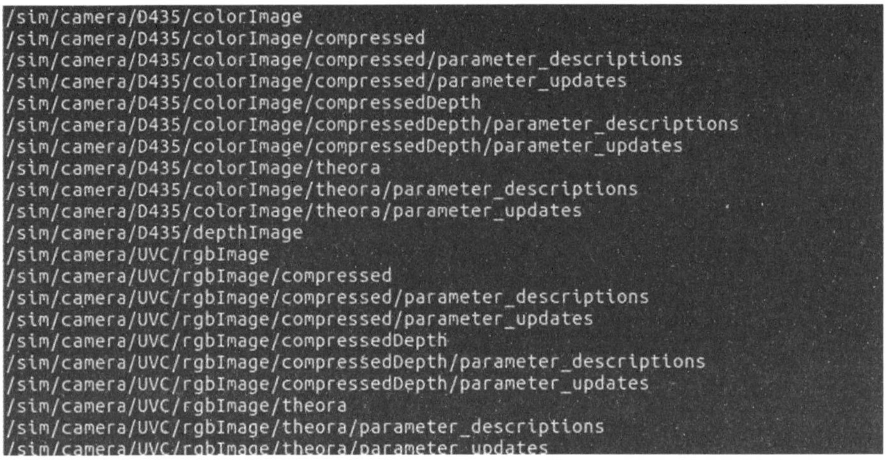

图 6.19 Camera_topic

除了查看获取的图像之外，通过订阅话题，可以获得图像的参数，这里以视觉为例，调用 D435 视觉，通过如下命令，在另一个窗口中显示图像：

```
rosrun image_view image_view image:=<image topic> [image transport type]
```

如

```
rosrun image_view image_view image:=/sim/camera/D435/colorImage
```

通过小窗口即可查看机器人所见情况，如图 6.20、6.21 所示。

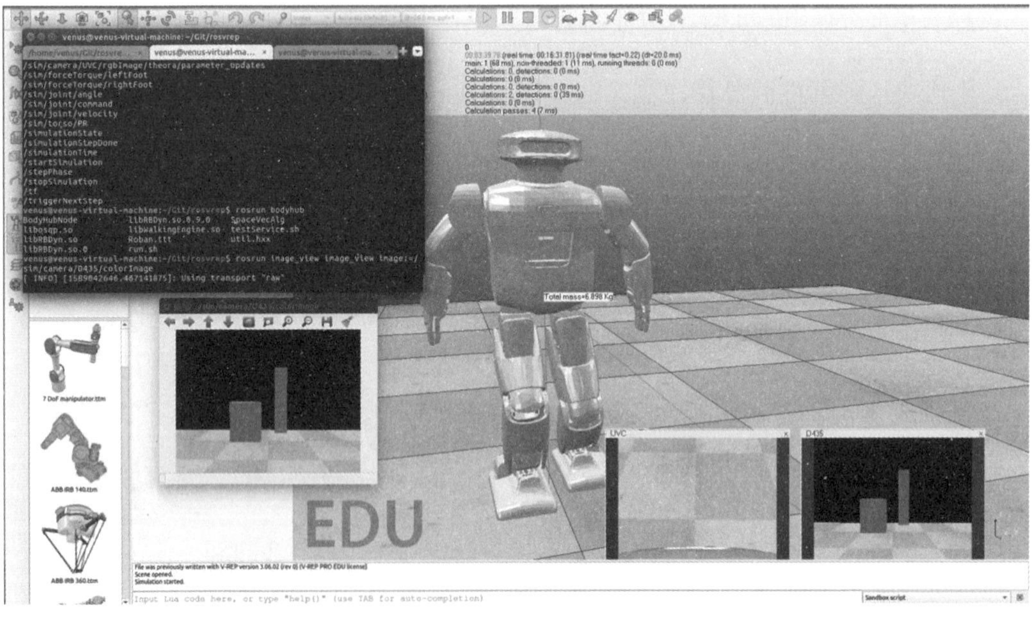

图 6.20 W_walking

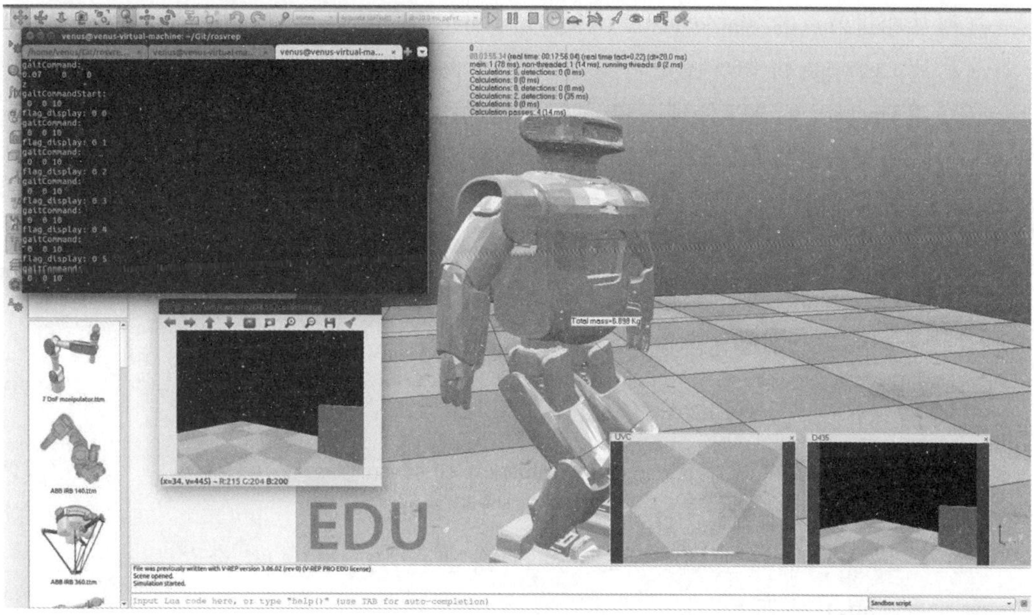

图 6.21　Z_walking

现在已经了解如何从相机中获取图像，下面介绍使用 ROS 和 OpenCV 进行图像处理。

6.4.3　使用 ROS 和 OpenCV 进行图像处理

前文已经了解了 cv_bridge 的使用。

CvBridge 库充当 ROS 消息与 OpenCV 图像互相转换的桥梁，如图 6.22 所示，通过下面的例子可以理解如何在 ROS 和 OpenCV 之间进行转换。

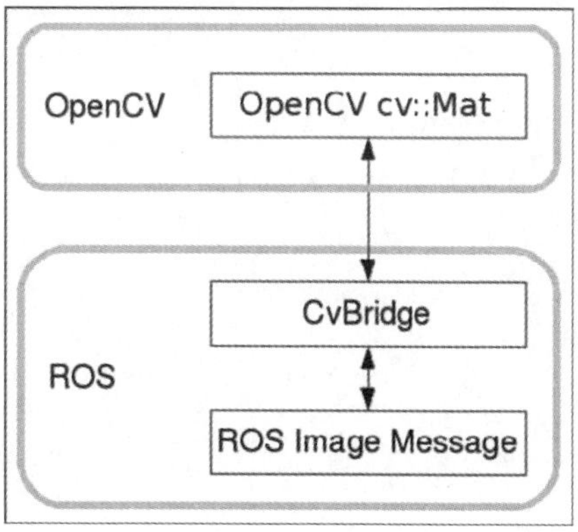

图 6.22　cv_bridge

该示例使用 cv_bridge 从相机中获取图像并且使用 OpenCV API 来转换和处理图像。示例工作流程如下：

(1)从相机节点的/sim/camera/D435/colorImage(sensor_msgs/Image)话题订阅图像;

(2)用 CvBridge 将 ROS 图像转换为 OpenCV 图像类型;

(3)用 OpenCV 的 API 处理图像,找到图像的边缘;

(4)将边缘检测的 OpenCV 图像转换为 ROS 图像消息并将其发布到/edge_detector/processed_image 话题上。

下面来一步一步地介绍该示例的操作步骤。

步骤 1:创建一个 ROS 软件包。

使用下面的命令创建一个新软件包:

```
catkin_create_pkg cv_bridge_tutorial_pkg cv_bridge image_transport roscpp
sensor_msgs std_msgs
```

该软件包主要依赖 cv_bridge、image_transport 和 sensor_msgs。

步骤 2:创建源码文件。

在 cv_bridge_tutorial_pkg/src 文件夹下,新建一个 c++ 文件,命名为 sample_cv_bridge_node.cpp,代码如下:

```
#include <ros/ros.h>
#include <image_transport/image_transport.h>
#include <cv_bridge/cv_bridge.h>
#include <sensor_msgs/image_encodings.h>
#include <opencv2/imgproc/imgproc.hpp>
#include <opencv2/highgui/highgui.hpp>
static const std::string OPENCV_WINDOW = "Raw Image window";
static const std::string OPENCV_WINDOW_1 = "Edge Detection";
class Edge_Detector
{
  ros::NodeHandle nh_;
  image_transport::ImageTransport it_;
  image_transport::Subscriber image_sub_;
  image_transport::Publisher image_pub_;
public:
  Edge_Detector()
    : it_(nh_)
  {
    //Subscribe to input video feed and publish output video feed
    image_sub_ = it_.subscribe("/sim/camera/D435/colorImage", 1,
      &Edge_Detector::imageCb, this);
    image_pub_ = it_.advertise("/edge_detector/raw_image", 1);
    cv::namedWindow(OPENCV_WINDOW);
```

```
    }
    ~Edge_Detector()
    {
      cv::destroyWindow(OPENCV_WINDOW);
    }
    void imageCb(const sensor_msgs::ImageConstPtr& msg)
    {
      cv_bridge::CvImagePtr cv_ptr;
      namespace enc = sensor_msgs::image_encodings;
      try
      {
        cv_ptr = cv_bridge::toCvCopy(msg, sensor_msgs::image_encodings::
BGR8);
      }
      catch (cv_bridge::Exception& e)
      {
        ROS_ERROR("cv_bridge exception: %s", e.what());
        return;
      }
      //Draw an example circle on the video stream
      if (cv_ptr->image.rows > 400 && cv_ptr->image.cols > 600){
      detect_edges(cv_ptr->image);
          image_pub_.publish(cv_ptr->toImageMsg());
      }
    }
    void detect_edges(cv::Mat img)
    {
      cv::Mat src, src_gray;
      cv::Mat dst, detected_edges;
      int edgeThresh = 1;
      int lowThreshold = 200;
      int highThreshold =300;
      int kernel_size = 5;
      img.copyTo(src);
      cv::cvtColor( img, src_gray, CV_BGR2GRAY );
          cv::blur( src_gray, detected_edges, cv::Size(5,5));
      cv::Canny( detected_edges, detected_edges, lowThreshold, highThreshold,
kernel_size );
      dst = cv::Scalar::all(0);
```

```
    img.copyTo( dst, detected_edges);
    dst.copyTo(img);
        cv::imshow(OPENCV_WINDOW, src);
        cv::imshow(OPENCV_WINDOW_1, dst);
        cv::waitKey(3);
  }
};
int main(int argc, char * * argv)
{
  ros::init(argc, argv, "Edge_Detector");
  Edge_Detector ic;
  ros::spin();
  return 0;
}
```

步骤 3:代码说明。

下面是完整的代码解释:

```
#include <image_transport/image_transport.h>
```

此段代码用 image_transport 软件包发布和订阅 ROS 中的图像。

```
#include <cv_bridge/cv_bridge.h>
#include <sensor_msgs/image_encodings.h>
```

这两个头文件包含了 CvBridge 类以及与图像编码相关的函数。

```
#include <opencv2/imgproc/imgproc.hpp>
#include <opencv2/highgui/highgui.hpp>
```

这两个头文件包含了 OpenCV 图像处理模块和 GUI 模块,分别提供图像处理和 GUI 的 API。

```
  image_transport::ImageTransport it_;
public:
  Edge_Detector()
    : it_(nh_)
  {
    //Subscribe to input video feed and publish output video feed
    //订阅输入视频和发布输出视频
    image_sub_ = it_.subscribe("/sim/camera/D435/colorImage", 1,
      &Edge_Detector::imageCb, this);
    image_pub_ = it_.advertise("/edge_detector/raw_image", 1);
```

image_transport::ImageTransport it_;创建了一个 Image - Transport 对象实例,用于发布和订阅 ROS 图像。ImageTransport 的 API 信息在后文介绍。

使用 image_transport 发布和订阅图像:ROS 图像的传输与 ROS 中发布者和订阅者非

常相似,它发布和订阅图像,并且带有相机信息。虽然可以使用 ros::Publisher 来发布图像数据,但是使用图像传输是发送图像数据更有效的方式。

图像传输的 API 是由 image_transport 软件包提供的。使用这些 API,我们可以用不同的压缩格式来传输图像。例如,可以传输未压缩图像,也可以传输 JPEG/PNG 压缩格式图像;或者在单独话题中,用 Theora 压缩格式来传输图像;还可以通过插件添加其他不同的传输格式。默认情况下,可以看到用压缩格式和 Theora 格式进行传输。

```
image_transport::ImageTransport it_;
```

在这行代码中,创建了一个 ImageTransport 类的实例。

```
image_transport::Subscriber image_sub_;
image_transport::Publisher image_pub_;
```

在这行代码中,用 image_transport 对象声明了订阅者和发布者对象,用于订阅和发布图像数据。

```
image_sub_ = it_.subscribe("/sim/camera/D435/colorImage", 1,
  &Edge_Detector::imageCb, this);
image_pub_ = it_.advertise("/edge_detector/raw_image", 1);
```

上面代码显示了如何实现订阅和发布图像数据。

```
cv::namedWindow(OPENCV_WINDOW);
 }
 ~Edge_Detector()
 {
  cv::destroyWindow(OPENCV_WINDOW);
 }
```

cv::namedWindow()是一个 OpenCV 函数,用于创建 GUI 窗口,显示图像。该函数的参数是 GUI 的窗口名。在析构函数中,根据窗口名来销毁 GUI 窗口。

使用 cv_bridge 将 OpenCV 转换为 ROS 图像:

这是一个图像的回调函数,它用 CvBridge 的 API 将 ROS 图像消息转换为 OpenCV 下的 cv::Mat 类型数据。下面是在 ROS 和 OpenCV 之间进行转换的代码:

```
void imageCb(const sensor_msgs::ImageConstPtr& msg)
{
 cv_bridge::CvImagePtr cv_ptr;
 namespace enc = sensor_msgs::image_encodings;
 try
 {
  cv_ptr = cv_bridge::toCvCopy(msg, sensor_msgs::image_encodings::BGR8);
 }
 catch (cv_bridge::Exception& e)
 {
```

```
    ROS_ERROR("cv_bridge exception: % s", e.what());
    return;
  }
```

要想启动 CvBridge，首先需要创建一个 CvImage 的实例。下面的代码即创建了一个 CvImage 的指针：

```
cv_bridge::CvImagePtr cv_ptr;
```

CvImage 是由 cv_bridge 提供的一个类，由 OpenCV 图像、编码方式、ROS 消息头等信息组成。利用 CvImage 可以很方便地在 ROS 图像和 OpenCV 之间完成转换：

```
cv_ptr = cv_bridge::toCvCopy(msg, sensor_msgs::image_encodings::BGR8);
```

可以用两种方式处理 ROS 图像消息：使用图像的副本或共享图像数据。使用图像副本时，可以处理图像。但是如果使用共享图像的指针的话，就不能修改图像数据。还可以用 toCvCopy( ) 函数创建 ROS 图像副本，用 toCvShare( ) 函数得到图像指针。在这些函数中，需要提到 ROS 消息和编码类型。

```
if (cv_ptr - >image.rows > 400 && cv_ptr - >image.cols > 600){
detect_edges(cv_ptr - >image);
    image_pub_.publish(cv_ptr - >toImageMsg());
}
```

这段代码从 CvImage 实例中提取图像及其属性，并从该实例中访问 cv::Mat 对象。这段代码只检查图像的行和列是否在特定范围内。如果在特定范围内，则调用另一个方法 detect_edges(cv::Mat)。该方法处理图像并显示边缘检测的结果图像。

```
image_pub_.publish(cv_ptr - >toImageMsg());
```

上面这行代码在转换为 ROS 图像消息后发布边缘检测图像。此处用 toImageMsg( ) 函数将 CvImage 实例转换为 ROS 图像消息。

将 ROS 图像转换为 OpenCV 类型后，将调用 detect_edges(cv::Mat) 函数进行图像的边缘检测，具体使用下述 OpenCV 的内置函数：

```
cv::cvtColor( img, src_gray, CV_BGR2GRAY );
    cv::blur( src_gray, detected_edges, cv::Size(5,5));
    cv::Canny( detected_edges, detected_edges, lowThreshold, highThreshold,
kernel_size );
```

这里，调用 cvtColor( ) 函数将 RGB 图像转换为灰色图像，调用 cv::blur( ) 函数对图像进行模糊处理。最后，用 Canny 边缘检测器提取图像中的边缘。

用 OpenCV 的 imshow( ) 函数显示图像数据，该函数包含窗口名称和图像名称：

```
cv::imshow(OPENCV_WINDOW, src);
cv::imshow(OPENCV_WINDOW_1, dst);
cv::waitKey(3);
```

步骤 4：编辑 CMakeLists. txt 文件。

下面是 CMakeLists. txt 文件的内容。因为本例需要 OpenCV 的支持，所以要包含

OpenCV 头文件的路径,并将源代码与 OpenCV 库路径连接起来:

```
include_directories(
    ${catkin_INCLUDE_DIRS}
    ${OpenCV_INCLUDE_DIRS}
)
add_executable(sample_cv_bridge_node src/sample_cv_bridge_node.cpp)
target_link_libraries(sample_cv_bridge_node
    ${catkin_LIBRARIES}
    ${OpenCV_LIBRARIES}
)
```

步骤5:编译并运行示例。

使用 catkin_make 编译软件包后,就可以使用下面的命令来运行这个节点。

(1)启动 Bodyhub 节点:

```
roslaunch bodyhub bodyhub.launch sim:=True
```

(2)运行 cv_bridge 节点:

```
rosrun cv_bridge_tutorial_pkg sample_cv_bridge_node
```

如果一切正常的话,将看到两个窗口,如图 6.23、6.24 所示。第一个窗口显示原始图像,第二个窗口显示处理后的边缘检测图像。

除了以上案例提供的2D 图像处理,还可以使用 D435 获取的3D 点云数据,进行更多的应用开发。

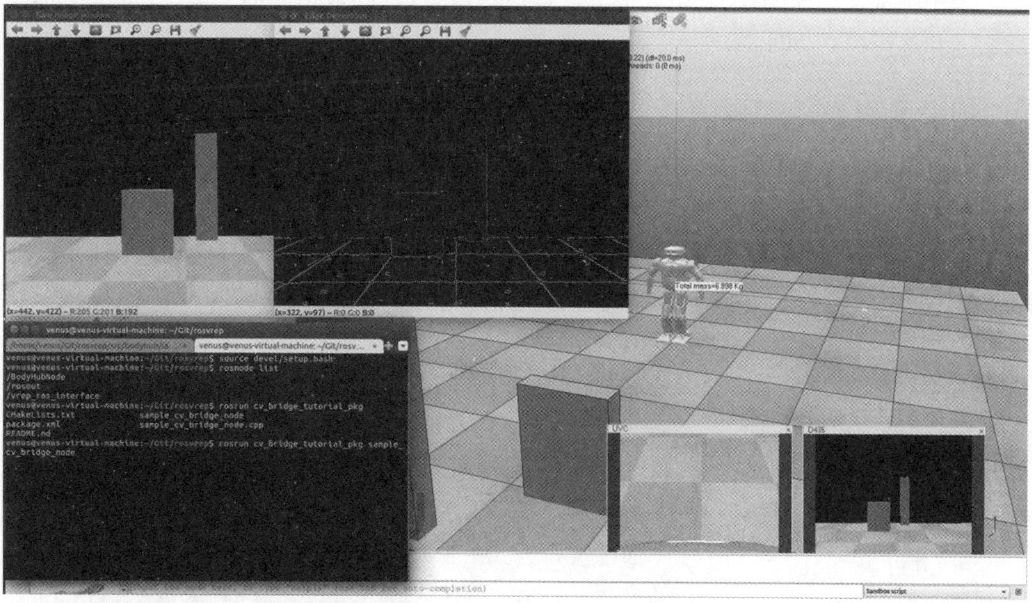

图 6.23　原始图像和边缘检测图像(1)

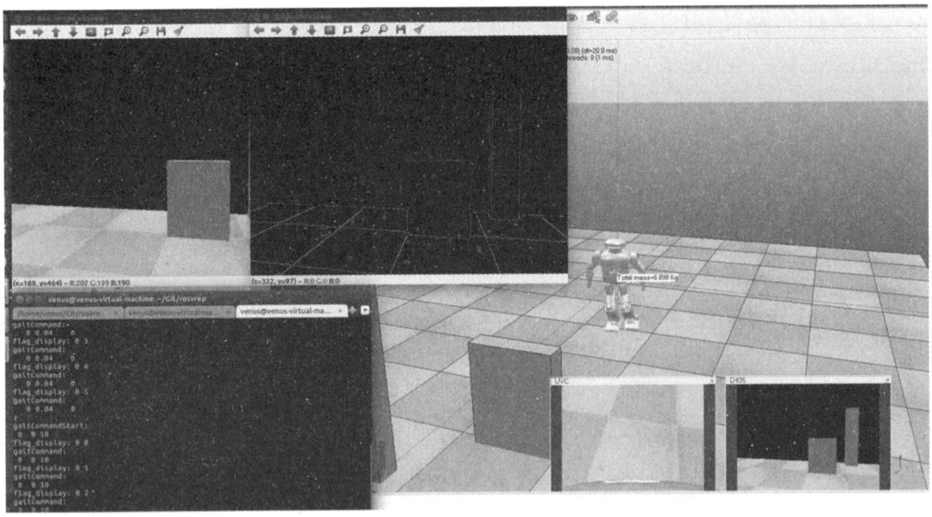

图 6.24 原始图像和边缘检测图像(2)

6.4.4 接近传感器

除了 Roban 机器人本身携带的传感器,在 CoppeliaSim 中也可以给它添加新的传感器,本小节以接近传感器为例。接近传感器的类型从超声波到红外线,从光线型到圆锥型,有很多种,需要根据使用场景进行选择,读者可以通过阅读官方文档进行学习,本小节仅以圆锥型进行展开。

选用圆锥型的原因:①它是大部分接近传感器中最好、最精确的模型;②取决于选择的精度和运行模式,可以有更大的计算量。

具体操作如下:

(1)依次单击【Menu bar】→【Add】→【Proximity sensor】→【Cone type】,如图 6.25 所示。

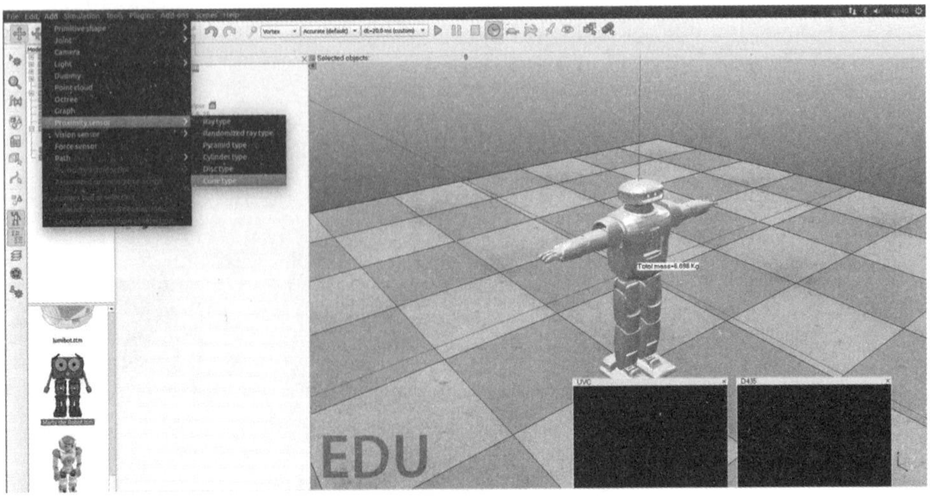

图 6.25 cone type

(2)修改传感器的位置(即坐标)和朝向(即方向),如图6.26、6.27所示。

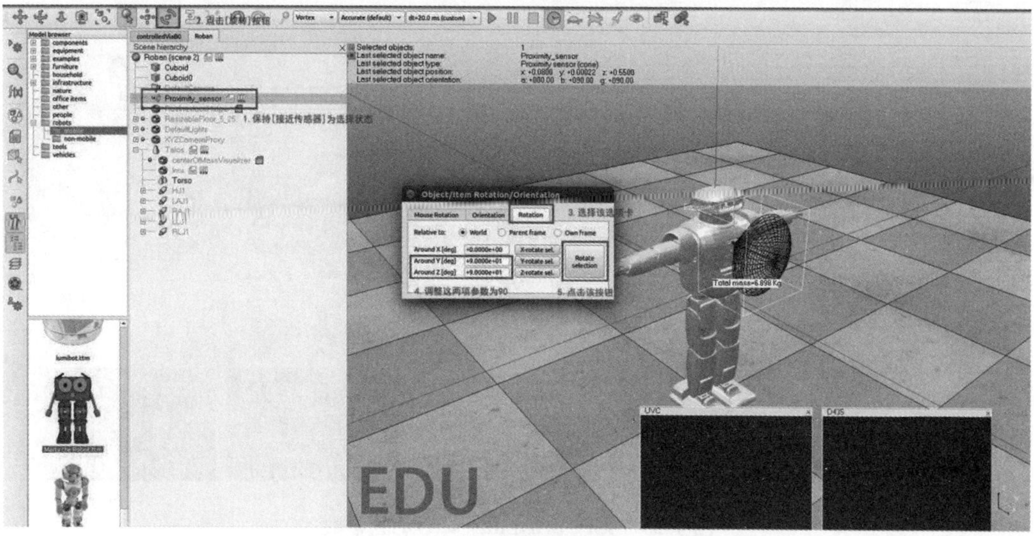

图6.26　修改朝向

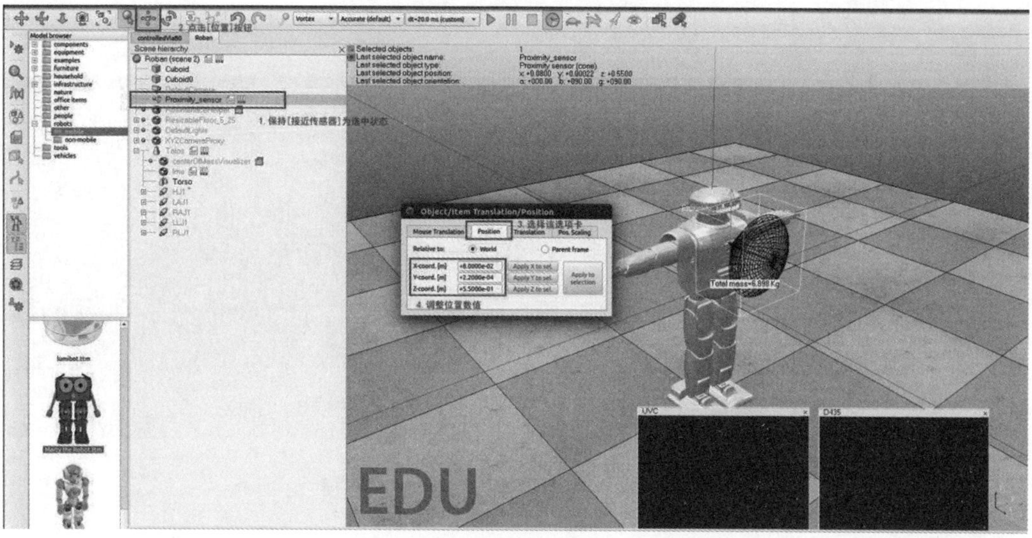

图6.27　修改位置

(3)修改proximity sensor(接近传感器)的参数,如图6.28所示。

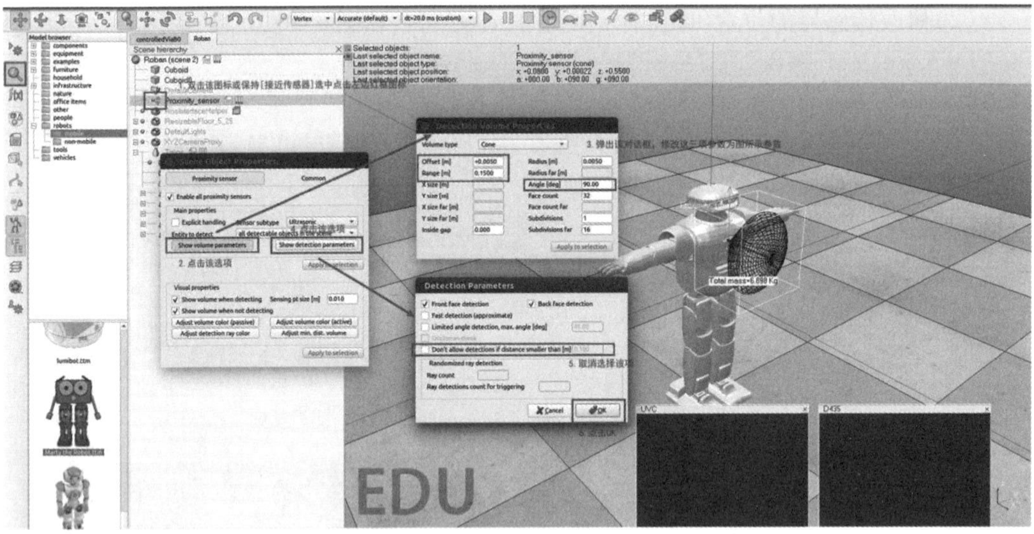

图 6.28　修改 proximity sensor 的参数

(4)修改 proximity sensor(接近传感器)的名称,如图 6.29 所示。

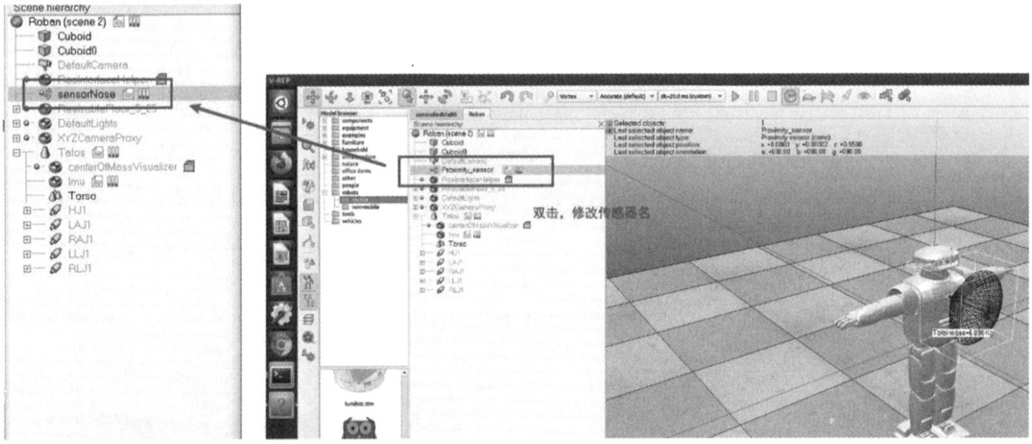

图 6.29　修改 proximity sensor 的名称

(5)将对象 SensingNose 添加到 Roban 下,如图 6.30 所示。

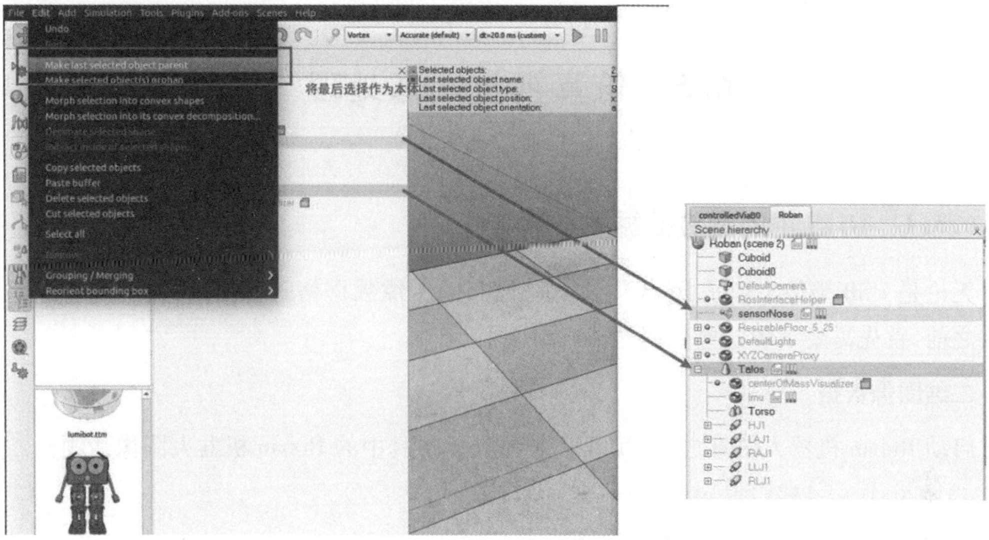

图 6.30　添加到 roban 下

现在把传感器加到 Roban 机器人上，通过 Lua 程序测试（图 6.31），可以发现传感器是有反应的。结合前文的内容，可以通过程序，将传感器的反应数值通过 ROS_Topic 进行传递，进而影响机器人运动控制。

这里涉及一定的 Lua 编程，读者需要对照 CoppeliaSim 提供的官方函数，对照练习。

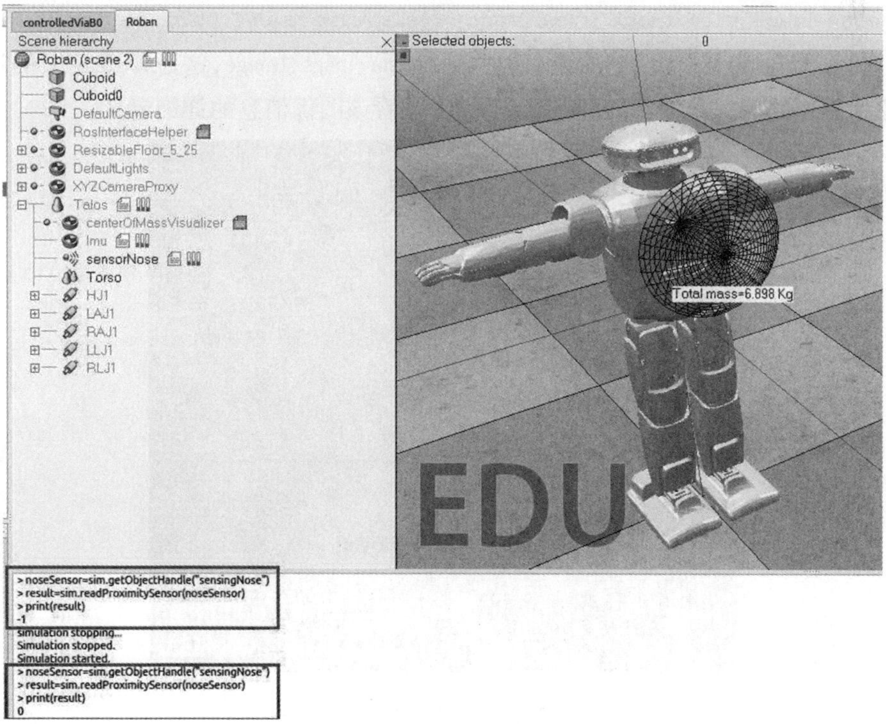

图 6.31　测试

6.5 仿真视觉图像处理

6.5.1 ROS 中的图像数据

无论是 USB 摄像头还是 RGBD 摄像头,发布的图像数据格式都很多样,在处理这些数据之前,首先需要了解这些数据的格式。

二维图像数据

启动 Roban 机器人仿真之后,就可以查看 vrep 仿真中的 Roban 机器人图像话题:

```
"/sim/camera/D435/colorImage"
"/sim/camera/UVC/colorImage"
```

使用以下命令查看当前系统中的图像话题信息(图 6.32):

```
rostopic info /sim/camera/UVC/colorImage
```

查看图像消息:

```
rosmsg show sensor_msgs/Image
```

通过 image_view 查看 image 话题图像内容:

```
rosrun image_view image_view image:=/sim/camera/D435/colorImage
rosrun image_view image_view image:=/sim/camera/UVC/colorImage
```

由图 6.32 可知,图像话题的消息类型是 sensor_msgs/Image,这是 ROS 定义的一种摄像头原始图像的消息类型,可以使用以下命令查看该图像消息的详细定义:

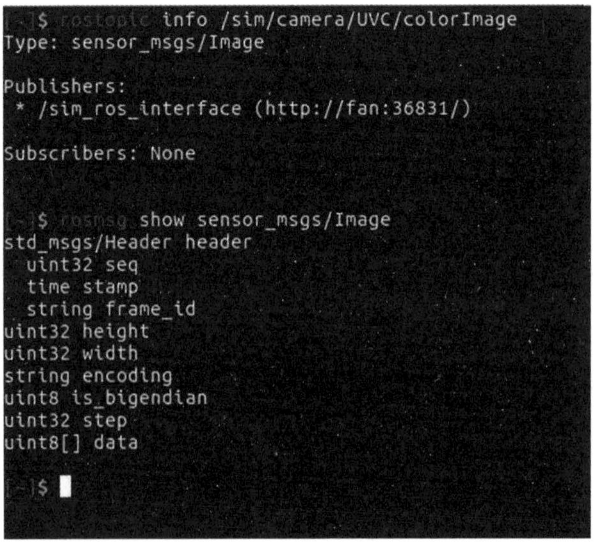

图 6.32 摄像头话题

该类型图像数据的具体内容如下。

header:消息头,包含图像的序号、时间戳和绑定坐标系。

height:图像的纵向分辨率,即图像包含多少行的像素点,这里使用的摄像头为720。

width:图像的横向分辨率,即图像包含多少列的像素点,这里使用的摄像头为1 280。

encoding:图像的编码格式,包含 ROB、YUV 等常用格式,不涉及图像压缩编码。

is_bigendian:图像数据的大小端存储模式。

step:一行图像数据的字节数量,作为数据的步长参数,这里使用的摄像头为 width × 3 =1 280 ×3 =3 840 字节。

data:存储图像数据的数组,大小为 step × height 字节,根据该公式可以算出这里使用的摄像头产生一帧图像的数据大小是 3 840 ×720 =2 764 800 字节,约 2.764 8 MB。

一帧 720 ×1 280 分辨率的图像数据量约是 2.76 MB,如果按照 30 帧/秒的帧率计算,那么一秒摄像头产生的数据量就高达 79.1 MB! 这个数据量在实际应用中是接受不了的,尤其是在远程传输图像的场景中,图像占用的带宽过大,会对无线网络造成很大压力。实际应用中,图像在传输前往往会进行压缩处理,ROS 也设计了压缩图像的消息类型 sensor_msgs/Compressedlmage,该消息类型的定义如图 6.32 所示。

这个消息类型相比原始图像的定义要简洁不少,除了消息头外,只包含图像的压缩编码格式“format”和存储图像数据的“data”数组。图像压缩编码格式包含 JPEG、PNG 和 BMP 等,每种编码格式对数据的结构已经进行了详细定义,所以在消息类型的定义中省去了很多不必要的信息。

6.5.2 ROS CvBridge 实践

ROS 以其自己的 sensor_msgs/Image 消息格式传递图像,但是需要使用 OpenCV 来处理图片数据,此时就需要利用 CvBridge 提供的 ROS 和 OpenCV 的转化接口。

(1)将 ROS 图像消息转化为 OpenCV 的图像:

```
from cv_bridge import CvBridge
bridge = CvBridge()
cv_image = bridge.imgmsg_to_cv2(image_message, desired_encoding='bgr8')
```

(2)将 OpenCV 的图像转化为 ROS 图像消息:

```
from cv_bridge import CvBridge
bridge = CvBridge()
image_message = bridge.cv2_to_imgmsg(cv_image, encoding="bgr8")
```

(3)订阅图像话题通过 OpenCv 显示 Roban 摄像头数据。

下面的例子是订阅仿真机器人的摄像头图像话题经过 CvBridge 处理后,使用 openCv 显示的图像。

```
    #! /usr/bin/python
# coding:utf-8
```

```
import rospy
import cv2
from cv_bridge import CvBridge
from sensor_msgs.msg import Image
class image_converter:
    def __init__(self):
        # 创建 cv_bridge,声明图像的发布者和订阅者
        self.image_pub = rospy.Publisher("cv_bridge_image", Image, queue_
size=1)
        self.bridge = CvBridge()
       self.image_sub = rospy.Subscriber("/sim/camera/D435/colorImage", Im-
age, self.callback)    def callback(self,data):
        # 使用 cv_bridge 将 ROS 的图像数据转换成 OpenCV 的图像格式
        try:
            cv_image = self.bridge.imgmsg_to_cv2(data, "bgr8")
        except CvBridgeError as e:
            print e
        # 在 opencv 的显示窗口中绘制一个圆,作为标记
        (rows,cols,channels) = cv_image.shape
        if cols > 60 and rows > 60 :
            cv2.circle(cv_image, (60, 60), 30, (0,0,255), -1)
        # 显示 Opencv 格式的图像
        cv2.imshow("Image window", cv_image)
        cv2.waitKey(3)
        # 再将 opencv 格式的数据转换成 ros image 格式的数据发布
        try:
            self.image_pub.publish(self.bridge.cv2_to_imgmsg(cv_image, "
bgr8"))
        except CvBridgeError as e:
            print e
if __name__ == '__main__':
    try:
        # 初始化 ros 节点
        rospy.init_node("cv_bridge_test")
        rospy.loginfo("Starting cv_bridge_test node")
        image_converter()
        rospy.spin()
    except KeyboardInterrupt:
        print "Shutting down cv_bridge_test node."
        cv2.destroyAllWindows()
```

第 7 章　仿真实践

当前,人工智能技术正在加速推动机器人智能水平,特别是在家庭场景下的服务机器人成为发展重点。本实践聚焦现实家庭环境核心智能任务的人工智能算法创新,以进一步推动服务机器人的技术创新应用。

本章的实践任务为在虚拟环境下通过构建 AI 算法实现双足机器人 Roban 在家庭复杂场景的应用任务。仿真内容使用统一虚拟仿真平台,读者通过设计研发计算机视觉、运动控制等人工智能算法,使机器人具备运动、感知能力,在虚拟环境中完成规定任务,并提交实践要求的代码及技术报告。

场景使用仿真软件模拟现实家庭环境,Roban 作为家庭机器人,需要协助完成一系列任务,比如在复杂地形行走、抓取目标物并搬运至指定地点,上下楼梯并通过视觉识别寻找规定目标物等。本实践需要依托 Roban 家庭机器人完成相应任务,并统计任务完成度和完成时间。

本实践聚焦家庭生活场景,场景位于客厅中,该环境为室内环境。分为 4 项基本任务,在实现场景的同时需要编写脚本代码实现执行器和传感器相应的联动运行。

(1)打开电灯。

当电灯按钮被机器人按下时,壁灯应该同时响应变亮。

(2)放置茶杯。

机器人将茶杯放置到指定的桌面上。

(3)关闭煤气阀门。

当阀门拧到指定角度时,气压指示器需要改变指针指向。

(4)投送物品。

机器人需要将茶几上随机颜色的物品,根据颜色对其进行分类投入到物品箱内。

7.1　场景布置

首先将搭建实现这几项任务的仿真环境。其中包含一些家具模型,如沙发、茶几、灶台、楼梯等;一些传感器,如墙壁按钮开关等;还有一些执行器,如壁灯、气压指示器等。本实践的最终场景如图 7.1 所示。

另外还需要将 Roban 机器人导入该环境当中。

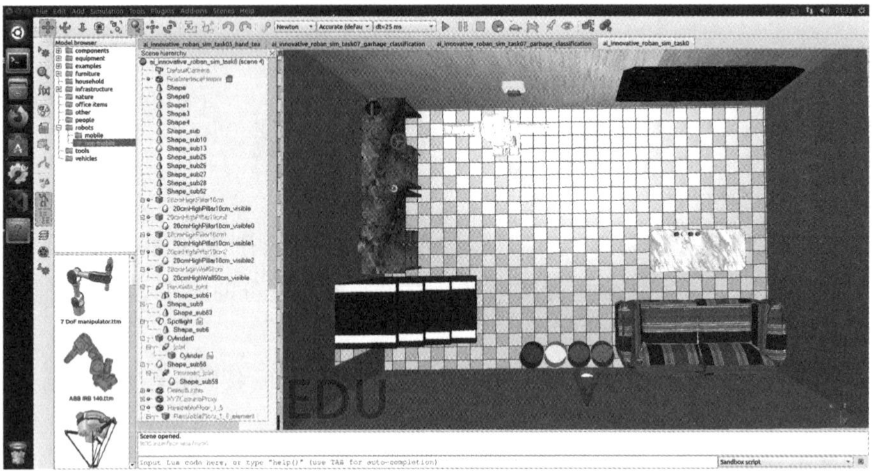

图 7.1　仿真场景

读者可以通过导入如图 7.2 ~7.7 所示的家具模型完成场景布置。

完成基础的场景布置之后，需要对各个任务添加响应方式，如何时电灯点亮，何时气压计变化，等等。先复制四个基础场景，然后分别在场景中修改脚本和机器人位置以完成该项具体任务。

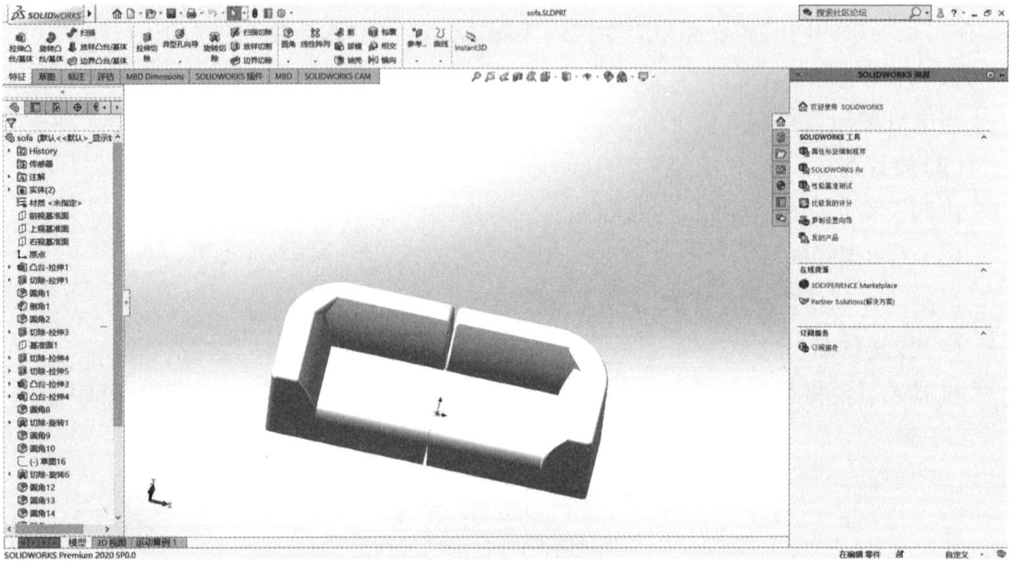

图 7.2　沙发模型

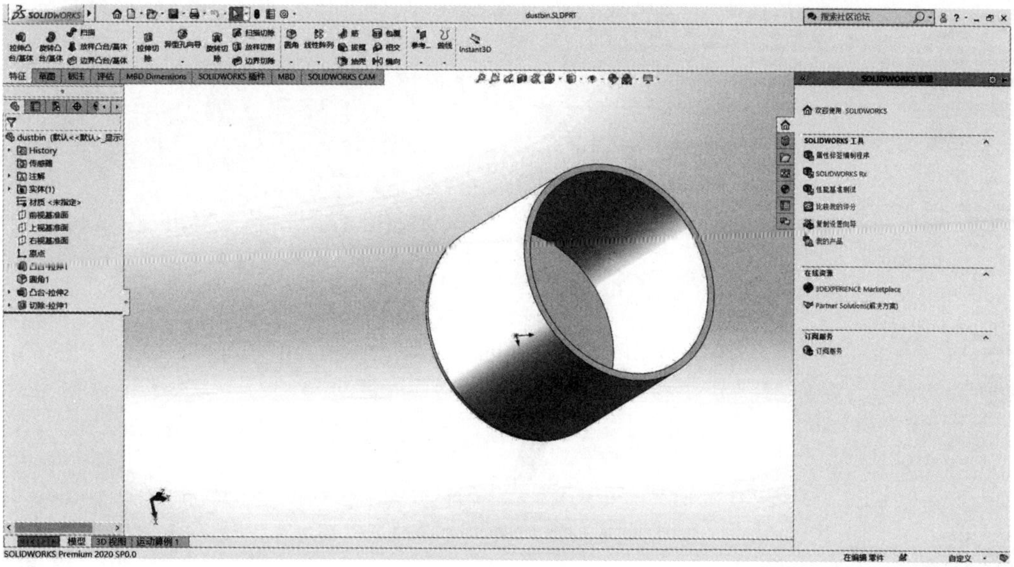

图 7.3　分类箱模型

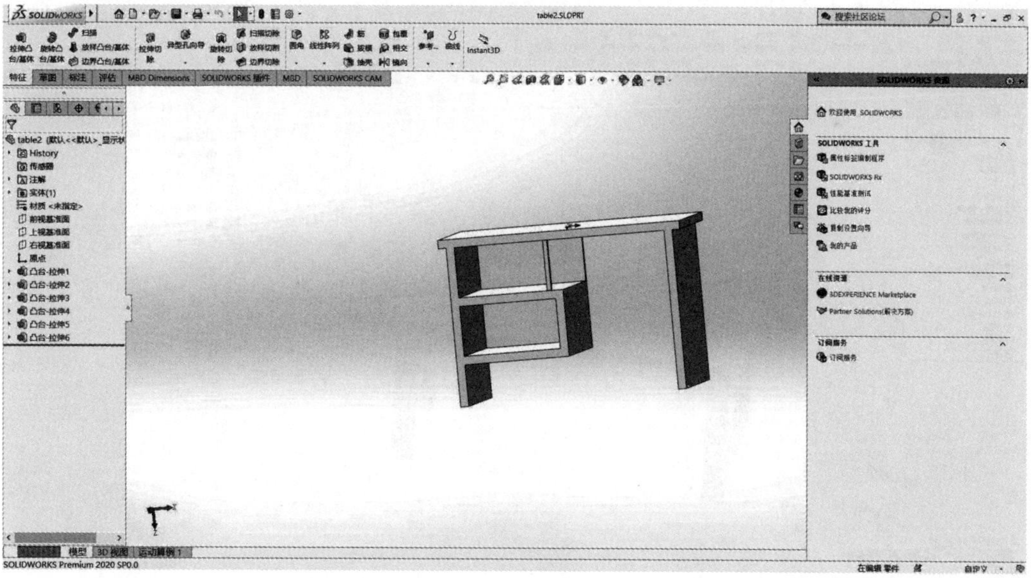

图 7.4　桌子

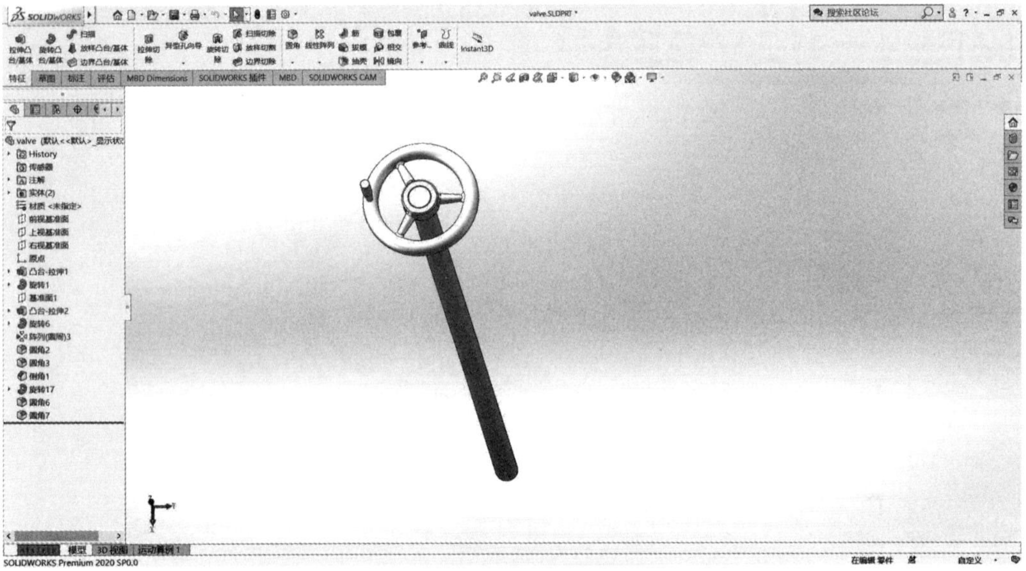

图 7.5　阀门

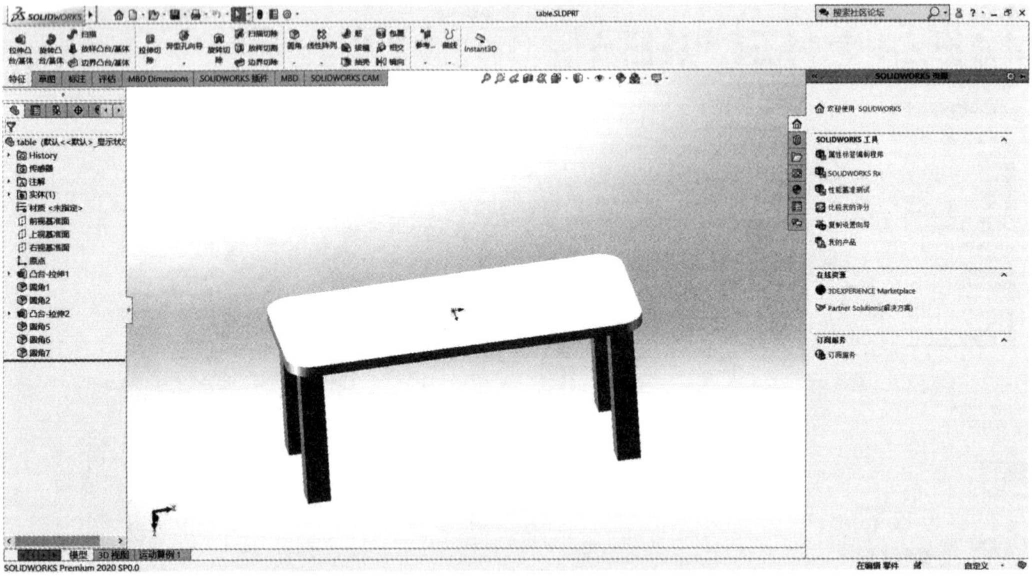

图 7.6　茶几

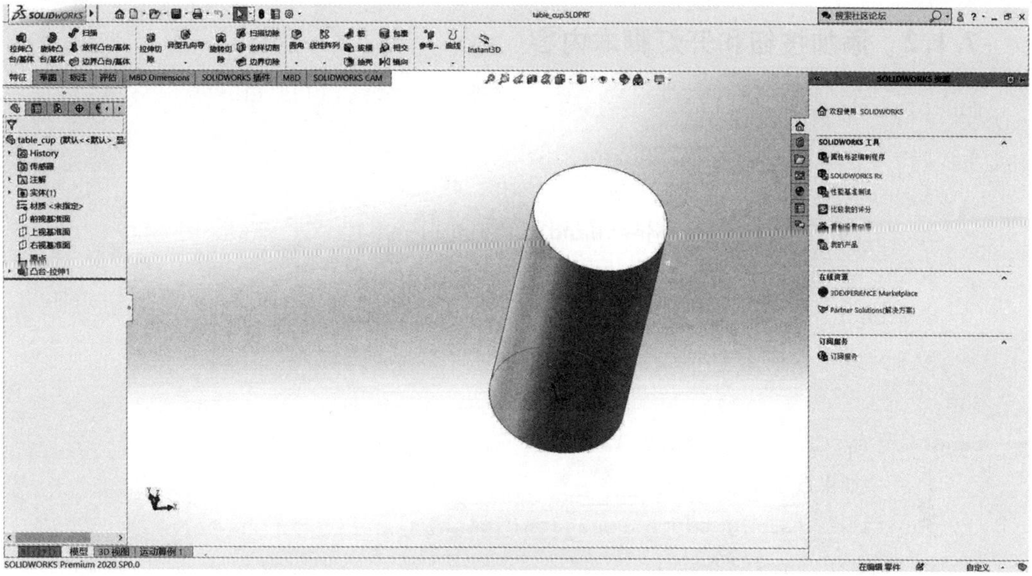

图 7.7　茶几上的物品

7.1.1　添加 joint 和脚本内容

Roban 机器人的各个关节已经具备 joint 和相关功能，还需为阀门、气压计、按钮开关、杯子和所有茶几上的物品添加 joint（图 7.8）以检测阀门、按钮的状态和控制气压计的指针位置。

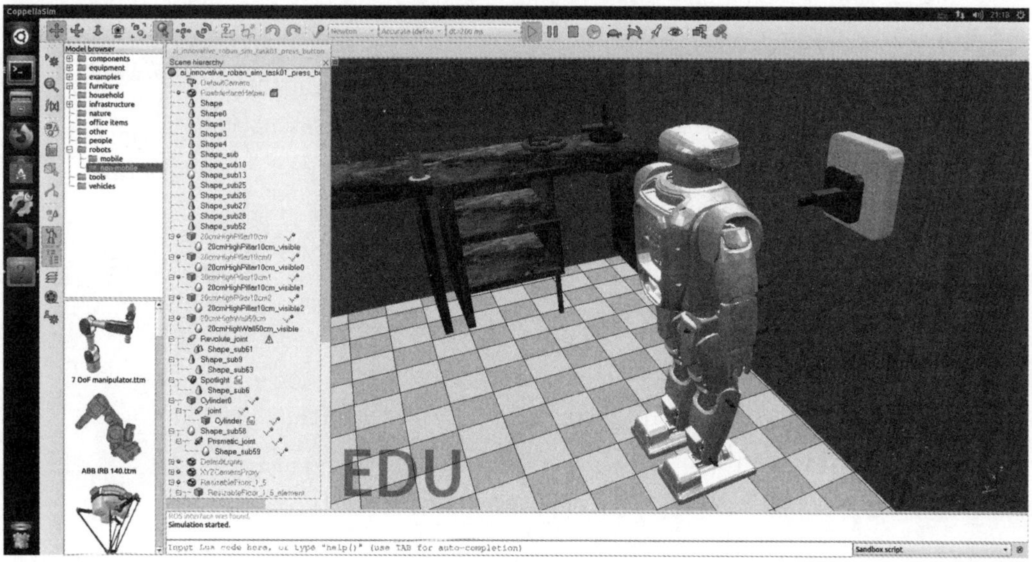

图 7.8　添加 joint

7.1.2 添加按钮和开灯脚本内容

```
function sysCall_init()
    ---
    -- get object handle
    Spotlight = sim.getObjectHandle('Spotlight')
    joint = sim.getObjectHandle('Prismatic_joint')
    sim.setLightParameters(Spotlight,0)  -- 默认灯不亮
    ---
end
function sysCall_actuation()
    --- 如果按钮按下则开灯
    position = sim.getJointPosition(joint)
    if (position > -0.01)
    then
        sim.setLightParameters(Spotlight,1)
    ---
end
```

7.1.3 添加阀门和气压计脚本内容

```
function sysCall_init()
    -- ...... --
    -- get object handle
    Revolute_joint = sim.getObjectHandle('Revolute_joint')
    Cylinder_joint = sim.getObjectHandle('Cylinder_joint')
end
function sysCall_actuation()
    -- put your actuation code here
    --
    -- For example:
    --
    -- local position = sim.getObjectPosition(handle, -1)
    -- position[1] = position[1] + 0.001
    -- sim.setObjectPosition(handle, -1,position)

    --read Revolute position
    Revolute_position = sim.getJointPosition(Revolute_joint)
    -- 判断阀门角度,设定气压指针状态
```

```
    if(Revolute_position < 0.35)
    then
        sim.setJointTargetPosition(Cylinder_joint,2.57)
    end
    -- ...... --
end
```

7.1.4　添加茶杯脚本内容

在放置茶杯任务中需要设定茶杯初始时被握在机器人右手中(图 7.9),然后机器人将该茶杯放置到台面指定位置,如图 7.10 所示。

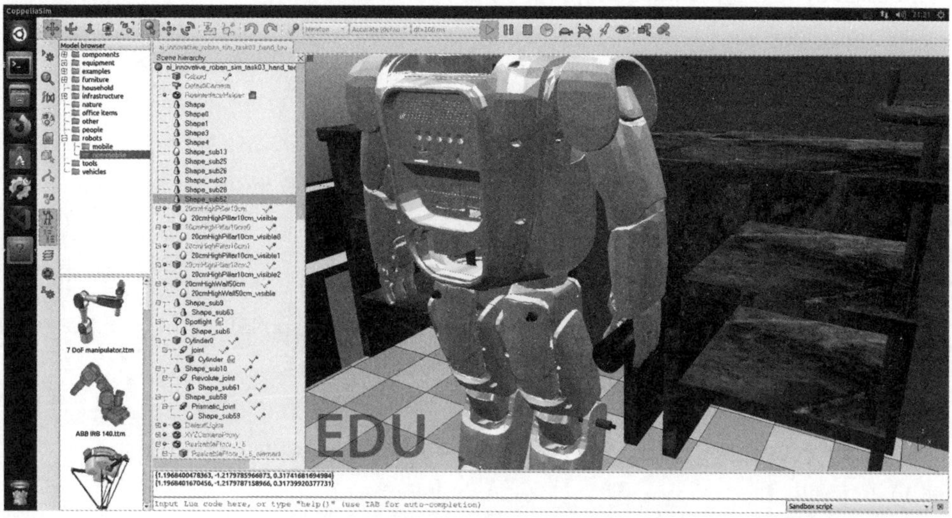

图 7.9　手握茶杯

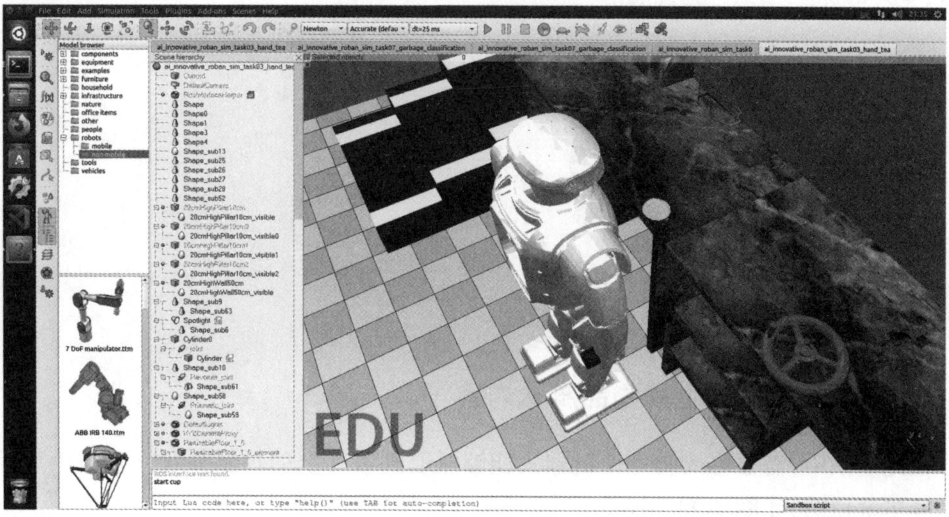

图 7.10　放置茶杯

下面需要设定茶杯 CupJoint - RAJ5 初始状态为依附于 Joint - RAJ3，并且添加如下脚本内容来实现机器人手握茶杯的状态和放手时茶杯掉落的情形。

```
function sysCall_init()
    -- ...... --
    -- get object handle
    Cup = sim.getObjectHandle('Cup')
    RAJ5 = sim.getObjectHandle("RAJ5")
    RHD = sim.getObjectHandle('RH')
end
function sysCall_actuation()
    -- ...... --
    -- 放手释放茶杯
    if(jointAngle[20] > 0.3)then
        sim.setObjectParent(RAJ5, -1,true)
    end
    --获取茶杯位置
    CUP_position = sim.getObjectPosition(Cup, -1)
    if ((CUP_position[1] > 1.3869 - 0.01)and (CUP_position[1] < 1.3869 + 0.
01))
    then
        if ((CUP_position[2] > -1.110 - 0.01)and (CUP_position[2] < -1.110
+0.01))
        then
            if ((CUP_position[3] > 0.49571 - 0.005)and (CUP_position[3] < 0.
49571 +0.005))            then
                if(jointAngle[20] > 0.21) -- 手爪张开
                then
                    complete_flag = 1
                end
            end
        end
    end
end
```

7.1.5 添加茶几上的物品脚本内容

在此场景中，需要修改脚本使机器人能够抓取到茶几上的物品并且在机器人放手时物品能正常掉落，如图 7.11 所示。

```
function sysCall_init()
```

```
bucket = math.random(4)
bodyTorso = sim.getObjectHandle("Talos")
HighPillarB = sim.getObjectHandle("HighPillarB")
HighPillarG = sim.getObjectHandle("HighPillarG")
HighPillarR = sim.getObjectHandle("HighPillarR")
HighPillarY = sim.getObjectHandle("HighPillarY")
Join_B = sim.getObjectHandle("Join_B")
Join_G = sim.getObjectHandle("Join_G")
Join_R = sim.getObjectHandle("Join_R")
Join_Y = sim.getObjectHandle("Join_Y")
position0 = {-0.54961,-0.82421,0.32169}
position1 = {-0.6,-0.45,0.001}
position2 = {-0.65,-0.45,0.001}
position3 = {-0.7,-0.45,0.001}
rr = 0.9
xy_distance = rr
if (bucket == 1)
then
    HighPillar = HighPillarB
    Join_P = Join_B
    bucket_x = 0.13592
    bucket_y = 0.04
    sim.setObjectPosition(HighPillarB,-1,position0)
    sim.setObjectPosition(HighPillarG,-1,position1)
    sim.setObjectPosition(HighPillarR,-1,position2)
    sim.setObjectPosition(HighPillarY,-1,position3)
end
if (bucket == 2)
then
    HighPillar = HighPillarG
    Join_P = Join_G
    bucket_x = 0.66095
    bucket_y = 0.04
    sim.setObjectPosition(HighPillarG,-1,position0)
    sim.setObjectPosition(HighPillarB,-1,position1)
    sim.setObjectPosition(HighPillarR,-1,position2)
    sim.setObjectPosition(HighPillarY,-1,position3)
end
if (bucket == 3)
```

```
    then
        HighPillar = HighPillarR
        Join_P = Join_R
        bucket_x = 0.31091
        bucket_y = 0.04
        sim.setObjectPosition(HighPillarR, -1,position0)
        sim.setObjectPosition(HighPillarB, -1,position1)
        sim.setObjectPosition(HighPillarG, -1,position2)
        sim.setObjectPosition(HighPillarY, -1,position3)
    end
    if (bucket == 4)
    then
        HighPillar = HighPillarY
        Join_P = Join_Y
        bucket_x = 0.48595
        bucket_y = 0.04
        sim.setObjectPosition(HighPillarY, -1,position0)
        sim.setObjectPosition(HighPillarB, -1,position1)
        sim.setObjectPosition(HighPillarG, -1,position2)
        sim.setObjectPosition(HighPillarR, -1,position3)
    end
    RH = sim.getObjectHandle("RH")
    RAD4 = sim.getObjectHandle("RAD4")
    --read cup position
    Cy_RH = sim.getObjectPosition(HighPillar,RH)
    --print(Cy_RH)
end
function sysCall_actuation()
    -- Put some actuation code here.

    if(jointAngle[20] > 0.3)then
        sim.setObjectParent(RAJ5, -1,true)
        index = 0
    end
end
```

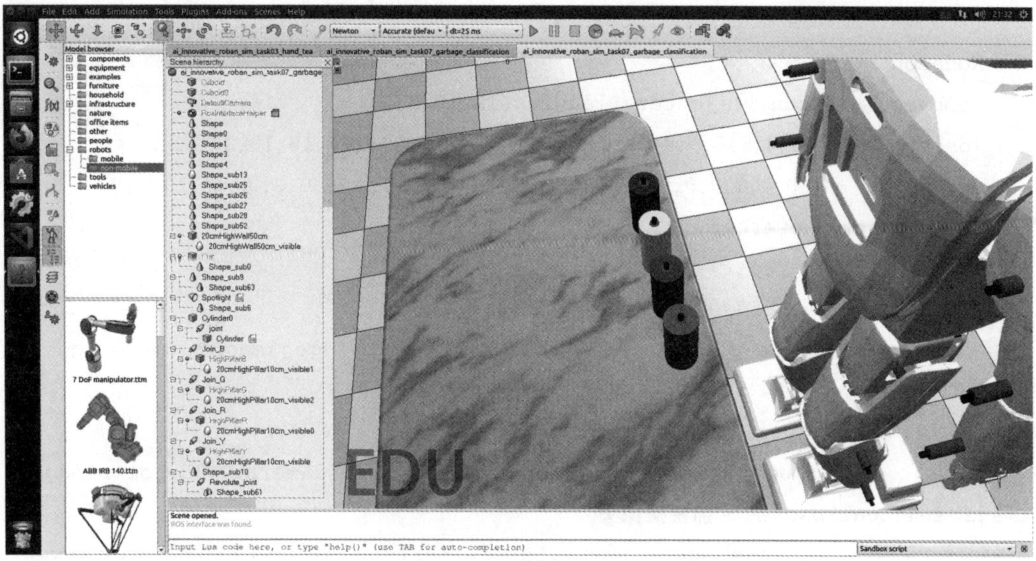

图 7.11 放置茶几上的物品

7.2 开灯仿真

7.2.1 代码运行示例程序

```
#! /usr/bin/env python
# - * - coding: utf-8 - * -
import sys
import time
import rospy
import rospkg
import cv2
from cv_bridge import CvBridge
from sensor_msgs.msg import Image
sys.path.append(rospkg.RosPack().get_path('leju_lib_pkg'))
import motion.motionControl as mCtrl
import motion.TrajectoryPlan as tPlan
from ik_lib.ikmodulesim import IkModuleSim
from ik_lib.ikmodulesim.CtrlType import CtrlType as C
from std_msgs.msg import Float64MultiArray
from std_msgs.msg import Float64
```

```
from mediumsize_msgs.srv import *
NodeControlId = 2
tpObject = tPlan.TrajectoryPlanning(22,10.0)
idList = [1,2,3,4,5,6,7,8,9,10,11,12,13,14,15,16,17,18,19,20,21,22]
angleList = [[0,0,0,0,0,0, 0,0,0,0,0,0, 0,0,0, 0,0,0, 0,0, 0,0],1000,0]
class image_converter:
    def __init__(self):
        #创建 cv_bridge,声明图像的发布者和订阅者
        self.image_pub = rospy.Publisher("cv_bridge_image", Image, queue_
size=1)
        self.bridge = CvBridge()
        self.image_sub = rospy.Subscriber("/sim/camera/D435/colorImage",
Image, self.callback) #前视摄像头
        # self.image_sub = rospy.Subscriber("/sim/camera/UVC/colorImage",
Image, self.callback) #下巴摄像头

    def callback(self, data):
        #使用 cv_bridge 将 ros 的图像数据转换成 openCV 的图像格式
        try:
            cv_image = self.bridge.imgmsg_to_cv2(data, "bgr8")
        except CvBridgeError as e:
            print e
        #显示 opencv 格式的图像
        cv2.imshow("Image window", cv_image)
        cv2.waitKey(3)
def walk(step):
    if mCtrl.SetBodyhubTo_walking(NodeControlId) == False:
        rospy.logerr('bodyhub to setStatus fail!')
        rospy.signal_shutdown('error')
        exit(1)
    for i in range(0, step):
        mCtrl.SendGaitCommand(0.1, 0.0, 0.0)
    mCtrl.WaitForWalkingDone()
    mCtrl.ResetBodyhub()
def rosShutdownHook():
    mCtrl.ResetBodyhub()
#返回 roban 位置信息
def torso_callback(data):
    global roban_torsoPR    #record coordinates of ROBAN
```

```
    roban_torsoPR = data.data
    # print(roban_torsoPR)
def listener():
    rospy.Subscriber("/sim/torso/PR", Float64MultiArray, torso_callback)
def set_arm_mode(mode):
    '''
    set bodyhub arm mode
    mode: 0 action mode, 1 gait pattern
    '''
    try:
        rospy.wait_for_service('MediumSize/BodyHub/armMode', 10)
    except:
        print 'error: wait_for_service armMode!'
        return None
    client = rospy.ServiceProxy('MediumSize/BodyHub/armMode', SetAction)
    response = client(mode, 'set arm mode')
    return response.result
if __name__ == '__main__':
    rospy.init_node('listener', anonymous=True)         #初始化 ros 节点
    print('node runing...')
    set_arm_mode(0)
    roban_torsoPR = [1,2,3]             #初始化 roban_torsoPR,这个列表记录即机器人
                                         的位置
    listener()                          #开始监听
    mCtrl.ResetBodyhub()
      time.sleep(1)
    pub = rospy.Publisher('/playerStart', Float64, queue_size=10)
    try:
        image_converter()               # 获取摄像头图像
    except KeyboardInterrupt:
        print "Shutting down cv_bridge_test."
        cv2.destroyAllWindows()
    rate = rospy.Rate(10)#10hz
    while not rospy.is_shutdown():

        #获取机器人的位置坐标相关信息
        hello_str = 0.0
        pub.publish(hello_str)
        print('\r Ctrl+c to break; 当前坐标为:X:% f 当前坐标为:Y:% f 当前坐标为:
```

```
Z:% f ' % (roban_torsoPR[0],roban_torsoPR[1],roban_torsoPR[2]))


        rate.sleep()
```

运行实践任务按以下几个步骤进行。

(1)运行 roscore:

```
roscore
```

(2)启动仿真环境,并加载相应场景:

```
vrep
```

(3)启动 Roban 仿真 ik_module 节点(注意 source 环境变量):

```
rosrun  ik_moduleik_module_node
```

(4)启动 bodyhub 节点(需要超级权限启动):

```
sudo su
roslaunch bodyhub bodyhub.launch sim: = True
```

(5)运行任务代码:

```
python task01_press_button.py
```

7.2.2 实践内容

本小节实践基于 7.2.1 一节的场景。

在墙边有一个电灯开关,需要控制机器人手部动作去按下电灯开关打开房间的电灯。

机器人位于房间固定位置,对应电灯开关在机器人手臂的工作空间中,通过运动规划控制手臂完成开灯任务,场景如图 7.12 所示。

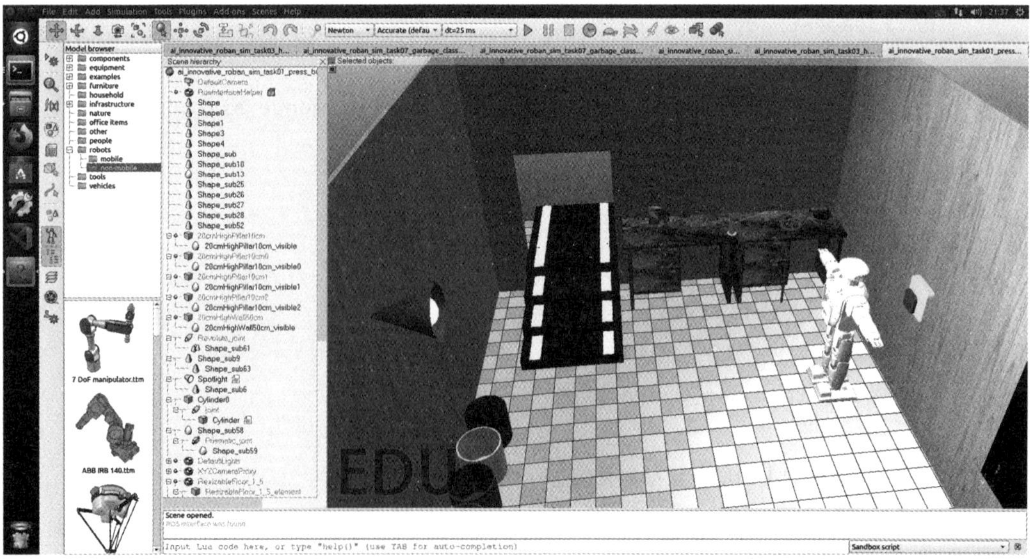

图 7.12 开关灯场景

7.2.3 参考代码

```
#! /usr/bin/env python
# coding = utf - 8
import time
import rospy
import sys
import rospkg
sys.path.append(rospkg.RosPack().get_path('leju_lib_pkg'))
from ik_lib.ikmodulesim import IkModuleSim
from ik_lib.ikmodulesim.CtrlType import CtrlType as C
from motion.motionControl import ResetBodyhub, GetBodyhubStatus, SendJoint-
Command
DIRECTLY_RUN = True
CONTROL_ID = 6
idList = [20,22]
valueList = [40,0]
idList1 = [20,22]
valueList1 = [10,0]
class PressDoor(IkModuleSim):
    def __init__(self):
        ResetBodyhub()
        while GetBodyhubStatus().data != "preReady":
            time.sleep(0.1)
            ResetBodyhub()
            continue
        super(PressDoor, self).__init__()
    def run(self):
        if self.toInitPoses():
            self.body_motion([C.RArm_z, C.RArm_x], [0.165, 0.074], 20)
            # SendJointCommand(CONTROL_ID, idList, valueList)
            time.sleep(0.1)

            self.body_motion([C.RArm_x, C.RArm_y], [0.073, 0.008], 30)
            # SendJointCommand(CONTROL_ID, idList1, valueList1)

            self.body_motion([C.RArm_z, C.RArm_x], [0.05, -0.02], 20)
```

```
        self.body_motion([C.RArm_z, C.RArm_x], [-0.05, -0.05], 20)
        print("over")
if __name__ == '__main__':
    door = PressDoor()
    def rosShutdownHook():
        door.reset()
        rospy.signal_shutdown('node_close')
    rospy.init_node('door', anonymous=True)
    rospy.on_shutdown(rosShutdownHook)
    rospy.loginfo("time")
    door.run()
```

7.3 放置茶杯仿真

7.3.1 ik_lib 逆解接口使用介绍

该 python 程序主要定义 IkModuleSim 类。

封装机器人逆解相关操作,主要使用 toInitPose,body_motion 和 reset 方法,具体如下。

```
def toInitPoses(self):
#机器人位姿初始化,在动作执行前调用
#初始化成功 返回 True ,否则,返回 False
def body_motion(self, body_pose, value, count=100):
# 机器人末端动作执行,给定目标位姿 body_pose,value 通过逆解得到舵机角度,控制机器人运动
Args:
    - body_pose: CtrlType, or [CtrlType]
          表示末端位置,如左/右脚(Lfoot/Rfoot),身体中心(Torso)
    - value: list, or two dim list. RPY, xyz.
          表示给相应末端的位姿值,[r, p, y, x, y, z]
    - count: int. times of division
          插值次数,缺省为 100
def reset(self):
# 动作执行完后的复位,在动作完成后调用
```

使用方法:需从 ik_lib 中导入 IkModuleSim 和 CtrlType,然后新建一个类,继承自 IkModuleSim,然后调用上述方法,完成自定义动作,示例如下:

```
import math
```

```
import rospy
from ik_lib.ikmodulesim import IkModuleSim
from ik_lib.ikmodulesim.CtrlType import CtrlType as C
class ClimbStairs(IkModuleSim):
    def __init__(self):
        super(ClimbStairs, self).__init__()
    def climb_stairs(self):
        # 重心下降 4cm
        self.body_motion(C.Torso, [0, 0, 0, 0, 0.0, -0.04])
        # 重心向左腿偏移 12cm
        self.body_motion(C.Torso_y, 0.12)
        # 右腿向上移动 5cm
        self.body_motion(C.Rfoot, [0, 0, 0, 0, 0.0, 0.05])
        # 右腿向前 20cm
        self.body_motion([C.Torso, C.Rfoot],
                         [[0, -math.pi /8, 0, 0.0, 0, 0],
                         [0, 0, 0, 0.20, 0.0, 0.0]])
        # 右腿下 2cm
        self.body_motion([C.Torso, C.Rfoot],
                         [[0, math.pi /8, 0, 0.08, -0.12, 0.0],
                         [0, 0, 0, 0, 0.0, -0.02]])
        # 抬左腿 1
        self.body_motion([C.Torso, C.Lfoot],
                         [[math.pi /8, math.pi /6, 0, 0.16, -0.10, 0.05],
                        [0, -math.pi /6, 0, 0.06, 0.0, 0.14]])
        # 左腿向前 20cm
        self.body_motion([C.Torso, C.Lfoot],
                         [[0.0, -math.pi /9, 0, -0.04, 0.0, 0.0],
                         [0, math.pi /6, 0, 0.14, 0.0, -0.05]])
        # 复原
        self.body_motion([C.Torso, C.Lfoot],
                         [[-math.pi /8, -math.pi /18, 0, 0, 0.10, 0.02],
                         [0, 0, 0, 0.0, 0.0, -0.06]])
if __name__ == '__main__':
    rospy.init_node('climb_stairs', anonymous=True)
    climb_stairs = ClimbStairs()
    def shut_down():
        climb_stairs.reset()
    rospy.on_shutdown(shut_down)
```

```
    # start the simulation once
    if climb_stairs.toInitPoses():
        climb_stairs.climb_stairs()
        climb_stairs.reset()
```

7.3.2 实践内容

在房间中间有一个餐桌,需要机器人将手中的茶杯放置到餐桌上指定位置(图7.13)。

机器人位于房间固定位置(手中抓有茶杯),对应餐桌目标位置在机器人手臂的工作空间中,通过运动规划控制手臂完成任务。

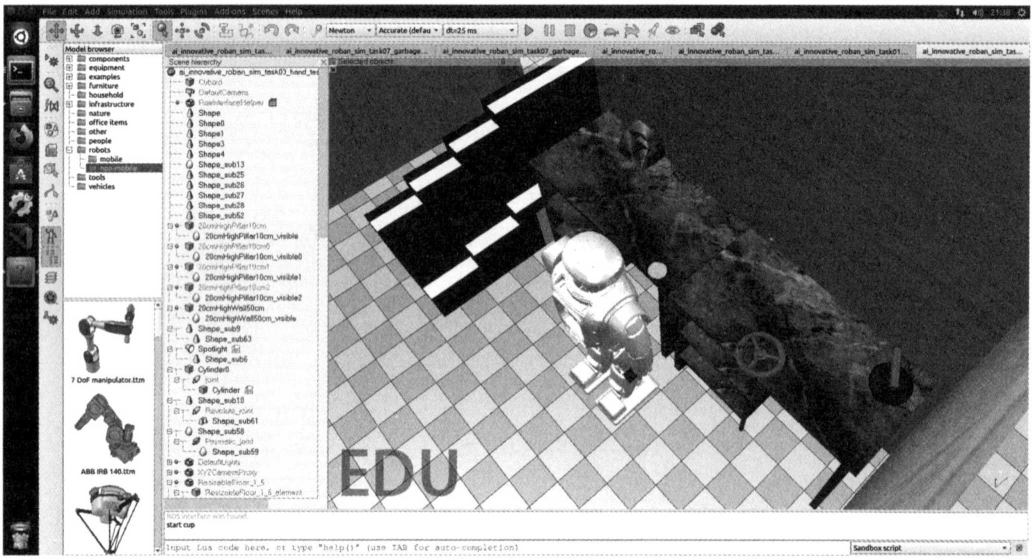

图7.13 机器人实践内容

7.3.3 参考代码

```
#! /usr/bin/env python
# coding = utf - 8
import time
import rospy
import sys
import rospkg
sys.path.append(rospkg.RosPack().get_path('leju_lib_pkg'))
from ik_lib.ikmodulesim import IkModuleSim
from ik_lib.ikmodulesim.CtrlType import CtrlType as C
from motion.motionControl import ResetBodyhub, GetBodyhubStatus, SendJoint-
Command
CONTROL_ID = 6
```

```
def right_gripper(status):
    gripper_id_list = [20,22]
    if status == 'open':
        print('手爪打开')
        SendJointCommand(CONTROL_ID, [19,20], [40,0])
    if status == 'close':
        print('手爪关闭')
        SendJointCommand(CONTROL_ID, [19,20], [10,0])
def right_gripper_ctl(angle):
    gripper_id_list = [20,22]
    SendJointCommand(CONTROL_ID, [19,20], [angle,0])
class SpinValve(IkModuleSim):
    def __init__(self):
        super(SpinValve, self).__init__()
        while GetBodyhubStatus().data != "preReady":
            time.sleep(0.1)
            ResetBodyhub()

    def hand_reach(self, pos, count=100):
        self.body_motion([C.RArm_x, C.RArm_y, C.RArm_z], pos, count)

    def run(self):
        if self.toInitPoses():
            #张开手爪
            right_gripper_ctl(30)
            time.sleep(2)
            print('起始位置,坐标增量控制')

            self.hand_reach([0.06, -0.05, 0.154], count=50)
            self.hand_reach([0.04, 0.052, 0.0], count=50)

            self.hand_reach([0.05, 0.01, 0], count=50)
            self.hand_reach([-0.01, 0.06, 0], count=50)
            #time.sleep(2)
            self.hand_reach([0, 0, 0.04], count=50)
            self.hand_reach([-0.08, -0.1, 0.0], count=50)
            self.reset()
            time.sleep(10)
if __name__ == '__main__':
```

```
action = SpinValve()
def rosShutdownHook():
  action.reset()
    rospy.signal_shutdown('node_close')
rospy.init_node('valve', anonymous = True)
rospy.on_shutdown(rosShutdownHook)
action.run()
```

7.4 茶几上的物品分类仿真

7.4.1 摄像头图像获取接口介绍

可以通过在终端中执行命令：

```
rosrun image_view image_view image:= /sim/camera/D435/colorImage
```

看到机器人 D435 摄像头的图像如图 7.14 所示。

同样的，在 Python 程序中使用话题订阅也可以获取到图像内容然后进行图像处理识别。

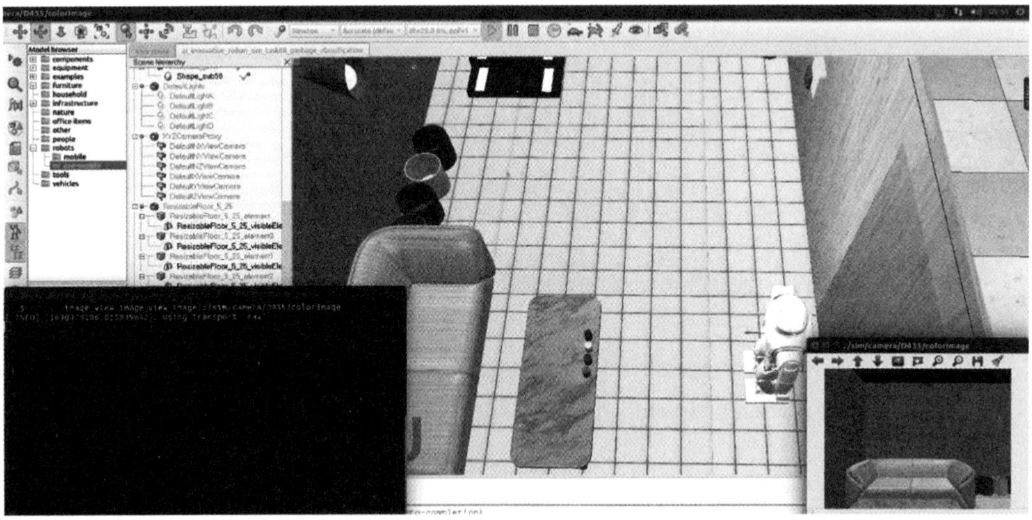

图 7.14 摄像头图像

7.4.2 实践内容

在房间的茶几上发现待分类物品，机器人需要抓取颜色物品丢到对应分类的桶内，物品颜色和桶的颜色需要一一对应，共有蓝色、红色、黄色、灰色四种不同颜色。

机器人位于房间固定位置,编写 Python 程序控制机器人使用右手手爪去抓取茶几上的物品(仿真运行时仅有一个随机的物品存在于茶几上),通过机器人摄像头识别物品颜色,将其投递到相应颜色的桶内即完成,场景如图 7.15 所示。

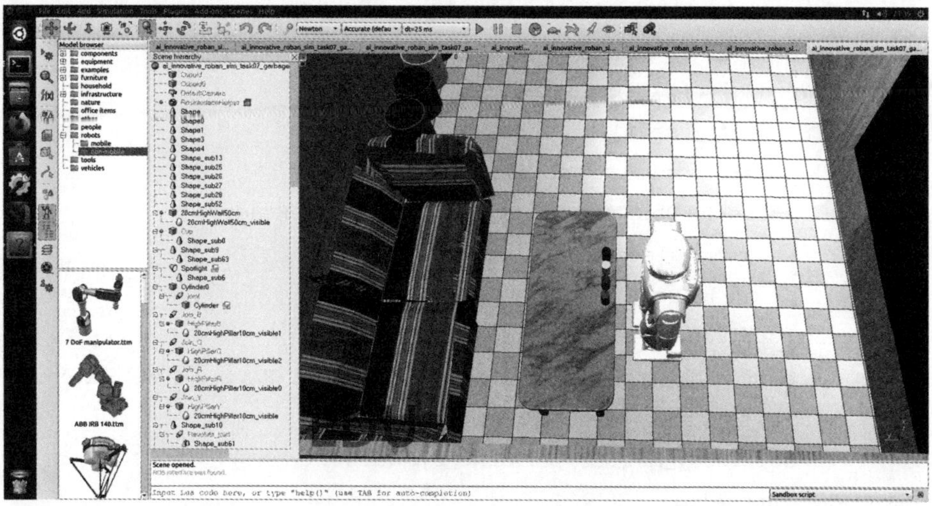

图 7.15 不同颜色的杯子场景

7.4.3 参考代码

```
#! /usr/bin/env python
    # coding = utf - 8
    import time
    import rospy
    import sys
    import rospkg
    sys.path.append(rospkg.RosPack().get_path('leju_lib_pkg'))
    import motion.motionControl as mCtrl
    from ik_lib.ikmodulesim import IkModuleSim
    from ik_lib.ikmodulesim.CtrlType import CtrlType as C
    from motion.motionControl import ResetBodyhub, GetBodyhubStatus, Send-
JointCommand
    CONTROL_ID = 6
    def right_gripper(status):
        gripper_id_list = [20,22]
        if status == 'open':
            print('手爪打开')
            SendJointCommand(CONTROL_ID, [19,20], [40,0])
        if status == 'close':
```

```
        print('手爪关闭')
        SendJointCommand(CONTROL_ID, [19,20], [10,0])
def right_gripper_ctl(angle):
    gripper_id_list = [20,22]
    SendJointCommand(CONTROL_ID, [19,20], [angle,0])
class SpinValve(IkModuleSim):
    def __init__(self):
        super(SpinValve, self).__init__()
        while GetBodyhubStatus().data ! = "preReady":
            time.sleep(0.1)
            ResetBodyhub()
    def hand_reach(self, value, count =100):
        self.body_motion([C.RArm_x, C.RArm_y, C.RArm_z], value, count)
    def torso_squat(self, value, count =100):
        self.body_motion([C.Torso_z], value, count)
    def run(self):
        if self.toInitPoses():
            print('起始位置,坐标增量控制')
            self.torso_squat([ -0.05], count =50)
            time.sleep(5)
            self.torso_squat([ -0.05], count =50)
            time.sleep(5)
            self.hand_reach([0.08, -0.05, 0.10], count =50)
            print("手爪30")
            right_gripper_ctl(30)
            time.sleep(10)
            self.hand_reach([0.03, 0.02, 0.00], count =50)
            time.sleep(3)
            self.hand_reach([0.00, 0.0, -0.02], count =50)
            time.sleep(10)
            self.hand_reach([0.015, 0.015, 0.0], count =50)
            time.sleep(3)
            right_gripper_ctl(20)
            time.sleep(3)
            self.hand_reach([0.00, 0.0, 0.05], count =50)
            time.sleep(5)
            self.reset()
            if mCtrl.SetBodyhubTo_walking(CONTROL_ID) = = False:
                rospy.logerr('bodyhub to setStatus fail!')
```

```
                rospy.signal_shutdown('error')
                exit(1)
            mCtrl.SendGaitCommand( -0.1, 0.0, 0.0)
            mCtrl.SendGaitCommand( -0.1, 0.0, 0.0)
            mCtrl.WaitForWalkingDone()
            mCtrl.ResetBodyhub()
            self.reset()
            time.sleep(10)
if __name__ == '__main__':
    action = SpinValve()
    def rosShutdownHook():
        action.reset()
        rospy.signal_shutdown('node_close')
    rospy.init_node('classification ', anonymous = True)
    rospy.on_shutdown(rosShutdownHook)
    action.run()
```

7.5 关闭煤气阀门仿真

7.5.1 实践内容

厨房的煤气没有关紧，机器人需要转动阀门关闭煤气。阀门关闭后气压计指针会指向红色区域。

机器人位于房间固定位置，对应阀门在机器人手臂的工作空间中，通过运动规划控制手臂完成任务，场景如图7.16所示。

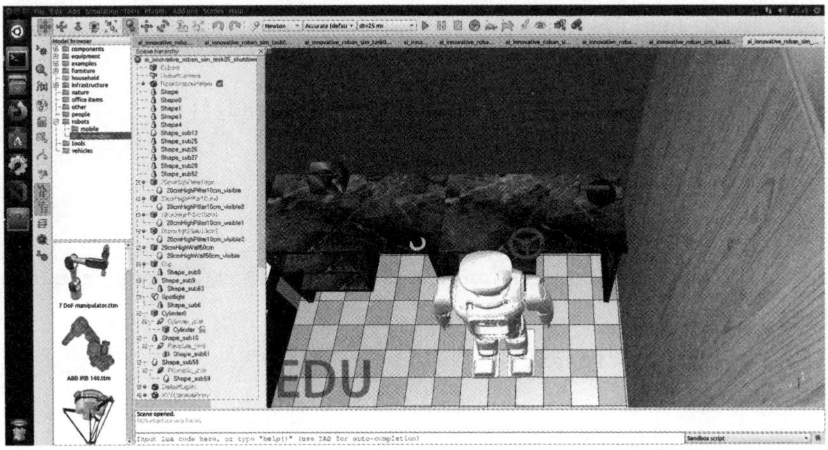

图7.16 关煤气阀门场景

7.5.2 参考代码

```
#! /usr/bin/env python
# coding = utf - 8
import time
import rospy
import sys
import rospkg
sys.path.append(rospkg.RosPack().get_path('leju_lib_pkg'))
from ik_lib.ikmodulesim import IkModuleSim
from ik_lib.ikmodulesim.CtrlType import CtrlType as C
from motion.motionControl import ResetBodyhub, GetBodyhubStatus, SendJoint-
Command
CONTROL_ID = 6
def right_gripper(status):
    gripper_id_list = [20,22]
    if status == 'open':
        print('手爪打开')
        SendJointCommand(CONTROL_ID, [19,20], [40,0])
    if status == 'close':
        print('手爪关闭')
        SendJointCommand(CONTROL_ID, [19,20], [30,0])
def right_gripper_ctl(angle):
    gripper_id_list = [20,22]
    SendJointCommand(CONTROL_ID, [19,20], [angle,0])
class SpinValve(IkModuleSim):
    def __init__(self):
        super(SpinValve, self).__init__()
        while GetBodyhubStatus().data != "preReady":
            time.sleep(0.1)
            ResetBodyhub()
    def hand_reach(self, pos, count =100):
        self.body_motion([C.RArm_x, C.RArm_y, C.RArm_z], pos, count)
    def run(self):
        if self.toInitPoses():
            # 张开手爪
            time.sleep(2)
            right_gripper_ctl(40)
```

```
            time.sleep(2)
            print('起始位置,坐标增量控制')
            self.hand_reach([0.06, -0.05, 0.14], count=50)
            self.hand_reach([0.04, 0.05, 0.0], count=50)
            self.hand_reach([0.03, 0.068, 0.0], count=50)
            right_gripper_ctl(25)
            time.sleep(1)
            self.hand_reach([0, -0.1, 0.01], count=50)
            right_gripper_ctl(40)
            self.hand_reach([-0.1, -0.1, 0.0], count=50)
            self.reset()

            time.sleep(100)
if __name__ == '__main__':
    action = SpinValve()
    def rosShutdownHook():
        action.reset()
        rospy.signal_shutdown('node_close')
    rospy.init_node('valve', anonymous=True)
    rospy.on_shutdown(rosShutdownHook)
    action.run()
```

参考文献

[1] 融亦鸣,朴松昊,冷晓琨. 仿人机器人建模与控制[M]. 北京:清华大学出版社,2021.

[2] SPONG M W, HUTCHINSON S, VIDYASAGAR M. 机器人建模和控制[M]. 贾振中,译. 北京:机械工业出版社,2016.

[3] CRAIG J J. 机器人学导论(原书第4版)[M]. 贠超,王伟,译. 北京:机械工业出版社,2018.

[4] 蔡自兴. 机器人学[M]. 北京:清华大学出版社,2000.

[5] CRAIG J J. 机器人学导论(原书第3版)[M]. 贠超,译. 北京:机械工业出版社,2006.

[6] NIKU S B. 机器人学导论——分析、系统及应用[M]. 孙富春,刘国栋,译. 北京:电子工业出版社,2004.

[7] 西西里安诺,夏维科,维拉尼. 机器人学:建模、规划与控制[M]. 张国良,曾静,陈励华,等译. 西安:西安交通大学出版社,2013.

[8] JAZAR R N. 应用机器人学:运动学、动力学与控制技术[M]. 周高峰,译. 北京:机械工业出版社,2017.

[9] 霍伟. 机器人动力学与控制[M]. 北京:高等教育出版社,2005.

[10] 胡春旭. ROS机器人开发实践[M]. 北京:机械工业出版社,2018.

[11] 梶田秀司. 仿人机器人[M]. 管贻生,译;北京:清华大学出版社,2007.